Visio 2016
图表绘制
从新手到高手

蔺丹 / 编著

（微课版）

清華大学出版社
北　京

内容简介

Office Visio 2016是Office软件系列中负责绘制流程图和示意图的软件，是一款便于IT和商务人员就复杂信息、系统和流程进行可视化处理、分析和交流的软件。使用Office Visio图表，可以促进对系统和流程的了解。本书以通俗易懂的语言、精挑细选的实用技巧、翔实生动的操作案例，全面介绍了Visio 2016快速入门、使用与管理绘图文件和绘图页、绘制与编辑形状、在绘图中添加文本、使用图像和图表、使用主题和样式美化绘图效果应用部件和文本对象、应用形状数据以及Visio 2016在实际工作中的应用等方面的知识、技巧及应用案例。另外，本书赠送书中用到的学习素材、高清微视频、教学PPT课件、课后习题以及总复习测试卷答案。

本书不仅适合商务办公、文案、项目企划、网络组建、软件设计和开发、建筑工程设计等不同行业需要进行图形图像设计和办公自动化的人员，以及所有希望学习Visio绘图的用户，还适合作为普通高校、高职高专院校及计算机培训机构的教材。

图书在版编目（CIP）数据

Visio 2016 图表绘制从新手到高手：微课版 / 蔺丹编著．—北京：清华大学出版社，2022.6(2023.9重印）
（从新手到高手）
ISBN 978-7-302-60815-8

Ⅰ.① V… Ⅱ.①蔺… Ⅲ.①图形软件 Ⅳ.① TP391.41

中国版本图书馆 CIP 数据核字（2022）第 080077 号

责任编辑：张 敏
封面设计：郭二鹏
责任校对：胡伟民
责任印制：沈 露

出版发行：清华大学出版社
网 址：http://www.tup.com.cn，http://www.wqbook.com
地 址：北京清华大学学研大厦A座 **邮 编：**100084
社 总 机：010-83470000 **邮 购：**010-62786544
投稿与读者服务：010-62776969，c-service@tup.tsinghua.edu.cn
质 量 反 馈：010-62772015，zhiliang@tup.tsinghua.edu.cn
课 件 下 载：http://www.tup.com.cn，010-83470236

印 装 者：大厂回族自治县彩虹印刷有限公司
经 销：全国新华书店
开 本：185mm×260mm **印 张：**12.75 **字 数：**318千字
版 次：2022年8月第1版 **印 次：**2023年9月第2次印刷
定 价：59.80元

产品编号：093889-01

前 言

Visio 2016 是 Microsoft 公司推出的新一代商业图表绘制软件，可以用来绘制各种流程图、组织图、逻辑图、平面布置图、灵感触发图、网络图等，具有操作简单、功能强大、可视化等优点，已被广泛应用于软件设计、办公自动化项目管理、广告、企业管理、建筑、电子、通信及日常生活等众多领域。

本书通过丰富的案例，结合各种知识点的讲解，以介绍 Visio 2016 的操作和在各领域的实际应用为指导思想，通过翔实细致的讲解与说明，全面展示了 Visio 2016 在图表绘制领域中的特点和优势。书中穿插“知识常识”“经验技巧”等版块，为主要内容做更详细的补充。每章后安排“课后习题”版块，以达到巩固所学知识的目的，使读者知其然更知其所以然。本书结构清晰，内容丰富，共分为 9 章，主要讲解了以下 5 个方面的内容。

1. Visio基础入门

第 1、2 章，介绍了 Visio 2016 的快速入门与 Visio 2016 的基础操作，包括了解 Visio 的历史、熟悉 Visio 2016 的界面环境、使用 Visio 绘图的基本步骤和绘图文件的基本操作、创建与管理绘图页、设置绘图的显示方式、预览和打印绘图等方面的知识，帮助新手迅速建立有关 Visio 2016 的知识体系。

2. 绘制与插入基本对象

第 3~5 章，全面介绍了在 Visio 2016 中绘制与编辑形状、添加文本、使用图像和图表等方面的知识与技巧，通过这 3 章的学习，读者可以在 Visio 2016 中绘制出任何所需的图形、文本对象，当图形、文本不能满足需求时，读者还可以插入图像和图表以丰富文档内容。

3. 美化绘图效果

第 6 章，详细介绍了使用主题和样式美化绘图效果的知识，主要包括自定义主题效果、应用样式、自定义图案样式等方面的方法与技巧，从而帮助读者为图表创建各种艺术效果，使设计的绘图令人耳目一新。

4. 应用部件、文本对象与形状数据

第 7、8 章，全面介绍了应用部件、文本对象与形状数据的知识。通过掌握应用部件和文本对象，用户可以丰富和细化绘图内容；而通过为形状定义数据信息的功能，可以动态形式与图形化的方式来显示数据，便于查看数据的发展趋势以及数据存在的问题。

5. 综合案例

第 9 章，通过 6 个完整的综合案例的制作，对所有知识点进行巩固与提高，主要包括制作数据流程图，制作三维方向图，制作日程表，制作网络拓扑图，制作饼形图以及制作系统结构示意图。另外，本书赠送书中用到的实例素材，读者可扫描每章章首的“本章学习素材”二维码下载获取。同时，本书每章均配有高清微视频讲解，读者可以扫描每章“微视频”二维码边看边学。本书还赠送教学 PPT 课件、课后习题以及总复习测试卷答案，读者可扫描下方二维码下载获取，还可到清华大学出版社官方网站（www.tup.tsinghua.edu.cn）下载获取教学 PPT 课件。

教学 PPT 课件

答案

本书作者凝聚积累了多年的工作经验，通过对知识点的归纳总结，拓展读者的视野，鼓励读者多尝试、多练习、多思考、多动脑，以此提高读者的动手能力。希望读者在阅读本书之后，可以开拓视野，增长实践操作技能，并从中学习和总结操作的经验和规律，达到灵活运用的水平。

在本书的编写过程中虽力求严谨细致，但由于时间与精力有限，疏漏之处在所难免，望广大读者批评指正。

编者

2022 年 6 月

目录

第1章 Visio 2016 快速入门

本章要点

本章学习素材

- Visio 2016 概述
- 熟悉 Visio 2016 界面环境
- 使用 Visio 2016 绘图的基本步骤

本章主要内容

本章主要介绍启动 Visio 2016 概述、熟悉 Visio 2016 界面环境方面的知识与技巧，同时还讲解使用 Visio 2016 绘图的基本步骤，在本章的最后为巩固本章所学知识点，还设置了课后习题供用户进行自测。通过本章的学习，读者可以掌握 Office Visio 2016 标准版快速入门的知识，为深入学习 Visio 2016 知识奠定基础。

1.1 Visio 2016 概述

Visio 是一款专业的办公绘图软件，它能够将用户的思想、设计与最终产品演变成形象化的图像进行传播，还可以帮助用户创建具有专业外观的图表，以便理解、记录和分析信息。Visio 使文档的内容更加丰富、更容易克服文字描述与技术上的障碍。

微视频

1.1.1 认识与理解 Visio 2016

Visio 2016 可以帮助用户轻松地可视化、分析与交流复杂的信息，并可以通过创建与数据相关的 Visio 图表来显示复杂的数据与文本，这些图表易于刷新，并可以轻松地了解、操作和共享企业内的组织系统、资源及流程等相关信息。

Visio 2016 是利用强大的模板（Template）、模具（Stencil）与形状（Shape）等元素，来实现各种图表与模具的绘制功能，其各种元素的具体情况如下所述。

1. 模板与模具

模板是一组模具和绘图页的设置信息，是一种专用类型的 Visio 绘图文件，是针对某种特定的绘图任务或样板而组织起来的一系列主控图形的集合，其扩展名为 .VST。每一个模板都由设置、模具、样式或特殊命令组成。模板设置绘图环境，可以适合于特定类型的绘图。在 Visio 2016 中，主要为用户提供了网络图、工作流图、数据库模型图、软件图等模板，这些模板可用于可视化和简化业务流程、跟踪项目和资源、绘制组织结构图、映射网络、绘制建筑地图以及优化系统，如图 1-1 所示。

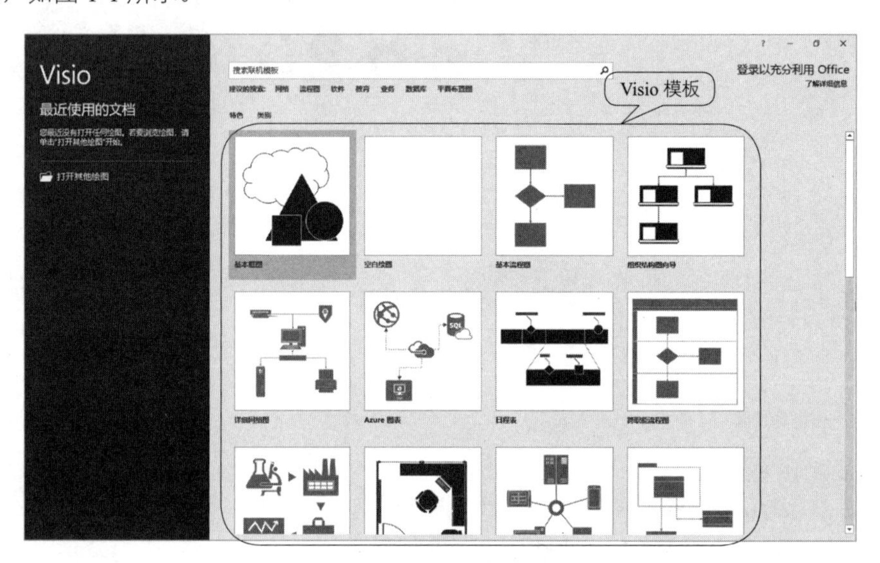

图 1-1

模具是指与模板相关联的图件或形状的集合，其扩展名为 .VSS。模具中包含图件，而图件是指可以用来反复创建绘图的图形，通过拖动的方式可以迅速生成相应的图形，如图 1-2 所示。

2. 形状

形状是在模具中存储并分类的图件，预先画好的形状叫作主控形状，主要通过拖放预定义的形状到绘图页上的方法进行绘制。其中，形状具有内置的行为与属性。形状的行为可以帮助用户定位形状并正确地连接到其他形状；形状的属性主要显示用来描述或识别形状的数据，如图 1-3 所示。

图 1-2

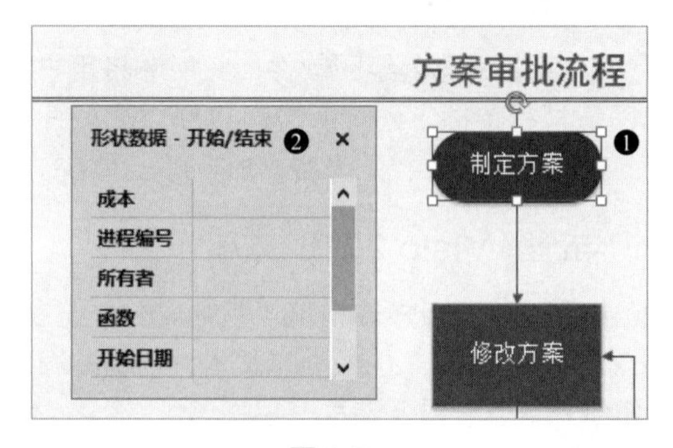

图 1-3

在 Visio 2016 中，用户可以通过手柄来定位、伸缩及连接形状。形状手柄主要包括下列几种。

- Selection 手柄：使用该手柄可以改变形状的尺寸或增加连接符，该手柄在选择形状时会显示红色或蓝色的盒状区。
- Rotation 手柄：使用该手柄可以标识形状上的粘附连接符和线条的位置，其标识为蓝色的 X。
- Control 手柄：使用该手柄可以改变形状的外观，该手柄在某些形状上显示为黄色钻石形状。
- Eccentricity 手柄：使用该手柄可以通过拖动绿色圆圈的方法，来改变弧形的形状。

3. 连接符

在 Visio 2016 中，形状与形状之间需要利用线条来连接，该线条被称作连接符。连接符会随着形状的移动而自动调整，其连接符的起点和终点标识了形状之间的连接方向。

Visio 2016 将连接符分为直接连接符与动态连接符，直接连接符是连接形状之间的直线，可以通过拉长、缩短或改变角度等方式来保持形状之间的连接。而动态连接符是连接或跨越连接形状之间的直线的组合体，可以通过自动弯曲、拉伸、直线弯角等方式来保持形状之间的连接。用户可以通过拖动动态连接符的直角顶点、连接符片段的终点、控制点或离心率手柄等方式来改变连接符的弯曲状态，如图 1-4 所示。

4. 绘图页

Visio 中的绘图页就相当于 Word 中的文档页面或 PowerPoint 中的幻灯片，一个绘图中包含的形状、文本、背景等所有内容都位于绘图页中。

Visio 中的绘图页分为前景页和背景页两种，通常在前景页中放置形状、文本等图表的主要组成部分；在背景页中放置图表的一些辅助信息，例如图表标题、图表的背景色或图案等，用户可以将同一个背景页设置为多个前景页的背景。

一个绘图文件中可以包含多个绘图页，无论它们是前景页还是背景页，每一页都有独立的标签，单击标签即可显示相应的绘图页，如图 1-5 所示。

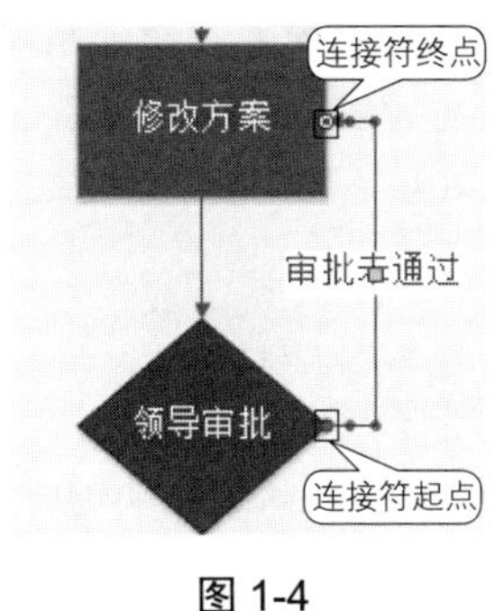

图 1-4

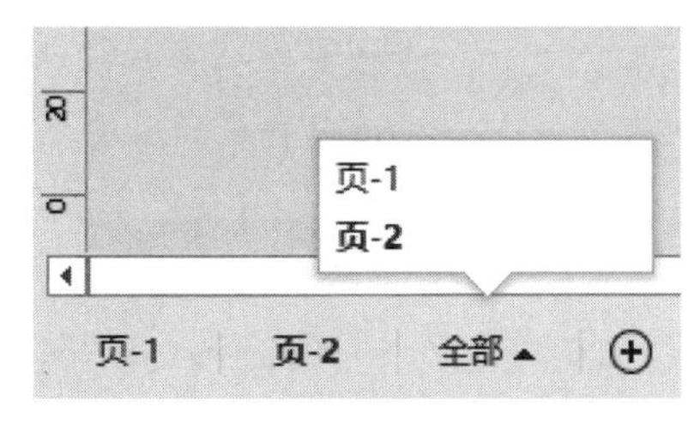

图 1-5

5. 绘图管理器

在 Windows 操作系统的文件资源管理器中，以树状的形式显示了计算机中的所有磁盘、文件夹和文件。与此类似，Visio 使用绘图资源管理器显示当前绘图文件中的所有对象和元素，并以树状结构进行分类组织，如图 1-6 所示。

双击类别名称或单击类别名称左侧的⊞按钮，将展开其中包含的项目，⊞按钮变为⊟按钮，如图 1-7 所示。右击任意类别或其中包含的项目，可以在弹出的快捷菜单中执行相应的命令。在绘图资源管理器中选择某个项目时，则绘图文件中会显示该项目。

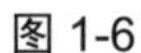

图 1-6　　图 1-7

如果要显示“绘图资源管理器”窗格，需要在功能区中的“开发工具”选项卡下的“显示/隐藏”组中勾选“绘图资源管理器”复选框，如图 1-8 所示。

图 1-8

默认情况下，在 Visio 功能区中并未显示“开发工具”选项卡，需要先将“开发工具”选项卡添加到功能区中，才能使用上面的方法显示“绘图资源管理器”窗格。执行“文件”→“选项”命令，打开“Visio 选项”对话框，选择“高级”选项卡，在“常规”组下勾选“以开发人员模式运行”复选框，单击“确定”按钮，即可将“开发工具”选项卡添加到功能区。

知识常识：Visio 2016 中包含三个类型的版本，分别是 Visio 2016 标准版、Visio 2016 专业版和 Visio Pro for Office 365 版。其中，Visio 2016 标准版拥有丰富的内置模具和强大的图表绘制功能，包含用于业务、基本网络图表、组织结构图、基本流程图和通用多用途图表的模具；Visio 2016 专业版拥有 70 个内置模板和成千上万个形状，可以让个人和团队轻松地创建和共享专业和多用途的图表，从而简化复杂的信息；Visio Pro for office 365 版可以通过 Office 365 订阅最新服务，并可利用 Visio 2016 专业版的所有功能。

1.1.2　Visio 2016 应用领域

由于 Visio 2016 内置了针对各行各业、不同用途的图表模板，Visio 2016 广泛应用于各个领域。

- 项目管理：通过“日程安排”模板类别中的甘特图、PERT 等模板，可以创建项目进度、工作计划等项目管理模型，从而对项目流程进度进行更好的设计和管理。
- 企业管理：通过“流程图”和“商务”模板类别中的工作流程图、组织结构图、BPMN、TQM、六西格玛等模板，可以创建企业的业务流程图、组织结构图、质量管理图等企业管理模型，从而对企业的生产、人力、财务等各个方面进行更好地监控和管理。
- 软件设计：通过“软件和数据库”模板类别中的 UML 用例图表等模板，可以设计软件的结构模型或 UI 界面，从而为软件的设计和开发提供帮助。
- 网络结构设计：通过“网络”模板类别中的基本网络图、详细网络图等模板，可以创建从简单到复杂的网络体系结构图。

- 建筑：通过“地图和平面布置图”模板类别中的平面布置图、家居规划、办公室布局、空间规划等模板，可以设计楼层平面图、楼盘宣传图、房屋装修图等。
- 电子：通过“工程”模板类别中的基本电气、电路和逻辑电路、工业控制系统等模板，可以设计电子产品的结构模型。
- 机械：Visio 也可应用于机械制图领域，可以制作类似于 AutoCAD 的精确机械图。

经验技巧： 相对于旧版本中的单一主题色彩来讲，Visio 2016 版本中新增加了多彩的 Colorful 主题，将更多色彩丰富的选择加入其中，包括彩色、深灰色和白色三种颜色，其风格与 Modern 应用类似。

1.1.3　Visio 版本及其文件格式

Visio 公司成立于 1990 年，最初公司名为 Axon，其创始人为杰瑞米（Jeremy Jeach）、戴夫（Dave Walter）和泰德（Ted Johnson）。

1992 年，公司更名为 Shapeware。同年 11 月，公司发布了用于制作商业图标的专业绘图软件 Visio 1.0，该软件上市后取得了巨大的成功。2000 年微软公司受够了 Visio 公司，从此 Visio 称为 Office 办公软件中一个新的组件。随后，微软相继开发了多种版本的 Visio，其最主要的几个版本包括 Visio 2000、Visio 2002、Visio 2003、Visio 2007、Visio 2010、Visio 2013、Visio 2016 等。

微软从 Visio 2013 开始为 Visio 绘图文件提供了新的文件格式，新文件格式的扩展名在原文件格式的扩展名结尾多了一个字母 x 或 m，即 .vsdx 和 .vsdm。新的文件格式以绘图文件中是否包含宏（即 VBA 代码）作为划分标准，使用 .vsdx 格式保存的绘图文件不能包含宏。如果希望绘图文件中包含宏，则必须将绘图文件以 .vsdm 格式保存。如果使用早期 Visio 版本中的 .vsd 格式保存绘图文件，则可以包含宏。

除了绘图文件之外，Visio 中的模板和模具也都以文件的形式存储在计算机中。表 1-1 列出了 Visio 2003/2007/2010/2013/2016/2019 包含的主要文件类型及其扩展名。

表 1-1　Visio 文件类型及其扩展名

Visio 版本	文件类型	扩　展　名
Visio 2003/2007/2010	Visio 2003/2007/2010 绘图	.vsd
Visio 2003/2007/2010	Visio 2003/2007/2010 模板	.vst
Visio 2003/2007/2010	Visio 2003/2007/2010 模具	.vss
Visio 2013/2016/2019	Visio 绘图	.vsdx
Visio 2013/2016/2019	Visio 模板	.vstx
Visio 2013/2016/2019	Visio 模具	.vssx
Visio 2013/2016/2019	Visio 启用宏的绘图	.vsdm
Visio 2013/2016/2019	Visio 启用宏的模板	.vstm
Visio 2013/2016/2019	Visio 启用宏的模具	.vssm

经验技巧： *在现代文明社会中，通信是推动人类社会文明、进步与发展的巨大动力。运用 Visio 2016 还可以制作有关通信方面的图表。*

科研的目的是追求知识或解决问题的一项系统活动，用户还可以使用 Visio 2016 来制作科研活动审核、检查或业绩考核的流程图。

1.2 熟悉 Visio 2016 界面环境

安装完 Visio 2016 之后，首先需要认识一下 Visio 2016 的工作界面。Visio 2016 与 Word 2016、Excel 2016 等常用的 Office 组件窗口界面大体相同。相对于旧版本的 Visio 窗口界面而言，更具有美观性与实用性。

微视频

1.2.1 快速访问工具栏

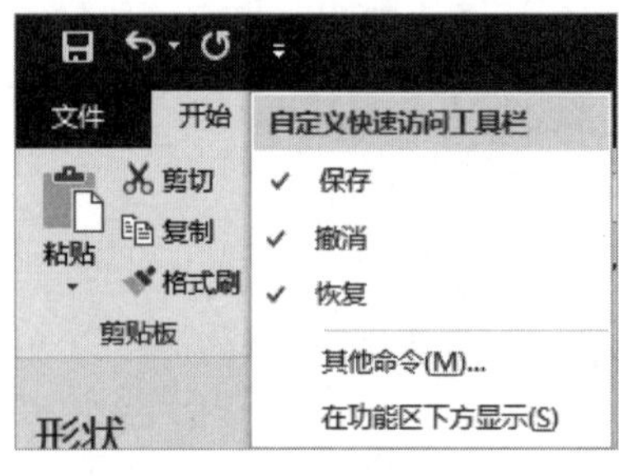

图 1-9

快速访问工具栏是一个包含一组独立命令的自定义工具栏，用户不仅可以向快速访问工具栏中添加表示命令的按钮，还可以设置快速访问工具栏的位置，要么放置在功能区上方，要么放置在功能区下方。

在快速访问工具栏中，默认只显示“保存”、“撤销”和“恢复”3 个命令，用户可以单击快速访问工具栏右侧的下拉按钮，在弹出的菜单中选择要在快速访问工具栏中显示的命令，如图 1-9 所示，已添加的命令左侧会显示对钩标记。

知识常识： *右击快速访问工具栏中的命令图标，在弹出的快捷菜单中选择“从快速访问工具栏删除”菜单项，即可删除该命令；选择“自定义快速访问工具栏”菜单项即可打开“Visio 选项”对话框，自定义快速访问工具栏。*

1.2.2 功能区

功能区是一个位于 Visio 窗口标题栏下方，与窗口等宽的矩形区域。功能区由选项卡、组和命令 3 部分组成，通过单击选项卡顶部的标签，可以在不同选项卡之间切换。每个选项卡中的命令按功能和用途分为多个组，用户可以通过“组”快速找到所需的命令。图 1-10 所示为“开始”选项卡中的“剪贴板”和“字体”两个组及其中包含的命令。

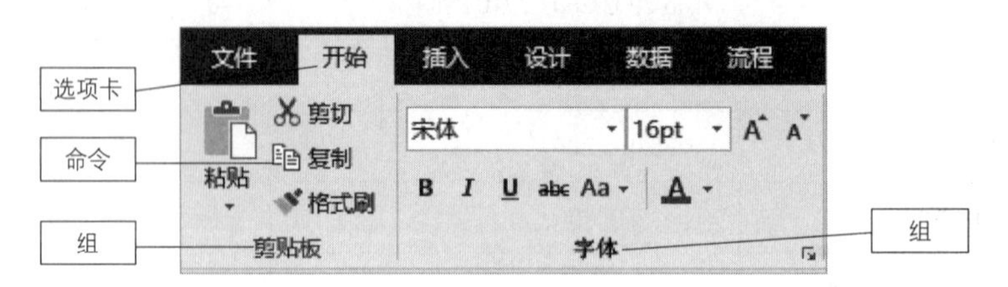

图 1-10

某些选项卡只在执行特定操作时才会显示和隐藏，因此可以将它们称为“上下文选项卡”。例如选中一张图片，功能区会显示“图片工具 - 格式”选项卡，如图 1-11 所示；取消对图片的选择，该选项卡则会被隐藏。

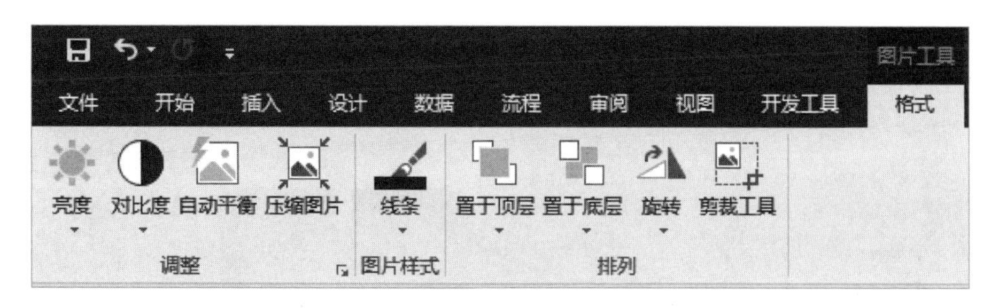

图 1-11

在选项卡中某些组的右下角会显示一个按钮，这类按钮称为“对话框启动器”。单击对话框启动器将打开一个对话框，该对话框中的选项对应于按钮所在组中的选项，而且可能还会包含一些未显示在组中的选项。

经验技巧：用户可以通过双击选项卡名称的方法，来打开或隐藏功能区；或者右击选项卡区域任意位置，在弹出的快捷菜单中选择“折叠功能区”菜单项，也可以隐藏功能区；或者直接按 Ctrl+F1 组合键，也能隐藏功能区；或者在功能区最右侧单击“折叠功能区”按钮，也能实现隐藏功能区的效果。

1.2.3　任务窗格

任务窗格是用来显示系统所需隐藏的任务命令，该窗格一般处于隐藏位置，主要用于专业化设置。例如，设置形状的大小和位置形状数据、平铺和扫视等。

在 Visio 2016 中，用户可通过执行“视图”→“显示”→“任务窗格”命令，在其列表中选择相应选项，来显示各种隐藏命令，如图 1-12 所示。

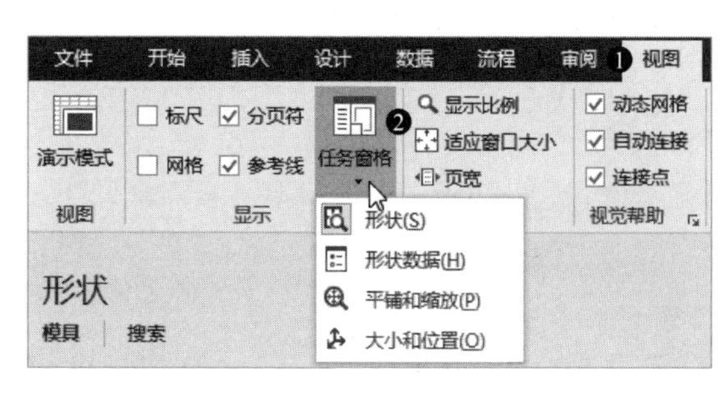

图 1-12

1.2.4　绘图区

绘图区是在 Visio 中进行绘图的工作区域，该区域主要由绘图页和“形状”窗格两部分组成。

在“形状”窗格中显示了绘图文件中当前打开的所有模具，所有已打开模具的标题栏均位于该窗格的上方，如图 1-13 所示。单击标题栏可查看相应模具中包含的形状，将模具中的形状拖动到绘图页中，就完成了形状的初步绘制工作。

用户可通过绘图页添加形状或设置形状的格式，如图 1-14 所示。对于包含多个形状的绘图页来讲，用户可通过水平或垂直滚动条来查看绘图页的不同区域。在一个绘图文件中可以包含多个绘图页。

用户可根据绘图需要，重新定位“形状”窗格或单个模具的显示位置。同时，也可以将单个模具以浮动的方式显示在屏幕上的任意位置。

经验技巧：单击“形状”窗格中的“快速形状”按钮，可以显示当前页面中所有模具中的形状。

选择“搜索”选项卡，在“搜索形状”文本框中输入形状名称，单击“搜索”按钮即可显示搜索结果。

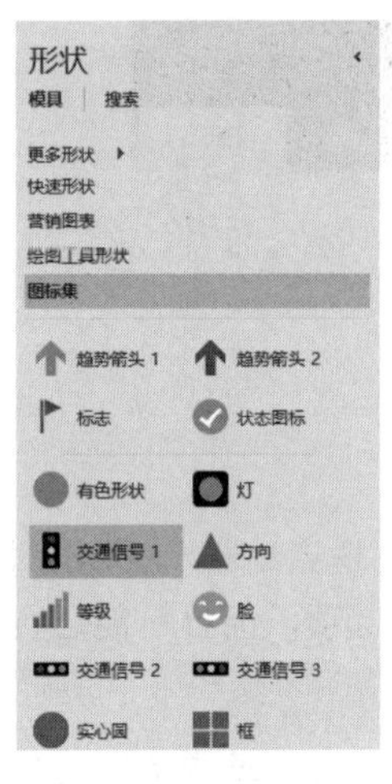

图 1-13

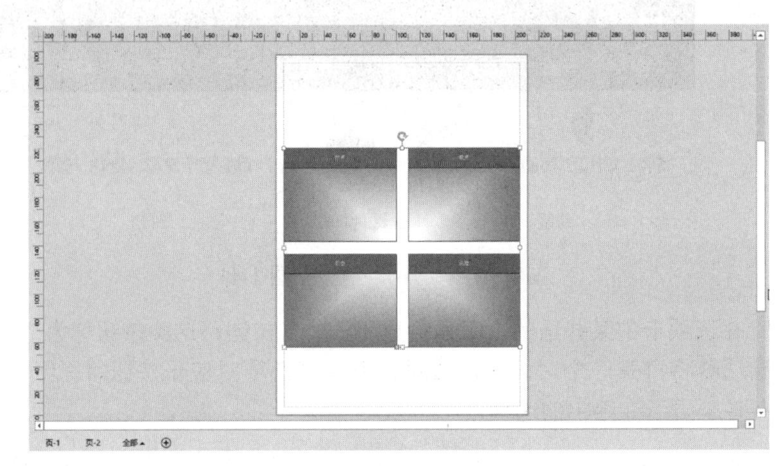

图 1-14

1.2.5　状态栏

状态栏位于 Visio 窗口的底部，如图 1-15 所示。状态栏的左侧显示了与当前绘图相关的一些辅助信息，例如当前显示的是哪一页、一共包含多少页等；右侧提供了用于调整绘图页显示比例和窗口切换的控件，可以使用这些控件调整绘图页的显示比例，或在不同的 Visio 窗口间进行切换。

图 1-15

1.3　使用 Visio 2016 绘图的基本步骤

为了使读者在一开始就可以对 Visio 绘图的整个过程有一个整体的了解，本节以绘制一个简单的流程图为例，介绍在 Visio 中完成一个绘图的基本步骤。复杂的 Visio 绘图仍需要遵循这些步骤，只是会涉及更多的细节。

微视频

1.3.1　选择模板

实例文件保存路径：配套素材\效果文件\第 1 章
实例效果文件名称：流程图 .vsdx

Visio 内置了大量适合于不同行业和用途的模板，这些模板中包含相关的模具和形状，因此，任何一个绘图都可以以某个特定的模板为起点。

Step01 启动 Visio 2016，界面中将显示一些 Visio 内置的模板，单击选择一个模板如“基本流程图”，如图 1-16 所示。

Step02 打开“基本流程图”对话框，其中包含 4 个模板，双击空白模板，或者选中空白模板，再单击“创建”按钮，如图 1-17 所示。

Step03 完成建立空白流程图文档的操作，绘图页中没有任何内容，但是在“形状”窗格中包含了与基本流程图相关的模具，如图 1-18 所示。

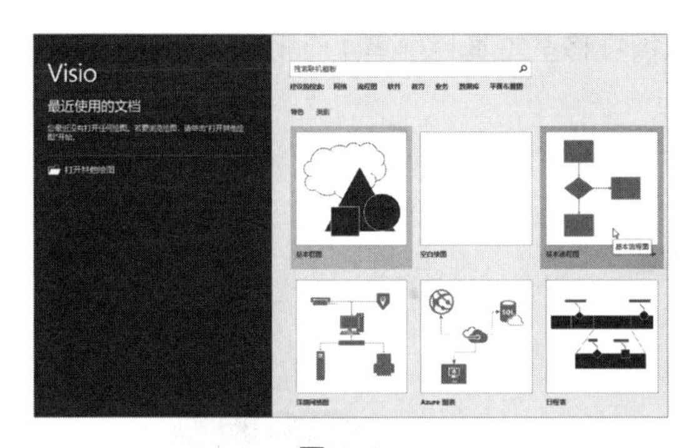

图 1-16

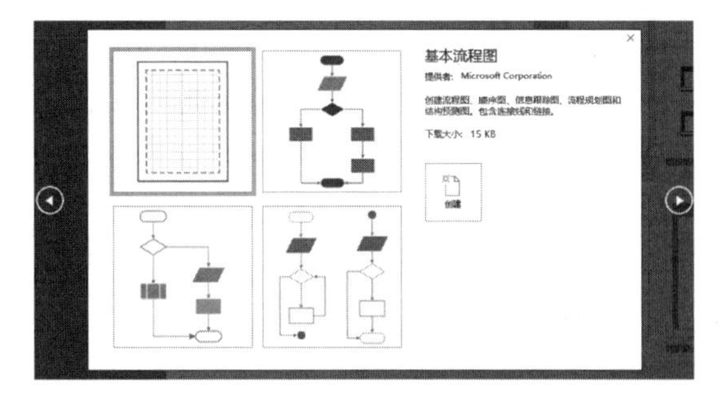

图 1-17

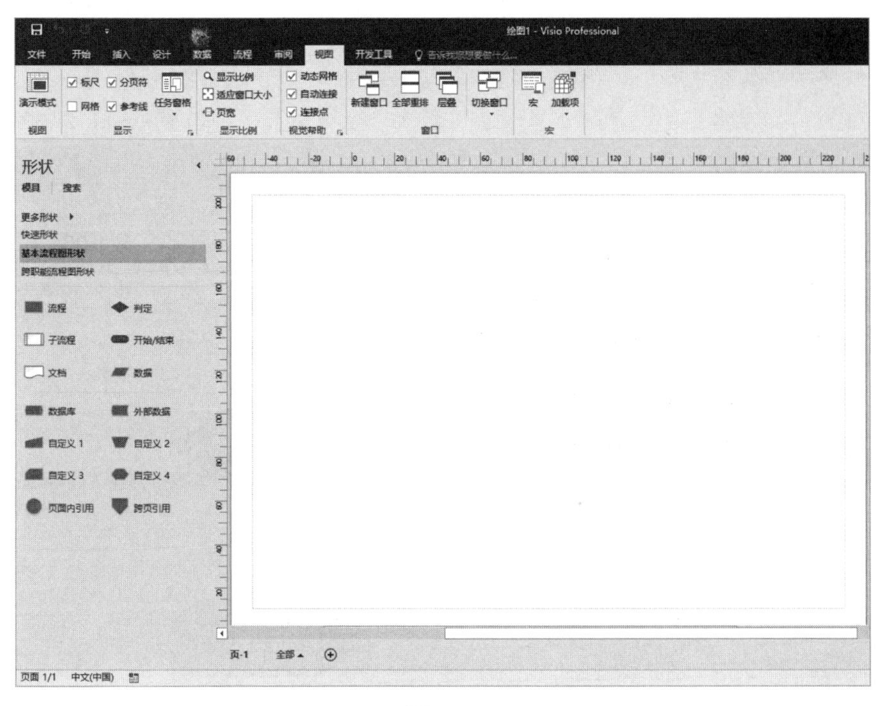

图 1-18

知识常识： 如果用户已经进入到 Visio 2016 中，则需要单击“文件”选项卡，进入 Backstage 视图，选项“新建”选项，在展开的“新建”界面中选择模板，即可创建 Visio 文档。

1.3.2　添加并连接形状

实例文件保存路径：配套素材\效果文件\第 1 章

实例效果文件名称：流程图 .vsdx

创建绘图文件后，接下来需要在绘图页中绘制所需的形状。本例要绘制的是一个简单的流程图。

Step01 在“形状”窗格中单击并拖动“开始 / 结束”形状至绘图页的中上方位置，如图 1-19 所示。

Step02 将鼠标指针移至“开始 / 结束”形状上，形状四周出现蓝色箭头，将鼠标指针移至下方的箭头上，此时会显示一个浮动工具栏，将鼠标指针移至工具栏中第 1 个形状上并单击，如图 1-20 所示。

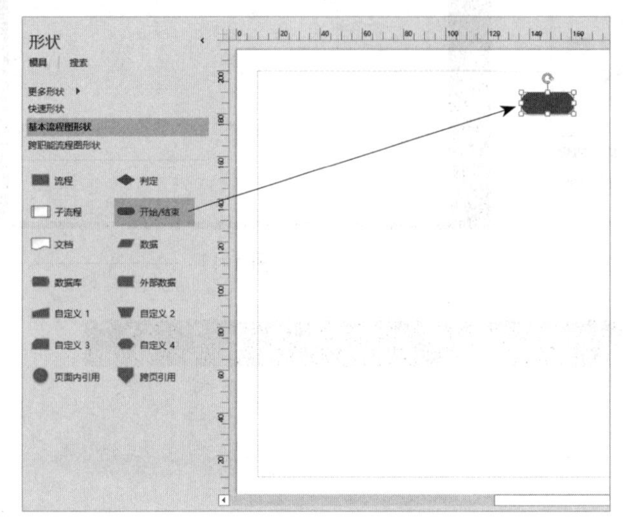

图 1-19

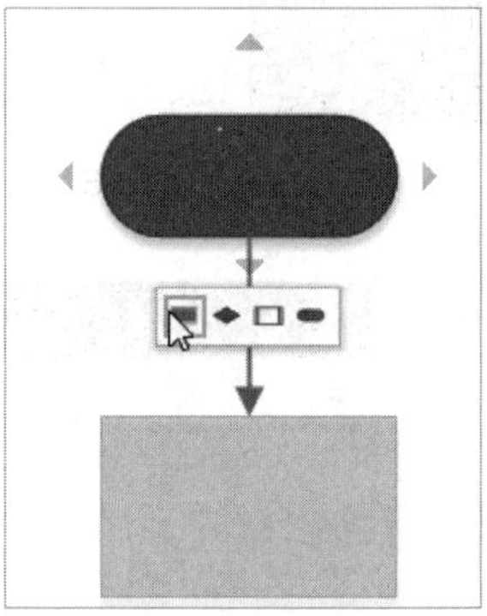

图 1-20

Step03 使用相同方法绘制第 3 个“判定”形状，如图 1-21 所示。

Step04 使用相同方法绘制第 4 个“结束”形状，如图 1-22 所示。

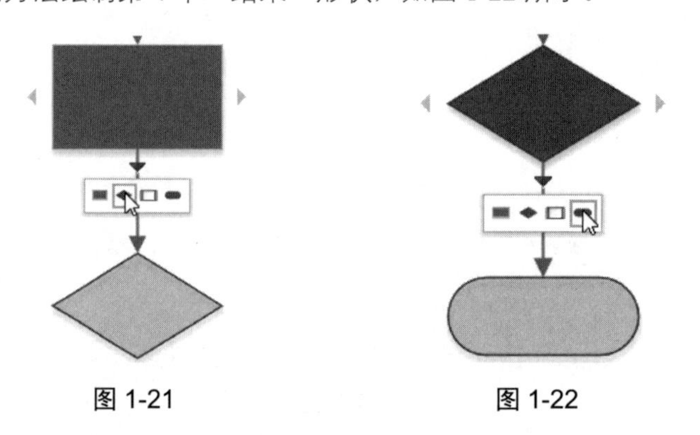

图 1-21

图 1-22

Step05 在“开始”选项卡下的“工具”组中单击“连接线”按钮，再在第 2 个和第 3 个形状之间单击并拖动鼠标指针绘制连接线，如图 1-23 所示。

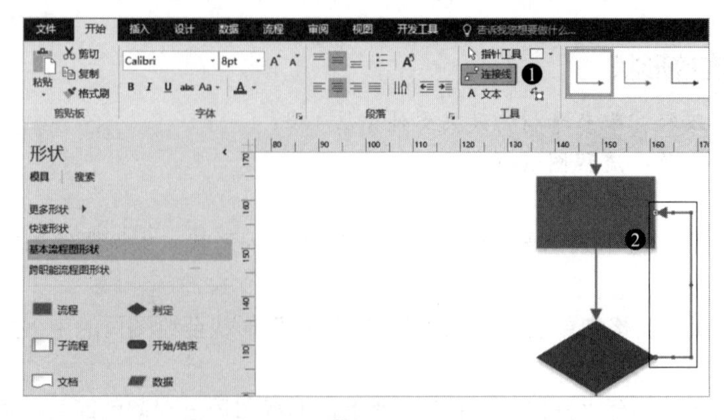

图 1-23

经验技巧：Visio 中的所有图表元素都称作形状，形状表示对象和概念。根据形状不同的行为方式，可以将形状分为一维（1-D）与二维（2-D）两种类型。

1.3.3　在形状中添加文本

实例文件保存路径：配套素材\效果文件\第 1 章

实例效果文件名称：流程图 .vsdx

形状绘制完成后，需要在形状中添加文本内容。

Step01 右击第 1 个形状，在弹出的快捷菜单中选择“编辑文本”菜单项，如图 1-24 所示。

Step02 第 1 个形状上出现文本框，输入内容，如图 1-25 所示。

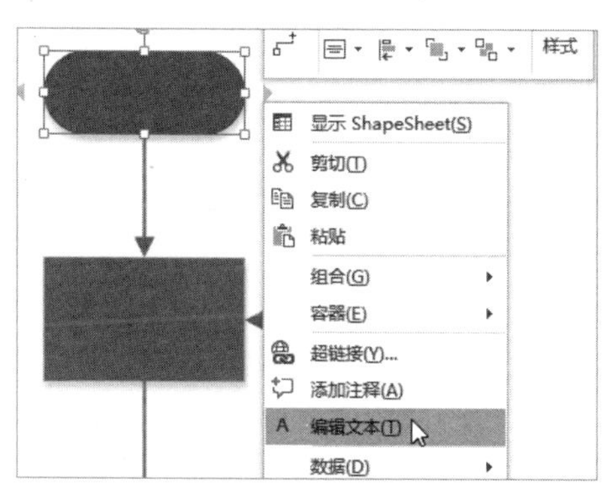

图 1-24

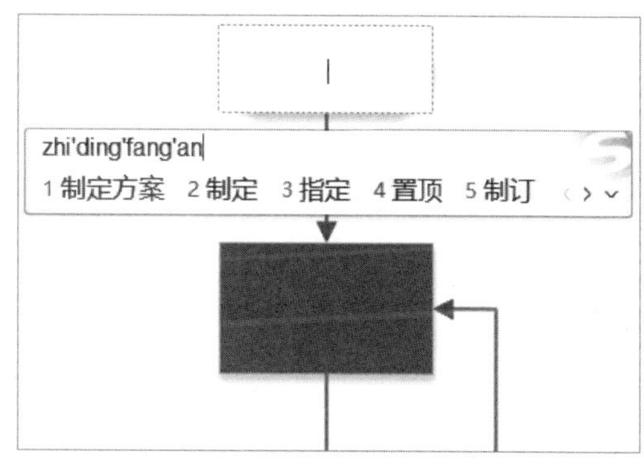

图 1-25

Step03 使用相同方法输入其他形状中的文本，如图 1-26 所示。

Step04 右击连接第 3 和第 4 个形状的连接线，在弹出的快捷菜单中选择“编辑文本”菜单项，如图 1-27 所示。

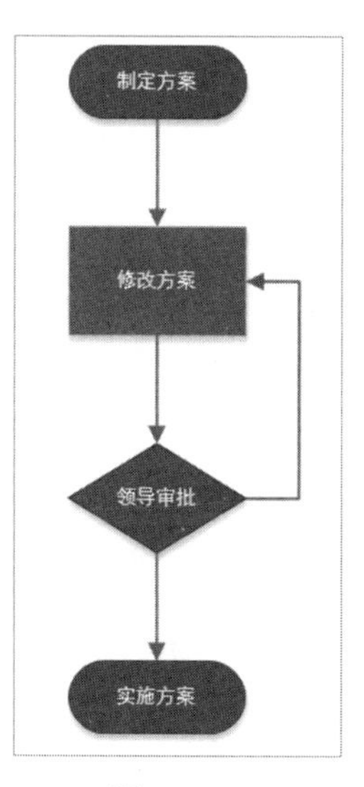

图 1-26

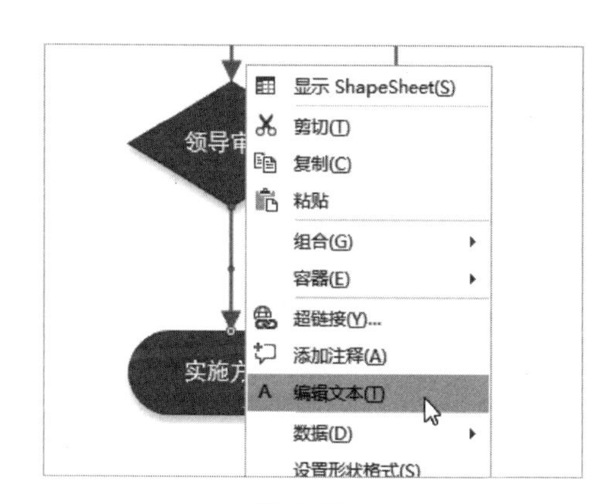

图 1-27

Step05 连接线上出现文本框，输入内容，如图 1-28 所示。

Step06 使用相同方法输入另一个连接线中的文本，最终效果如图 1-29 所示。

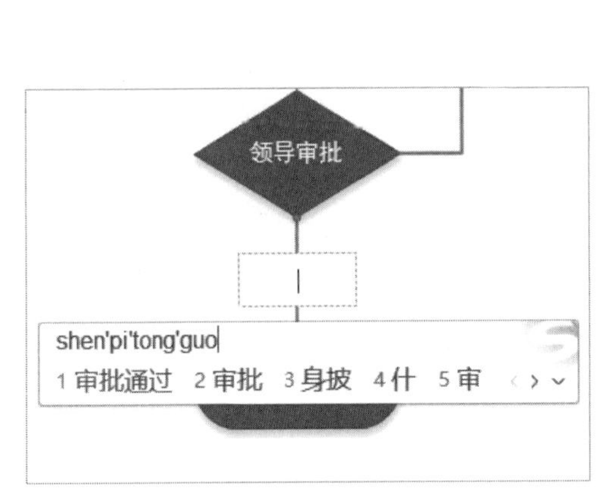

图 1-28

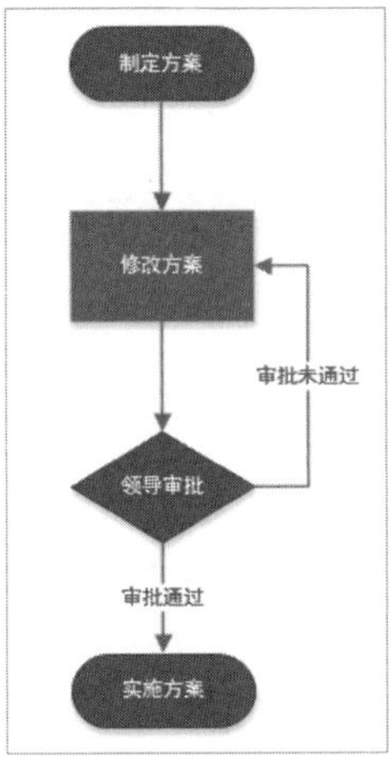

图 1-29

经验技巧：在 Visio 中，用户不仅可以直接为形状创建文本，或者通过文本工具来创建纯文本，而且还可以通过“插入”功能来创建文本字段与注释。

1.3.4 设置绘图格式和背景

实例文件保存路径：配套素材 \ 效果文件 \ 第 1 章
实例效果文件名称：流程图 .vsdx

文本添加完成后，用户还可以对绘图的格式和背景进行设置。

Step01 单击“插入”选项卡，在“背景”组中单击“背景”下拉按钮，在弹出的背景库中选择一种背景，如图 1-30 所示。

Step02 绘图的背景已经发生改变，如图 1-31 所示。

图 1-30

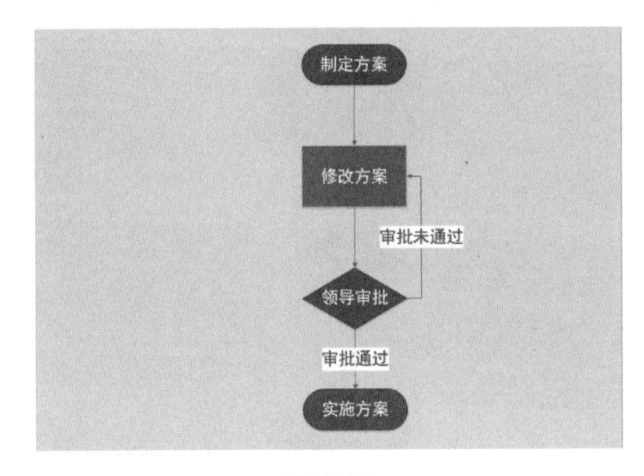

图 1-31

Step03 单击“插入”选项卡，在“背景”组中单击“边框和标题”下拉按钮，在弹出的样式库中选择一种边框和标题样式，如图 1-32 所示。

Step04 绘图添加了边框和标题，如图 1-33 所示。

图 1-32

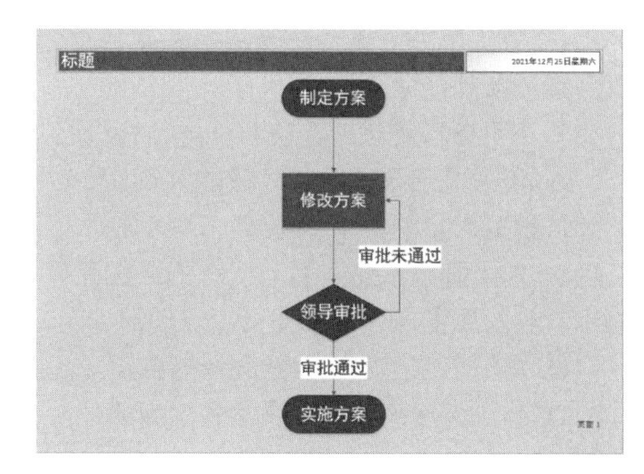

图 1-33

1.4　课后习题

一、填空题

1. Microsoft Office Visio 2016 可以帮助用户轻松地可视化、分析与交流复杂的信息。一般情况下，主要包含标准版、________、________版本。

2. ________是一组模具和绘图页的设置信息，是一种专用类型的 Visio 绘图文件，是针对某种特定的绘图任务或样板而组织起来的一系列主控图形的集合，其扩展名为________。

3. Visio 2016 是利用强大的模板（Template）、________与________等元素，来实现各种图表与模具的绘制功能。

4. 在 Visio 2016 中，用户可以通过手柄来定位、伸缩及连接形状。形状手柄主要包括________、Rotation 手柄、________、________。

5. Visio 中的绘图页分为前景页和背景页两种。通常在前景页中放置________、文本等图表的主要组成部分；在背景页中放置图表的一些辅助信息，例如________、图表的背景色或________等，用户可以将同一个背景页设置为多个前景页的背景。

二、选择题

1. 下列说法中，对模具和模板描述错误的是________。

A. 模板是一组模具和绘图页的设置信息，是一种专用类型的 Visio 绘图文件

B. 模板是针对某种特定的绘图任务或样板而组织起来的一系列主控图形的集合，其扩展名为 .VST

C. 模具是指与模板和相关联的图件或形状的集合，其扩展名为 .VSS

D. 每一个模具都由设置、模板、样式或特殊命令组成

2. 下列描述中，对快速访问工具栏描述错误的是________。

A. 快速访问工具栏是一个包含一组独立命令的自定义工具栏

B. 通过启用快速访问工具栏右侧的下拉按钮，可以将快速访问工具栏的位置调整为在功能区下方，或在功能区上方显示

C. 右击快速访问工具栏中的命令图标，选择“从快速访问工具栏删除”菜单项，即可删除该命令

D. 默认状态下快速访问工具栏中只显示“保存”“撤销”和“恢复”三种命令，用户不可以为其添加其他命令

3. 下列各项描述中，符合任务窗格内容的一项为________。

A. 用来显示系统所需隐藏的人物命令，该窗格一般处于隐藏位置，主要用于专业化设置，例如，设置形状的大小和位置、形状数据、平铺和扫视等

B. 主要显示了处于活动状态的绘图元素，用户可通过执行“视图”选项卡中的各种命令来显示“绘图”窗口、“绘图自由管理器”窗口、“大小和位置”窗口、“形状数据”窗口等

C. 是一个包含一组独立命令的自定义工具栏

D. 是一组用来显示各项命令的版块，主要用于专业化图形的设计

三、简答题

1. 如何自定义快速访问工具栏？

2. 绘图区一般有哪些功能？

第 2 章 使用与管理绘图文件和绘图页

本章要点

- 绘图文件的基本操作
- 创建与管理绘图页
- 设置绘图的显示方式
- 预览和打印绘图

本章学习素材

本章主要内容

本章主要介绍绘图文件的基本操作、创建与管理绘图页和设置绘图的显示方式的知识与技巧，同时还讲解如何预览和打印绘图，在本章的最后还针对实际的工作需求，讲解制作工作日历图和网站建设流程图的方法。通过本章的学习，读者可以掌握使用与管理绘图文件和绘图页方面的知识，为深入学习 Visio 2016 知识奠定基础。

2.1 绘图文件的基本操作

除了第 1 章介绍的通过模板创建绘图文件外，本节主要介绍在 Visio 2016 中创建空白绘图文件、保存绘图文件的基本方法。创建空白绘图文件也有多种方法可供用户选择，例如直接创建、利用菜单命令创建以及使用快速访问工具栏创建等。

微视频

2.1.1 创建空白绘图文件

实例文件保存路径：配套素材 \ 效果文件 \ 第 2 章

实例效果文件名称：空白绘图文件 .vsdx

空白绘图文件是一种不包含任何模具和模板、不包含绘图比例的绘图文档，适用于需要进行灵活创建的图表。一般情况下，用户可通过下列几种方法来创建空白绘图文件。

1．直接创建

Step01 启动 Visio 2016，系统会自动弹出“新建”页面，选择“空白绘图”选项，如图 2-1 所示。

Step02 弹出“空白绘图创建”对话框，选中“公制单位”单选按钮，再单击“创建”按钮，如图 2-2 所示。

图 2-1

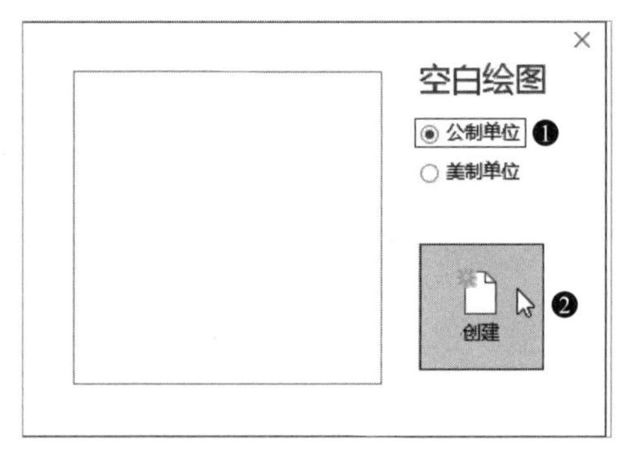

图 2-2

通过以上步骤即可完成创建空白绘图文件的操作，如图 2-3 所示。

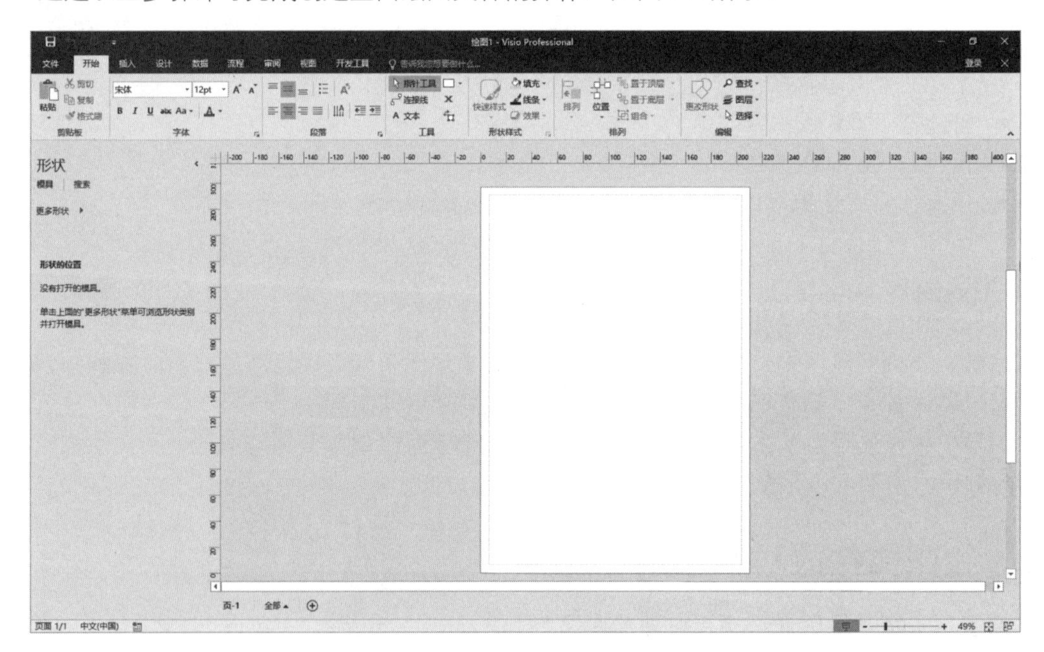

图 2-3

2．菜单命令创建

Step01 如果用户已经进入到 Visio 2016 中，单击“文件”选项卡，如图 2-4 所示。

Step02 进入 Backstage 视图，选择“新建”选项，再选择“空白绘图”选项，如图 2-5 所示。

Step03 弹出“空白绘图创建”对话框，选中“公制单位”单选按钮，再单击“创建”按钮，如图 2-6 所示。

通过以上步骤即可完成创建空白绘图文件的操作，如图 2-7 所示。

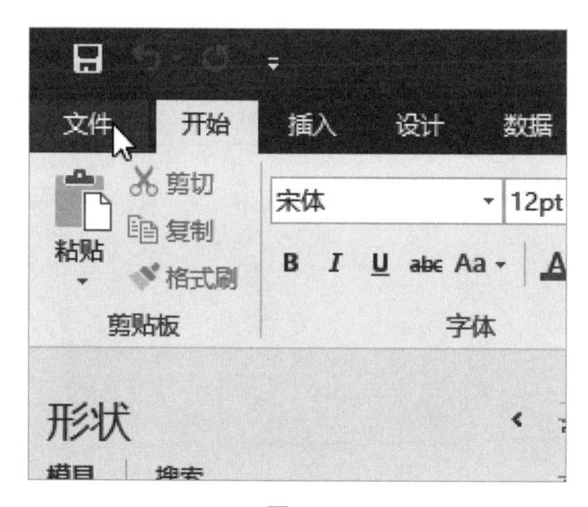

图 2-4

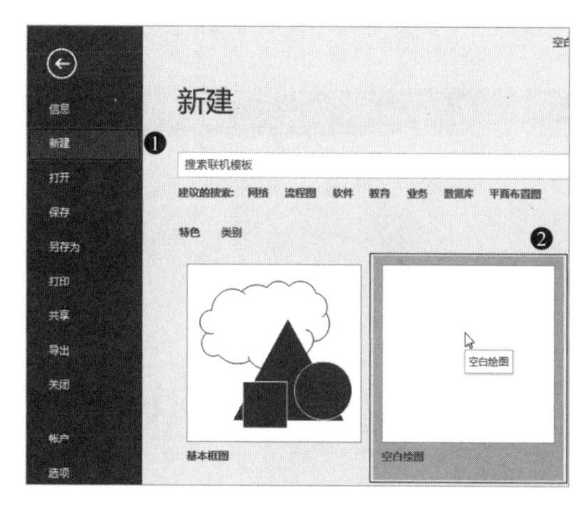

图 2-5

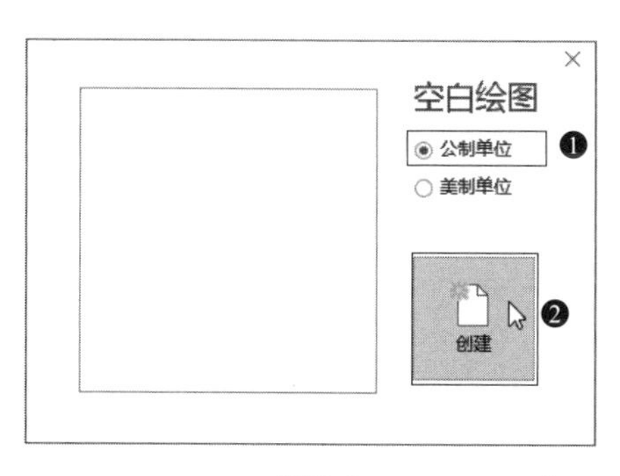

图 2-6

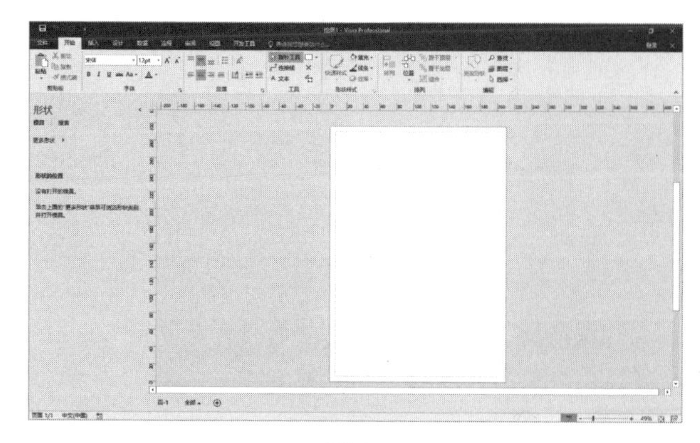

图 2-7

3．快速访问工具栏创建

Step01 如果用户已经进入到 Visio 2016 中，单击快速访问工具栏右侧的下拉按钮，在列表中选择“新建”选项，添加“新建”命令按钮，如图 2-8 所示。

Step02 “新建”命令按钮已经添加到快速访问工具栏中，单击该按钮，如图 2-9 所示。

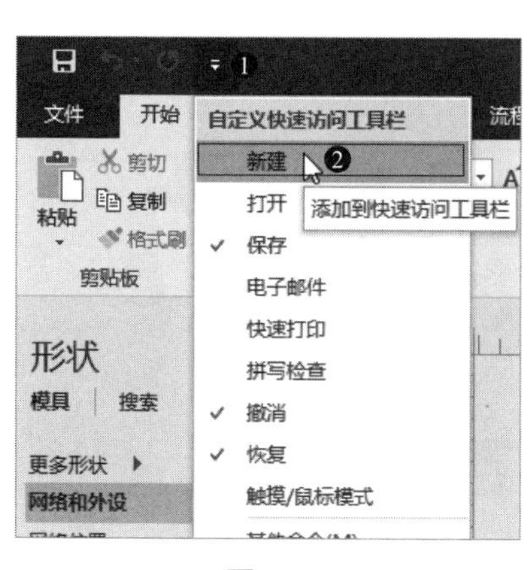

图 2-8

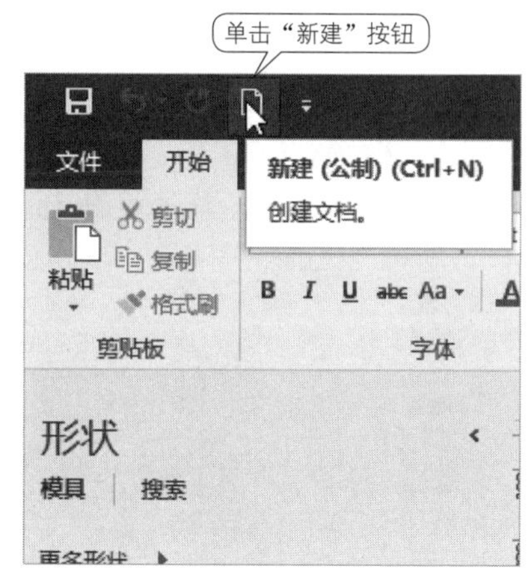

图 2-9

通过以上步骤即可完成创建空白绘图文件的操作，如图 2-10 所示。

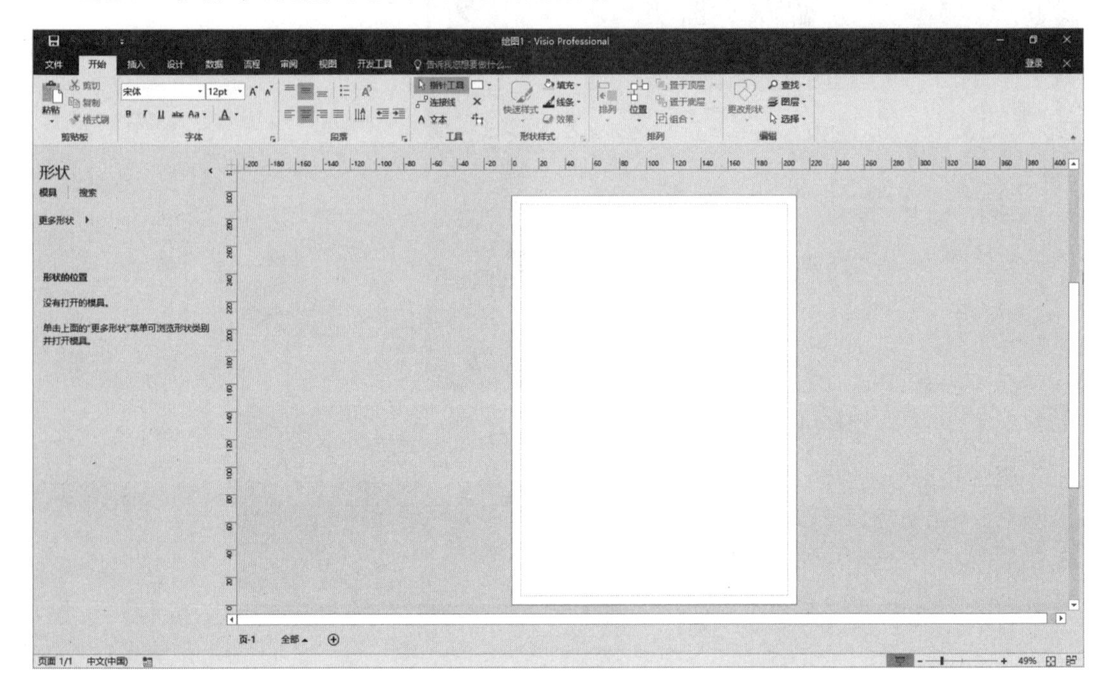

图 2-10

知识常识：需要注意的是，使用快速访问工具栏的“新建”命令按钮新建空白绘图文件时，当前打开的绘图文件也必须是空白绘图文件，系统会基于当前打开的文件创建相同类型的绘图文件。

2.1.2 保存绘图文件

当用户创建 Visio 文档后，为了防止因误操作或突发事件引起的数据丢失，可对文档进行保存操作。

Step01 编辑完绘图文件后，单击“文件”选项卡，如图 2-11 所示。

Step02 进入 Backstage 视图，选择“另存为”选项，再选择“浏览”选项，如图 2-12 所示。

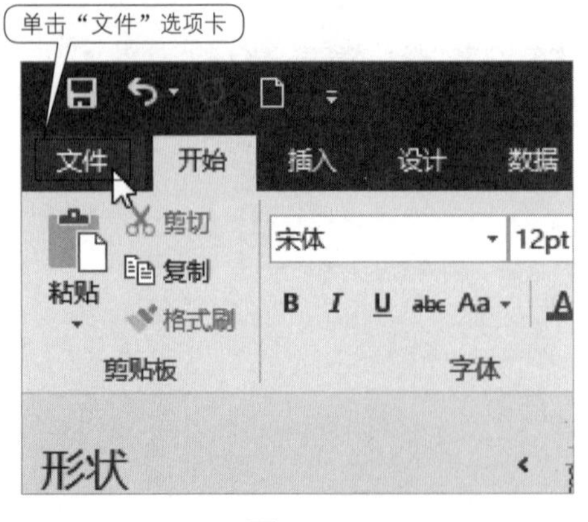

图 2-11

图 2-12

Step03 弹出“另存为”对话框，选择文件保存位置，在“文件名”文本框中输入名称，单击“保存”按钮即可完成保存绘图文件的操作，如图 2-13 所示。

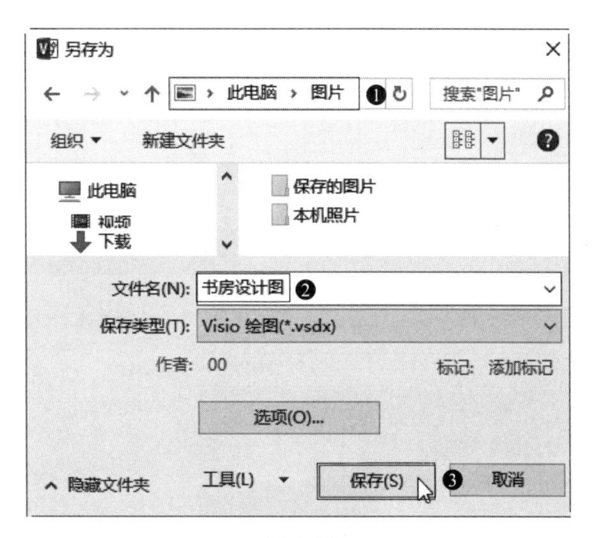

图 2-13

经验技巧：在制作绘图时，用户需要根据自己的工作习惯来设置 Visio 的保存选项，以便可以及时地保存工作数据。执行“文件”→“选项”命令，在弹出的“Visio 选项”对话框中，选择“保存”选项卡，设置相应选项即可。

2.2　创建与管理绘图页

在创建绘图页后，用户还可以对绘图页进行编辑，以使其符合绘图文档的需要。如添加和删除绘图页、调整绘图页的顺序等，本节将详细介绍创建与管理绘图页的相关知识及操作方法。

微视频

2.2.1　添加和删除绘图页

实例文件保存路径：配套素材\素材文件\第 2 章

实例素材文件名称：书房设计图 .vsdx

在启用 Visio 之后，系统会自动包含一个前景页。当一个前景也无法满足绘图需求时，则可以添加绘图页；当不需要当前绘图页时，用户可以将其删除。

Step01 打开名为“书房设计图 .vsdx”的素材文件，单击“插入”选项卡，在“页面”组中单击“新建页”下拉按钮，选择“空白页”选项，如图 2-14 所示。

Step02 系统会自动在原绘图页的基础上创建一个名为“页 -2”的空白页，如图 2-15 所示。

Step03 右击“页 -2”标签，在弹出的快捷菜单中选择“删除”菜单项，如图 2-16 所示，即可将名为“页 -2”的空白页删除，可以看到绘图区现在只有“页 -1”绘图页，如图 2-17 所示。

经验技巧：在状态栏中，直接单击“全部”标签后面的“插入页”按钮⊕，或者右击“页 -1”标签，在弹出的快捷菜单中选择“插入”菜单项，也可以插入一个绘图页。

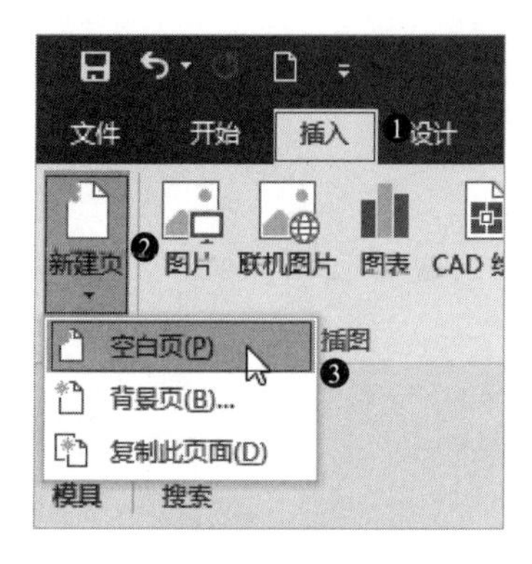

图 2-14

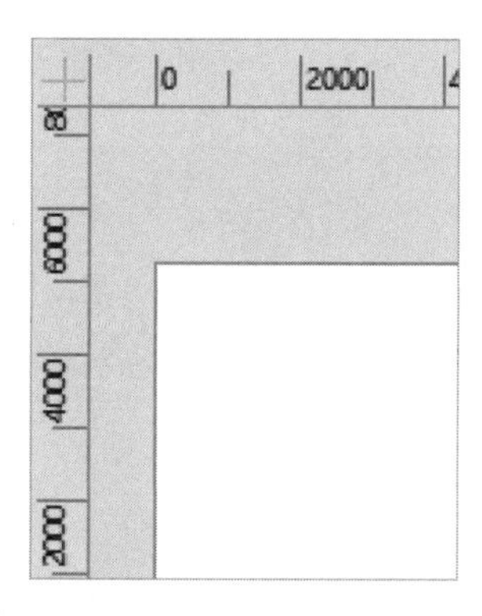

图 2-15

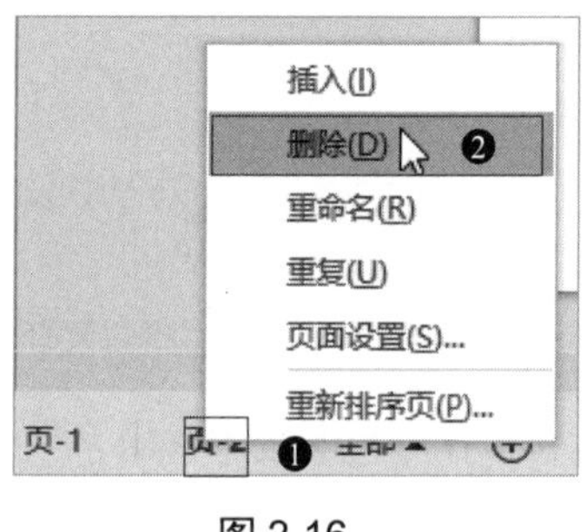

图 2-16

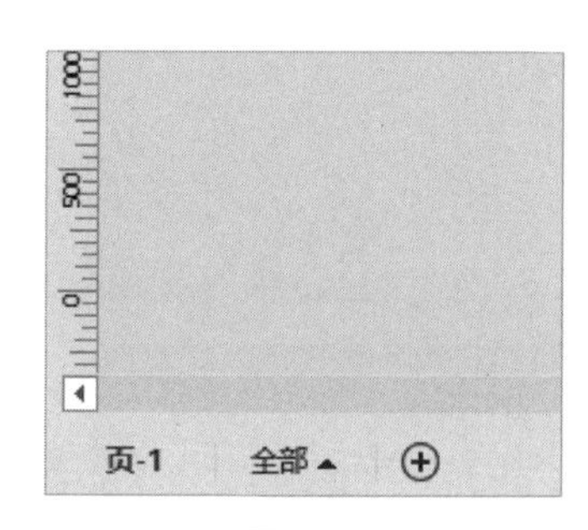

图 2-17

2.2.2 调整绘图页的顺序

实例文件保存路径：配套素材\效果文件\第 2 章
实例效果文件名称：调整绘图页顺序 .vsdx

当一个绘图文件中包含多个绘图页时，用户可以对绘图页进行排序。

Step01 打开名为“书房设计图 .vsdx”的素材文件，使用 2.2.1 小节的方法插入 3 个空白页，如图 2-18 所示。

Step02 右击“页 -4”标签，在弹出的快捷菜单中选择“重新排序页”菜单项，如图 2-19 所示。

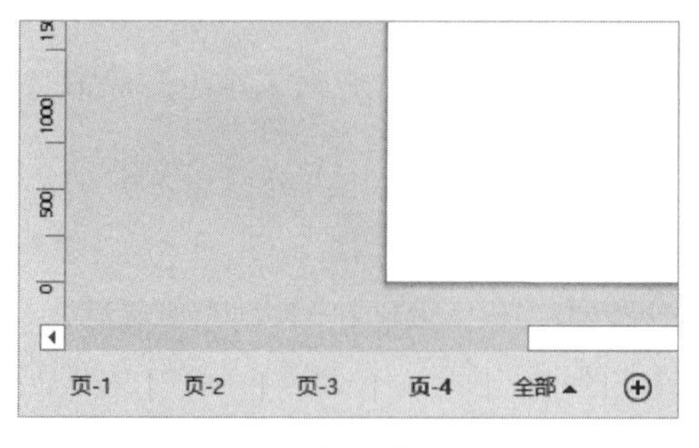

图 2-18

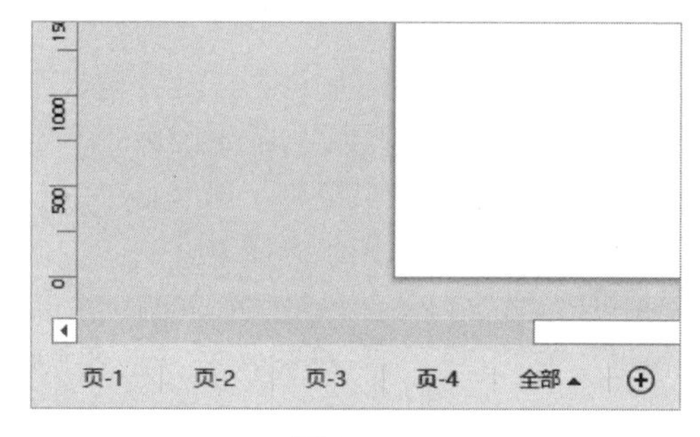

图 2-19

Step03 弹出“重新排序页”对话框，选中“页 -1”标签，单击“下移”按钮，如图 2-20 所示。

Step04 可以看到“页 -1”已经移至第 2 的位置，单击“确定”按钮，如图 2-21 所示。

图 2-20

图 2-21

Step05 返回文档中，可以看到原本带设计图的绘图页从“页 -1”移至“页 -2”，如图 2-22 所示。

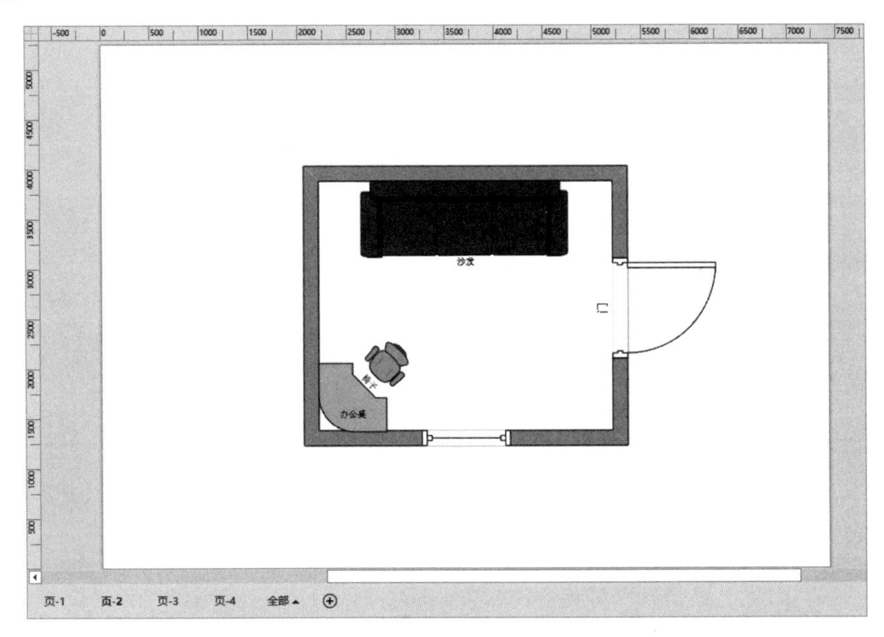

图 2-22

知识常识：用户还可以直接将鼠标指针移至页标签上，单击并拖动页标签到新位置，也能实现为绘图页排序的操作；或者单击“开发工具”选项卡，在“显示 / 隐藏”组中勾选“绘图资源管理器”复选框，打开“绘图资源管理器”窗格，右击“前景页”文件夹，在弹出的快捷菜单中选择“重新排序页”菜单项。

2.3　设置绘图的显示方式

绘图页是构成 Visio 绘图文档的结构性内容，是绘制各类图表的依托。在绘图文档中，用户不仅可以新建绘图页，而且还可以通过 Visio 2016 中的“扫视和缩放”窗口等功能，不停地查看绘图页的不同部分。

微视频

2.3.1 设置缩放比例和布局

实例文件保存路径：配套素材 \ 效果文件 \ 第 2 章

实例效果文件名称：设置缩放比例和布局 .vsdx

Visio 是一个强大的软件，在 IT 行业及相关领域中经常会用到，学习它能够帮助你创建专业的图表，以便理解、记录和分析。在使用 Visio 2016 绘图时会遇到各种各样的问题，如需要设置缩放比例和布局，下面详细介绍其操作方法。

Step01 打开名为“工作流程图 .vsdx”的素材文件，单击“视图”选项卡，在“显示比例”组中单击“显示比例”按钮，如图 2-23 所示。

Step02 弹出“缩放”对话框，选中“100%（实际尺寸）”单选按钮，单击“确定”按钮，如图 2-24 所示。

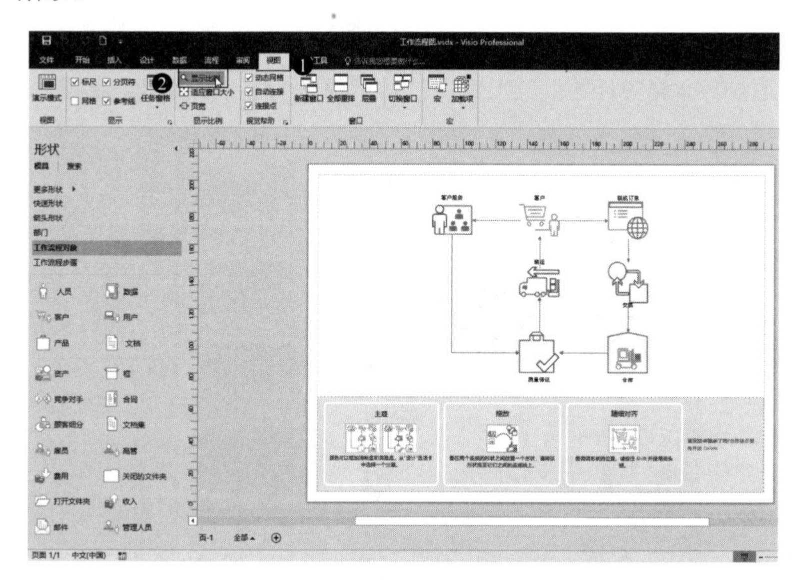

图 2-23

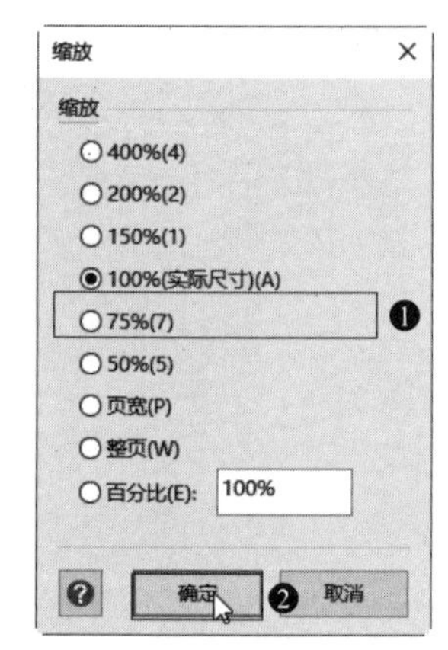

图 2-24

Step03 绘图页以 100% 比例显示，如图 2-25 所示。

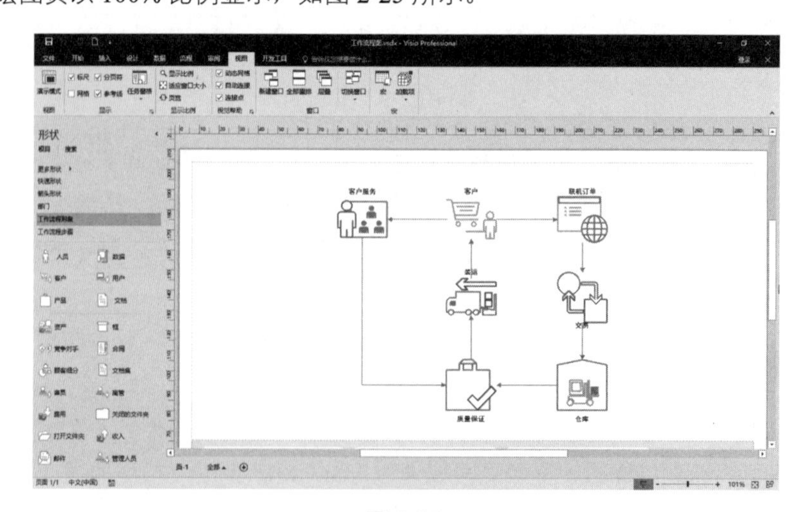

图 2-25

Step04 单击“设计”选项卡，再单击“版式”下拉按钮，单击“重新布局页面”下拉按钮，选择一种布局，如图 2-26 所示。

Step05 此时，绘图页的布局已经被更改，如图 2-27 所示。

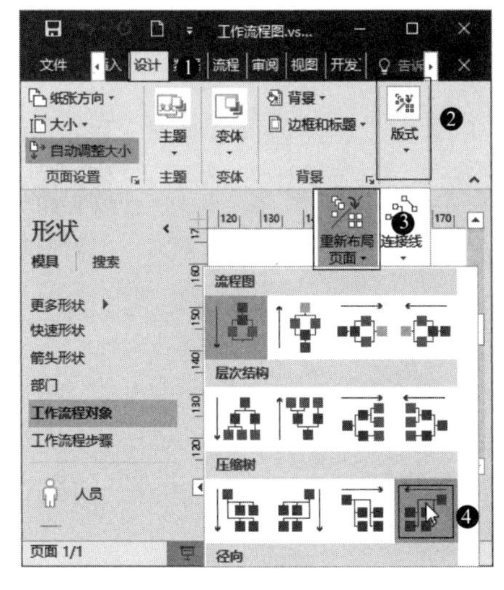

图 2-26

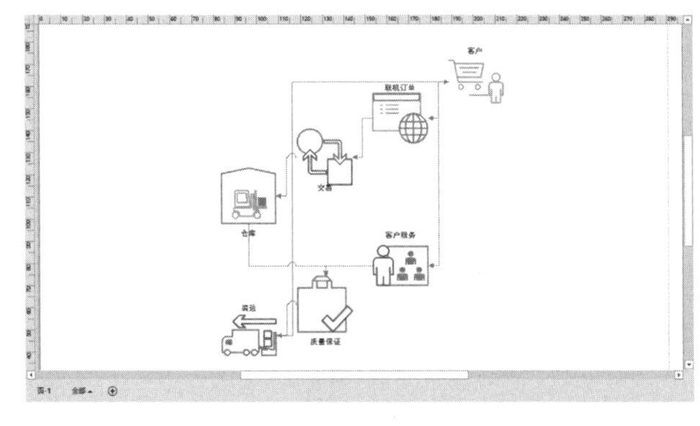

图 2-27

知识常识：Visio 2016 为用户提供了操作快捷的组合键，帮助用户快速放大或缩小绘图页。其中，最常见的快捷键如下。

放大：Alt+F6 组合键；缩小：Shift+Alt+F6 组合键；放大 / 缩小：按住 Ctrl 键的同时滚动鼠标，可以放大或缩小绘图页；适应窗口大小：Shift+Ctrl+W 组合键。

2.3.2　同时查看一个绘图的不同部分

执行“视图”→“显示”→“任务窗格”→“平铺和缩放”命令，弹出“扫视和缩放”窗格。在该窗格中，用户可以根据工作需要查看全部绘图或部分绘图，如图 2-28 所示。

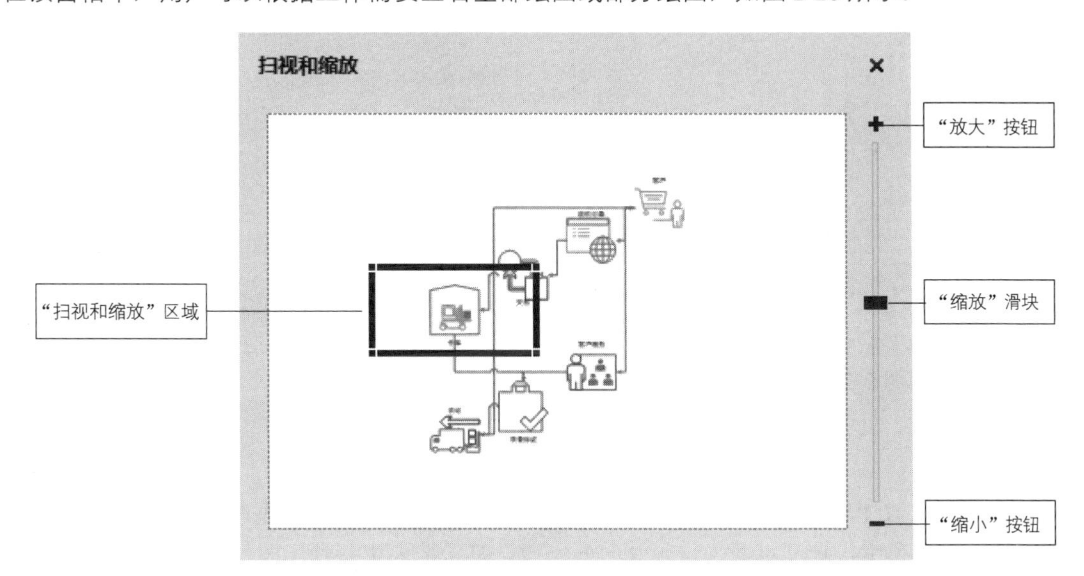

图 2-28

经验技巧： 可以拖动“扫视和缩放”区域的轮廓或角，来调整“扫视和缩放”区域的大小；移动光标到“扫视和缩放”区域上，当光标变为✥形状时，拖动鼠标即可调整“扫视和缩放”区域的位置。

2.4 预览和打印绘图

虽然目前电子邮件和 Web 文档极大地促进着物质办公的快速发展，但很多时候还是需要将编辑好的文档打印输出，以便工作使用或纸张保存，本节将详细介绍预览和打印绘图的相关知识及操作方法。

微视频

2.4.1 设置纸张的尺寸和方向

实例文件保存路径：配套素材 \ 效果文件 \ 第 2 章

实例效果文件名称：设置纸张尺寸和方向 .vsdx

默认情况下，Visio 2016 新建页面的纸张方向为纵向显示，并以“自动调整大小”样式进行显示。用户可以根据需要重新设置。

Step01 新建空白绘图，可以看到绘图页纵向显示，单击“设计”选项卡，在“页面设置”组中单击“纸张方向”下拉按钮，选择“横向”选项，如图 2-29 所示。

Step02 此时，绘图页横向显示，如图 2-30 所示。

图 2-29

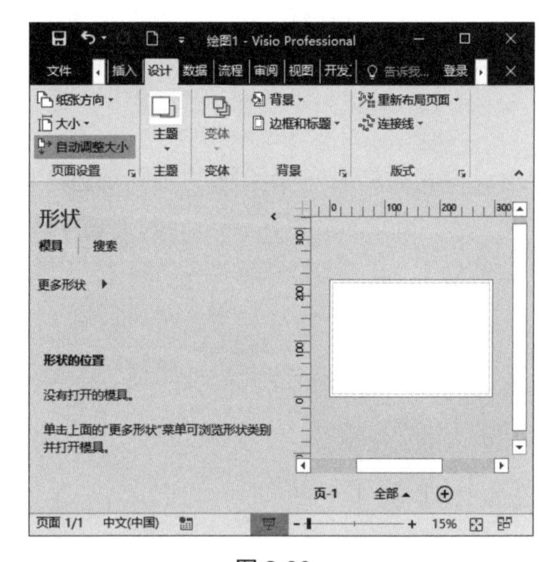

图 2-30

Step03 单击“设计”选项卡，在“页面设置”组中单击“大小”下拉按钮，选择“法律专用纸”选项，如图 2-31 所示。

Step04 此时，纸张的尺寸发生改变，通过以上步骤即可完成设置纸张尺寸和方向的操作，如图 2-32 所示。

经验技巧： 在“页面设置”组中单击“对话框开启”按钮，打开“页面设置”对话框，选择“页面尺寸”选项卡，也可以具体设置页面的方向、自定义大小和预定义大小等参数。

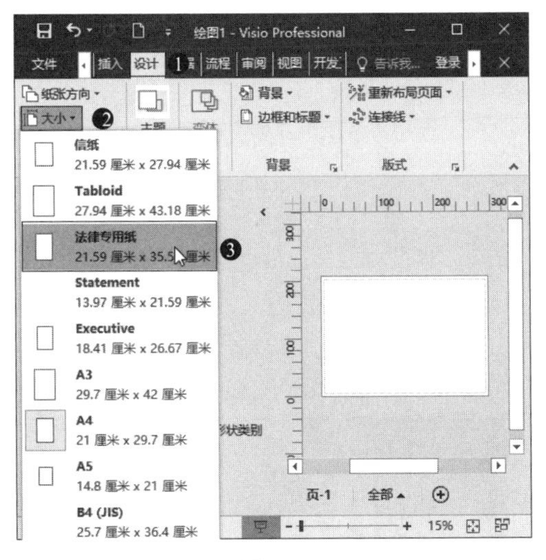

图 2-31

图 2-32

2.4.2　设置打印范围和页数

实例文件保存路径：配套素材 \ 素材文件 \ 第 2 章

实例素材文件名称：设置打印范围和页数 .vsdx

设置好文档的尺寸和方向后，就可以打印文档了，但是为了能够按个人的要求更好地打印文档，在打印前，一般还需要先预览一下文档，而且还要对打印选项进行一些设置，例如设置打印范围和页数。

Step01 打开素材文件，单击“文件”选项卡，如图 2-33 所示。

Step02 进入 Backstage 视图，选择“打印”选项，设置“打印范围”为“自定义打印范围”选项，设置“页数”为“1 至 2 页”选项，单击“打印”按钮即可开始打印，如图 2-34 所示。

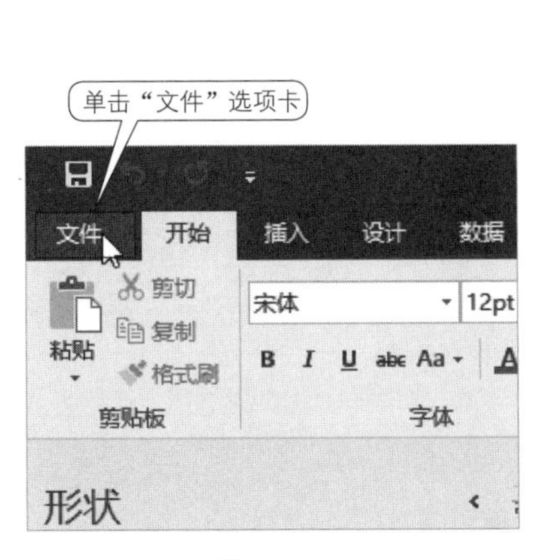

图 2-33

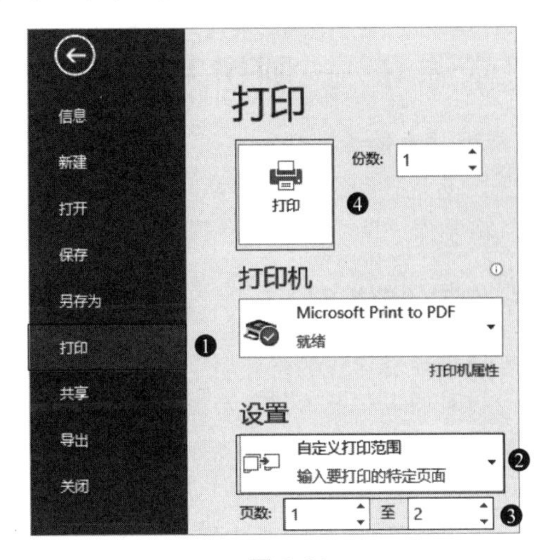

图 2-34

经验技巧：在 Visio 2016 中，打印范围包括“打印所有页”“打印当前页面”“自定义打印范围”“打印所选内容”以及“当前视图”5 个选项。

2.4.3 设置打印份数和页面输出顺序

实例文件保存路径：配套素材\素材文件\第 2 章
实例素材文件名称：设置打印范围和页数 .vsdx

用户还可以设置文档的打印份数和页面输出顺序。

Step01 打开 2.4.2 节的素材文件，单击“文件”选项卡，如图 2-35 所示。

Step02 进入 Backstage 视图，选择“打印”选项，设置“页面输出顺序”为“取消排序”选项，设置“份数”为 3 选项，单击“打印”按钮即可开始打印，如图 2-36 所示。

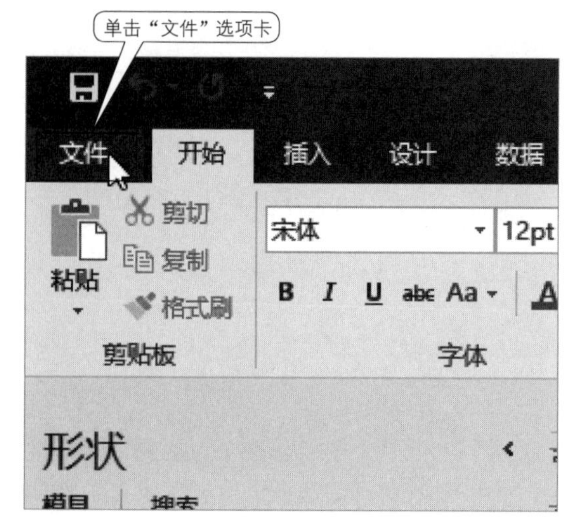

图 2-35

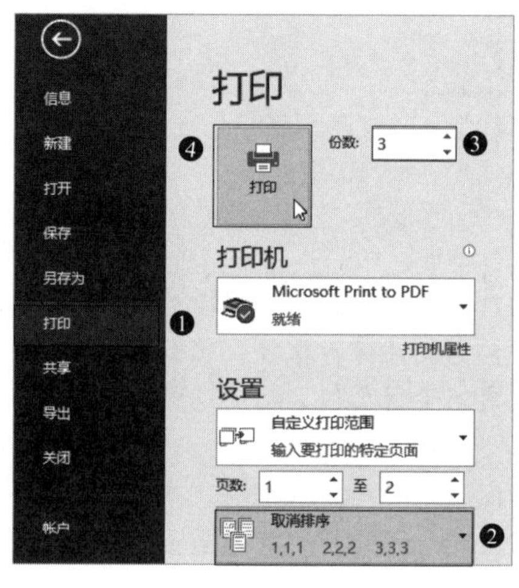

图 2-36

经验技巧： 用户还可以在“打印”界面设置打印的纸张类型，以及打印的颜色模式是“彩色”还是“黑白”等。

2.5 课堂练习——制作工作日历图和网站建设流程图

微视频

Visio 具有强大的绘图功能，不仅可以绘制甘特图、组织结构图、网络图等一些专业化图表，而且还可以根据日期和日历，生成类似台历的数据表格和网站建设流程图，本节将制作这两个案例达到巩固知识的目的。

2.5.1 制作工作日历图

实例文件保存路径：配套素材\效果文件\第 2 章
实例素材文件名称：工作日历图 .vsdx

工作日历图允许用户为每日添加各种任务标记，从而排列工作任务，备忘重要事务。在本案例中，将使用 Visio 内置的日历模板，来制作一个工作日历图。

Step01 启动 Visio 2016，在“新建”界面中选择“类别”选项，再选择“日程安排”选项，如图 2-37 所示。

Step02 在展开的列表中双击“日历”选项，如图 2-38 所示。

图 2-37

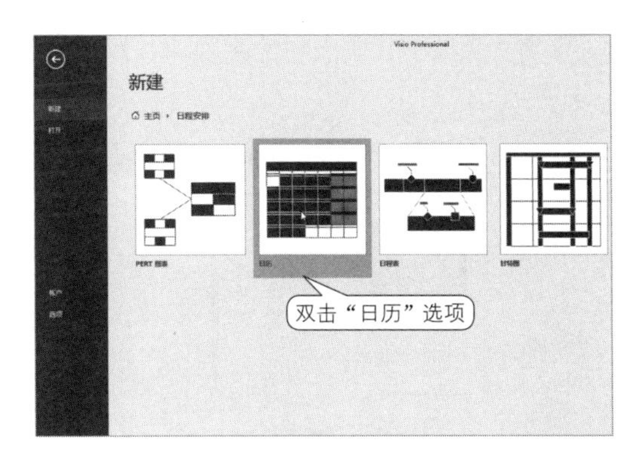

图 2-38

Step03 创建了日历模板，将“日历形状”模具中的“月”形状拖到绘图页中，在弹出的“配置”对话框中设置日历选项，如图 2-39 所示。

Step04 将“约会”形状拖到绘图页中，并在弹出的“配置”对话框中设置事件选项，如图 2-40 所示。

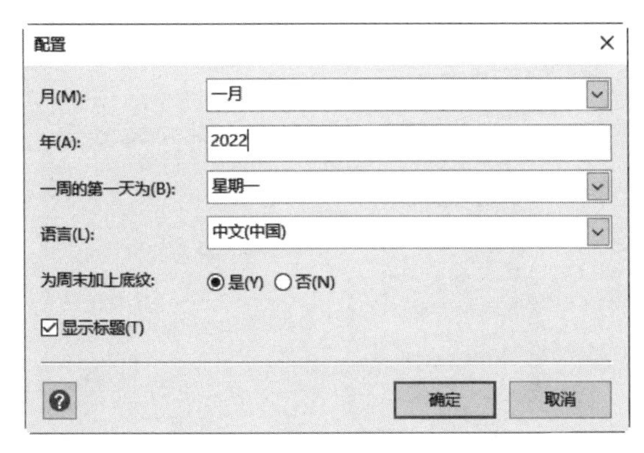

图 2-39

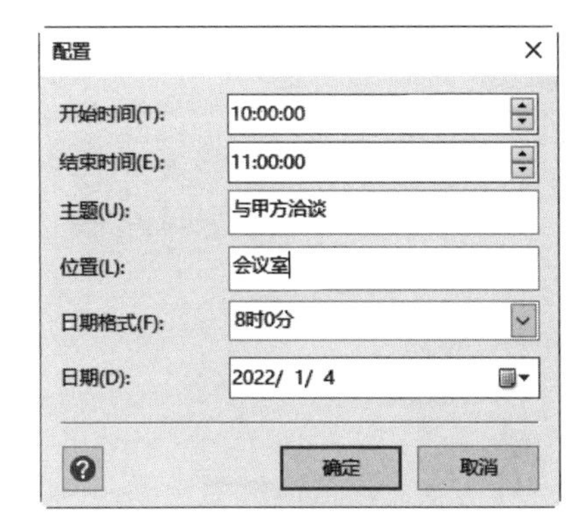

图 2-40

Step05 将“多日时间”形状拖到绘图页中，设置事件选项，并双击该形状输入事件内容，如图 2-41 所示。

Step06 将“任务”形状拖到绘图页中，并输入说明性文本，如图 2-42 所示。

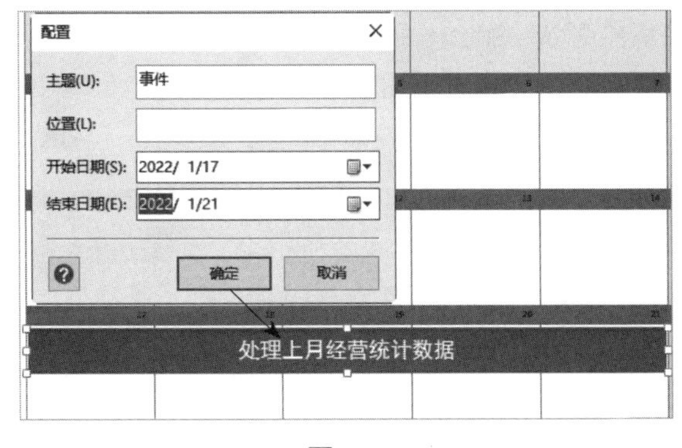

图 2-41

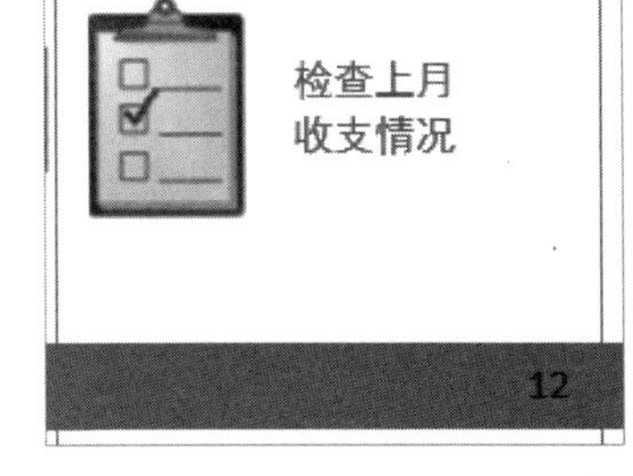

图 2-42

Step07 将“会议”形状拖到绘图页中，并输入说明性文本，如图 2-43 所示。

Step08 将“假期”形状拖到绘图页中，双击形状并输入说明性文本，复制该形状到其他日期，如图 2-44 所示。

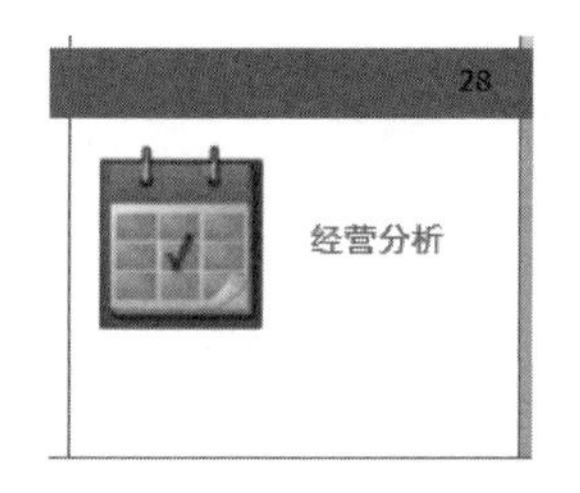

图 2-43

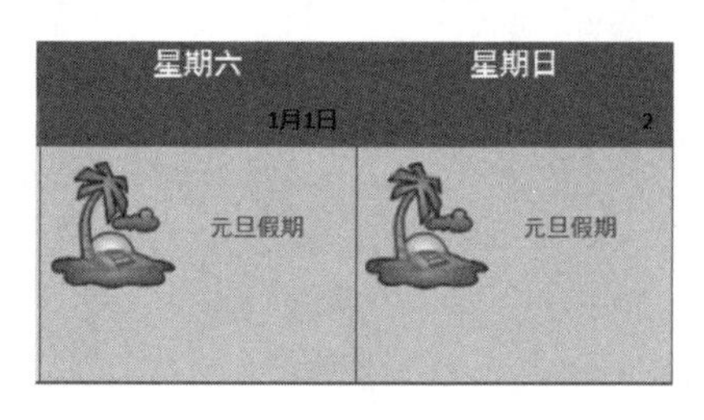

图 2-44

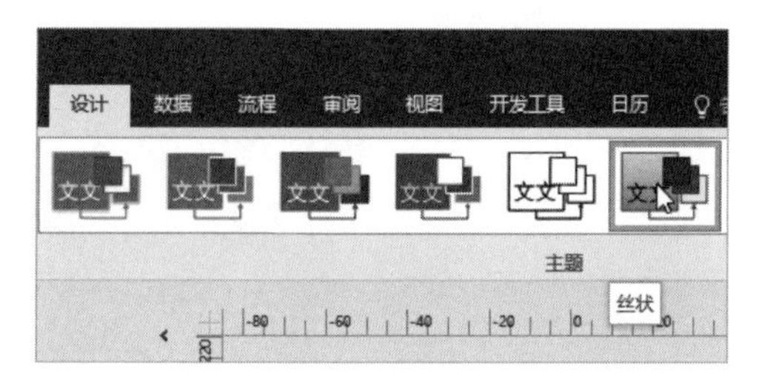

图 2-45

Step09 执行“设计”→“主题”→“主题”→“丝状”命令，为绘图页设置主题效果，如图 2-45 所示。

Step10 执行“设计”→“背景”→“背景”→“实心”命令，为绘图页设置背景效果，如图 2-46 所示。

Step11 执行“设计”→“背景”→“边框和标题”→“平铺”命令，为绘图页添加边框和标题，如图 2-47 所示。

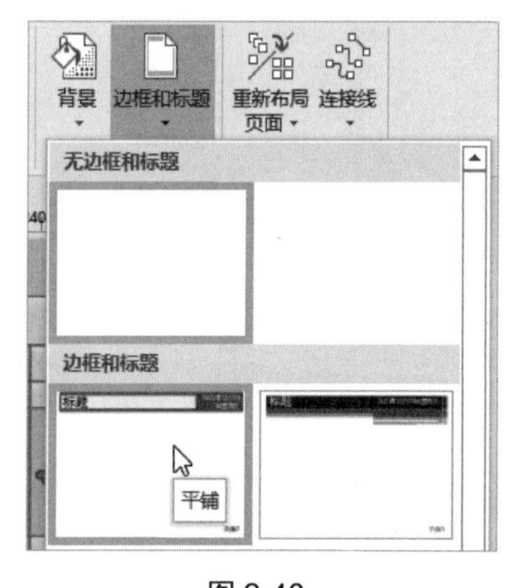

图 2-46

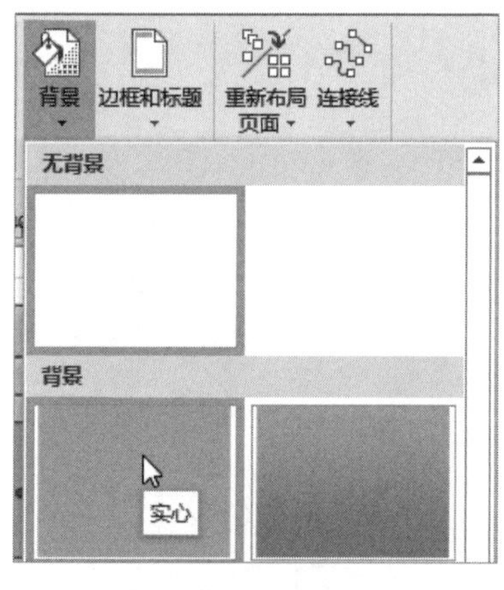

图 2-47

Step12 选择“背景 -1”页标签，双击标题形状，输入标题文本，如图 2-48 所示。

Step13 双击右下角页码区域，激活并删除页码文本，如图 2-49 所示。

图 2-48

图 2-49

2.5.2　制作网站建设流程图

实例文件保存路径：配套素材 \ 效果文件 \ 第 2 章

实例素材文件名称：网站建设流程图 .vsdx

网站建设流程图主要是工作流程的框图，它能以图形方式有条理地表达网站建设的工作流程。本小节将使用 Visio 2016 中的模板制作一个网站建设流程图，用于描绘记录工作中的流程。

Step01 启动 Visio 2016，在“新建”界面中选择“基本流程图”选项，如图 2-50 所示。

Step02 弹出“基本流程图创建”对话框，选择“基本流程图”模板，单击“创建”按钮，如图 2-51 所示。

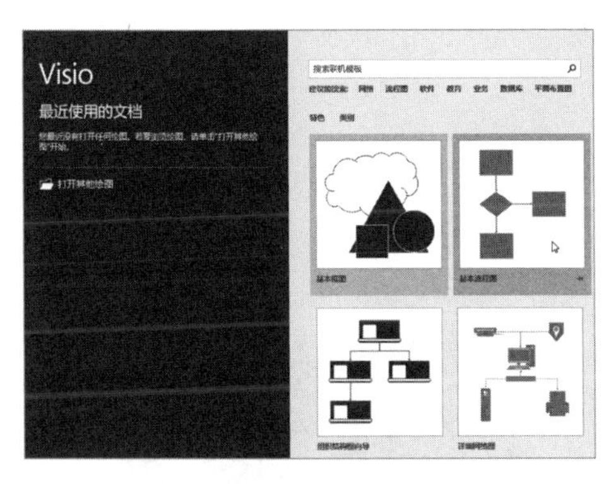

图 2-50

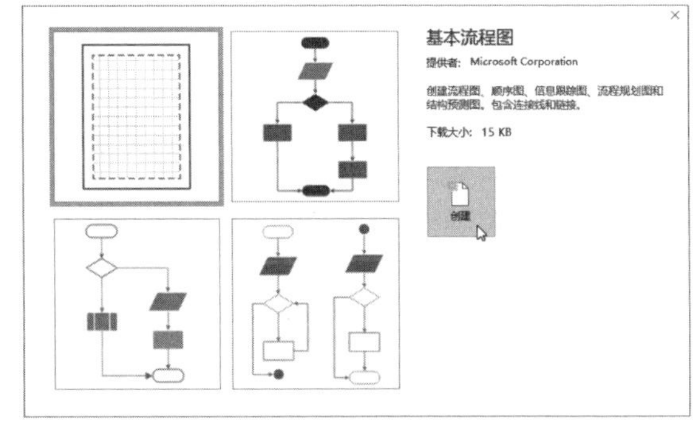

图 2-51

Step03 创建了流程图模板，执行“设计”→“背景”→“边框和标题”→“字母”命令，为绘图页添加标题和边框样式，如图 2-52 所示。

Step04 执行“设计”→“主题”→“离子”命令，设置绘图页的主题效果，如图 2-53 所示。

图 2-52

图 2-53

Step05 执行“设计”→“变体”→“离子，变量 4”命令，设置主题样式的变体效果，如图 2-54 所示。

Step06 选择“背景 -1”页标签，双击标题形状，输入标题文本，设置“字体”为“黑体”，“字号”为“30pt”，如图 2-55 所示。

Step07 选择“页 -1”页标签，单击“形状”窗格中的“更多形状”下拉按钮，选择“常规”→“基本形状”选项，如图 2-56 所示。

Step08 在“基本形状”模具中选择“圆角矩形”形状，将其拖至绘图页中，双击形状输入文本，设置“字体”为“黑体”，设置“字号”为 12pt，如图 2-57 所示。

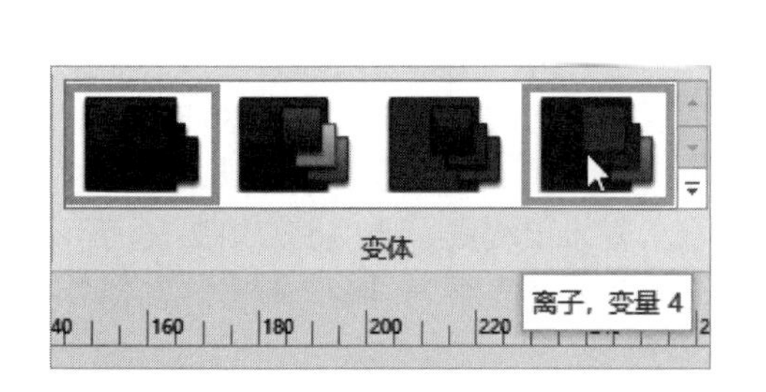

图 2-54

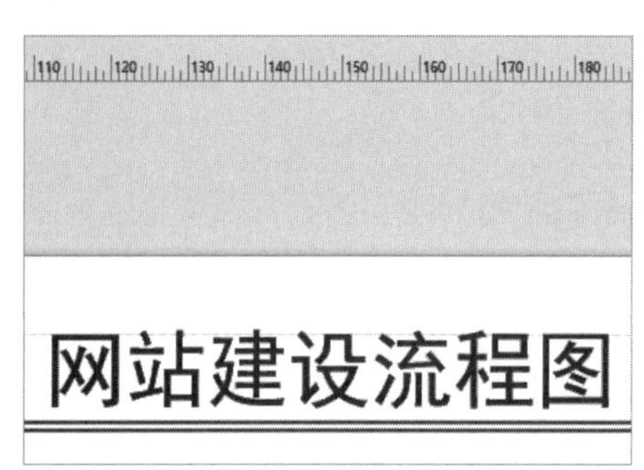

图 2-55

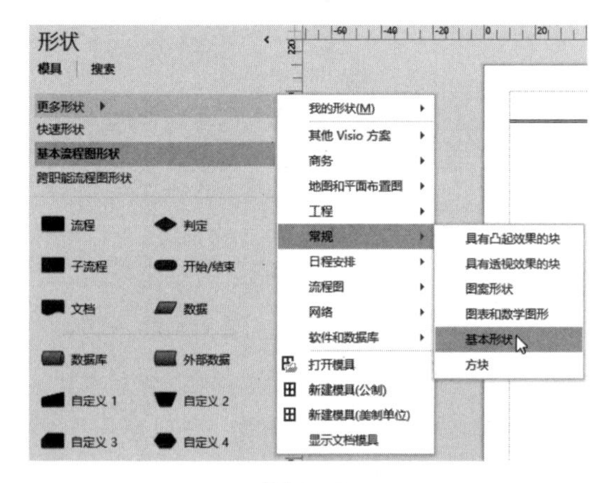

图 2-56

图 2-57

Step09 使用相同方法添加其他形状并输入文本，如图 2-58 所示。

Step10 选择“失败”圆形形状，执行“开始”→“形状样式”→“快速样式”→“强烈效果 - 蓝 - 灰，变体着色 6”命令，如图 2-59 所示。

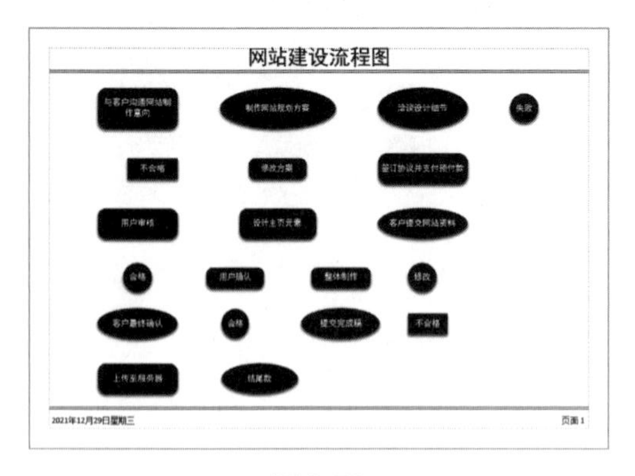

图 2-58

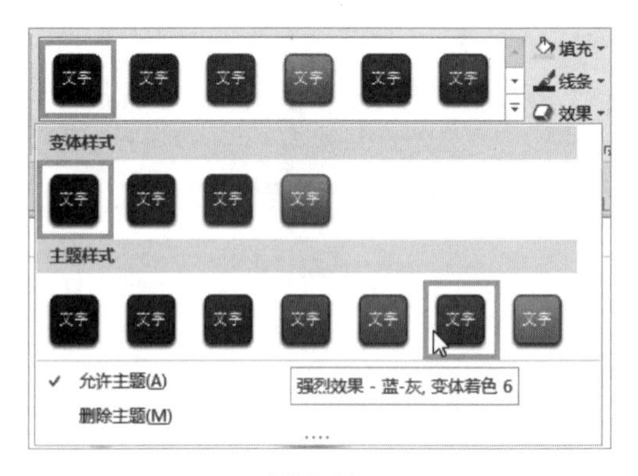

图 2-59

Step11 使用相同方法设置其他形状，如图 2-60 所示。

Step12 执行“开始”→“工具”→“连接线”命令，连接形状，如图 2-61 所示。

Step13 执行“设计”→“背景”→“背景”→“活力”命令，为绘图页添加背景，如图 2-62 所示。

Step14 最终效果如图 2-63 所示。

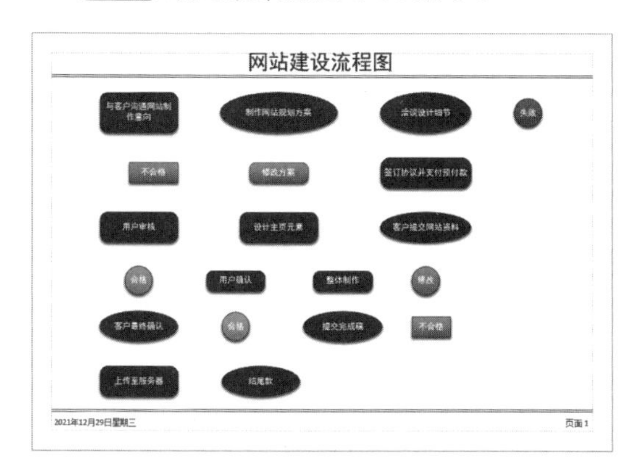

图 2-60

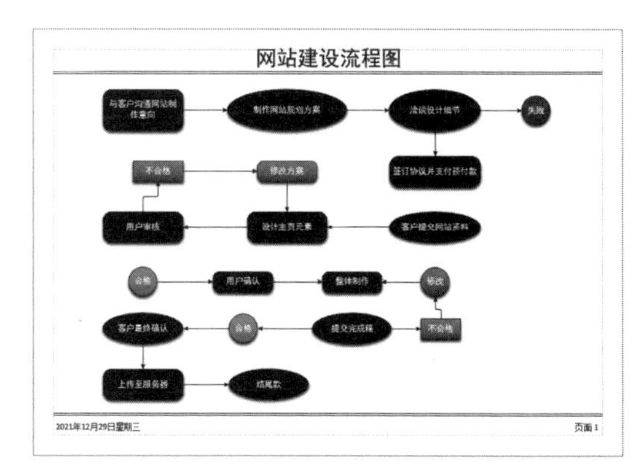

图 2-61

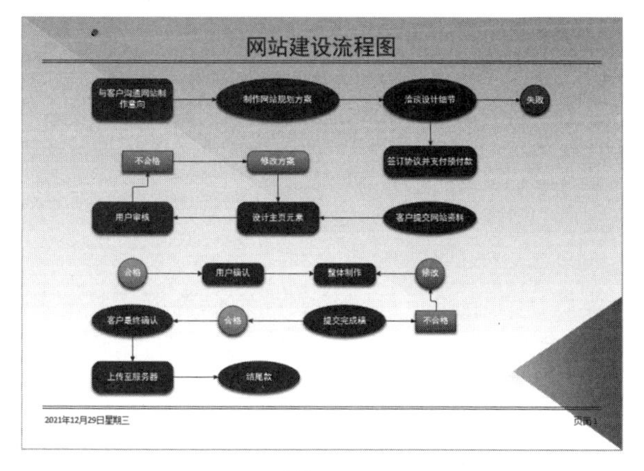

图 2-62

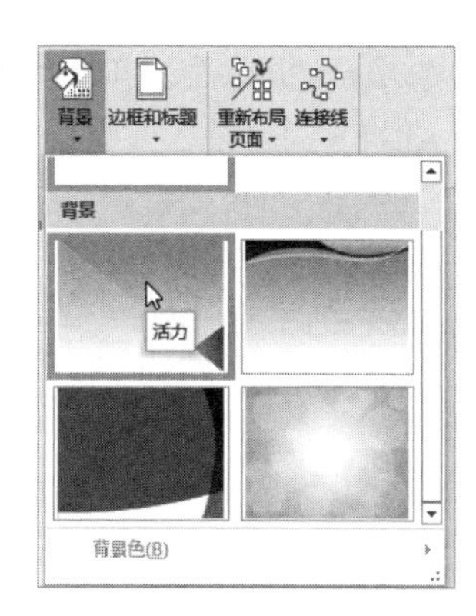

图 2-63

2.6　课后习题

一、填空题

1. 启动 Visio 2016，软件会自动显示________页面。

2. 用户也可以通过单击“快速访问工具栏”中的________按钮，或使用________组合键的方法来新建一个空白文档。

3. 在制作绘图时，可以通过 Visio 2016 中的________等功能来查看绘图页的不同部分。

4. 在“扫视和缩放”窗格中，用户可以拖动“扫视和缩放”区域的________或________，来调整“扫视和缩放”区域的大小。

5. Visio 2016 除了可以打开本地计算机中的绘图文档之外，还可以打开________或其他位置中的绘图文档。

二、选择题

1. 用户也可以新建一个空白、没有任何模具、不带比例的绘图页，其创建方法包括直接创建法、菜单命令法和________。

A. 组合法

B. 菜单法

C. 模板法

D. 快捷命令法

2. 用户可以通过________方法来打开 Visio 2016 不支持的文件。

A. 复制

B. 粘贴

C. 剪贴板

D. 剪切

3. 为了防止 Visio 文档中的数据泄露，用户可以通过________与________方法保护 Visio 文档。

A. “保护文档”命令

B. “信任中心”对话框

C. 另存为文档

D. 删除文档

4. 在 Visio 2016 中，用户可以使用________组合键放大绘图页。

A. Alt+F6 组合键

B. Shift+Alt+F6 组合键

C. Shift+Ctrl+W 组合键

D. Shift+Ctrl 组合键

5.Visio 2016 为用户提供了 25 种保存类型，其中表示可以将文档存储为网页格式的文件类型为________。

A. Web 页

B. 图形交换格式

C. 可缩放的向量图形

D. 可移植网络图形

6. “缩放”对话框中不包括以下哪个单选按钮________。

A. 100%（实际尺寸）

B. 150%

C. 65%

D. 页宽

三、简答题

1. 如何保存绘图文件？

2. 如何调整绘图页的顺序？

第 3 章 绘制与编辑形状

本章学习素材

本章要点

- 形状概述
- 绘制形状
- 编辑形状
- 连接与排列形状
- 设置形状的外观格式
- 形状的高级操作

本章主要内容

本章主要介绍形状概述、绘制形状、编辑形状、连接与排列形状和设置形状的外观格式的知识与技巧，同时还讲解形状的高级操作，在本章的最后还针对实际的工作需求，讲解了制作购销存流程图的方法。通过本章的学习，读者可以掌握绘制与编辑形状方面的知识，为深入学习 Visio 2016 知识奠定基础。

3.1 形状概述

Visio 中的所有图表元素都称作形状，其中包括图片、公式以及线条与文本框。而利用 Visio 绘图的整体逻辑思路，即是将各个形状按照一定的顺序与设计拖到绘图页中。在使用形状之前，先介绍形状的分类、形状手柄等基本内容。

微视频

3.1.1 形状的分类

在 Visio 中，形状表示对象和概念。根据形状不同的行为方式，可以将形状分为一维（1-D）与二维（2-D）两种类型。

1．一维形状

一维形状像线条一样，其行为与线条类似。Visio 中的一维形状具有起点和终点两个端点，如图 3-1 所示。

- 起点：是空心的方块。
- 终点：是实心的方块。
- 连接作用：可粘附在两个形状之间，具有连接的作用。
- 选择手柄：部分一维形状中有“选择手柄”，可以通过选择手柄调整形状的外形。
- 拖动形状：当用户拖动形状时，只能改变形状的长度或位置。

2．二维形状

二维形状具有两个维度，二维形状没有起点和终点，如图 3-2 所示。

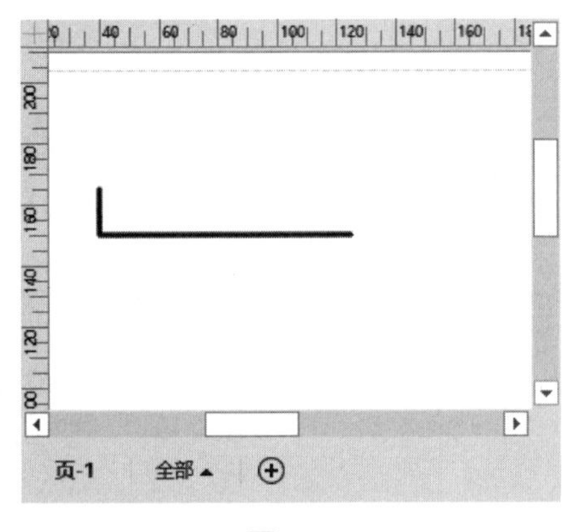

图 3-1

图 3-2

- 手柄：具有 8 个选择手柄，其手柄分别位于形状的角与边上。
- 形态：根据形状的填充效果，二维形状可以是封闭的也可以是开放的。
- 选择手柄：拐角上的选择手柄可以改变形状的长度与宽度。

3.1.2 形状手柄

形状手柄是形状周围的控制点，只有在选择形状时才会显示形状手柄。用户可以通过执行“开始”→“工具”→“指针工具”命令，来选择形状。在 Visio 中，形状手柄可分为选择手柄、控制手柄、锁定手柄、旋转手柄、连接点、顶点等类型。

1．调整形状手柄

该类型的手柄主要用于调整形状的大小、旋转形状等，主要包括下列几种手柄类型。

（1）选择手柄：可以用来调整形状的大小。当用户选择形状时，在形状周围出现的“空心方形”便是选择手柄。

（2）控制手柄：主要用来调整形状的角度与方向。当用户选择形状时，形状上出现的“黄色方形”即为控制手柄。只有部分形状有控制手柄，并且不同形状上的控制手柄具有不同的改变效果。

（3）旋转手柄：主要用于改变形状的方法。选择形状时，在形状顶端出现的“圆形符号”即为旋转手柄。

调整手柄具体类型的显示方式如图 3-3 所示。

2. 控制点与顶点

当使用“开始”选项卡下“工具”选项组中的“铅笔”工具绘制线条、弧线形状时，形状上出现的“原点”称为控制点，拖动控制点可以改变曲线的弯曲度或弧度的对称性。而形状上两头的方形顶点可以扩展形状，拖动鼠标从顶点处可以继续绘制形状，如图 3-4 所示。

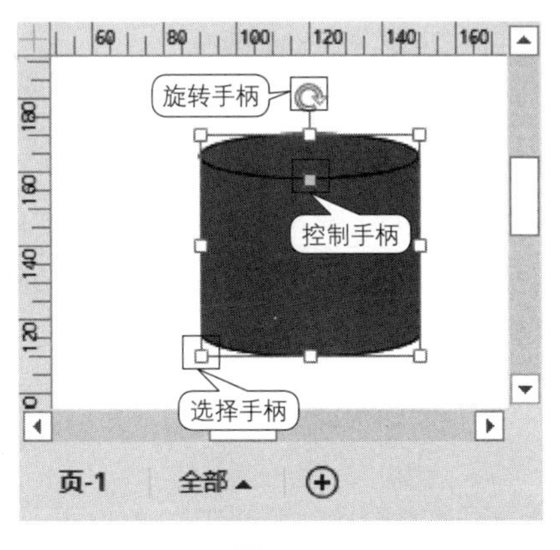

图 3-3

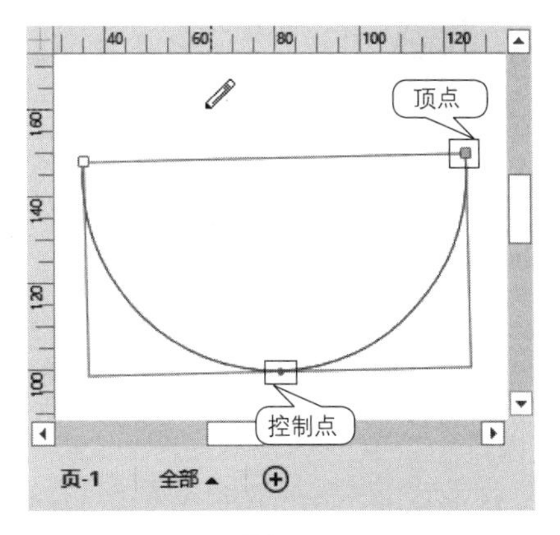

图 3-4

另外，用户还可以利用添加或删除顶点来改变形状。将“三角形”形状拖动到绘图页中，使用“开始”选项卡下“工具”选项组中的“铅笔”工具，选择形状后按住 Ctrl 键单击形状边框，即可为形状添加新的顶点，拖动顶点即可改变形状，如图 3-5 和图 3-6 所示。

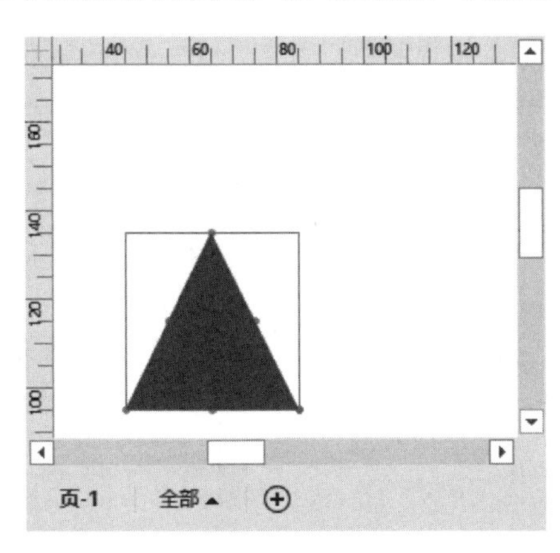

图 3-5　三角形

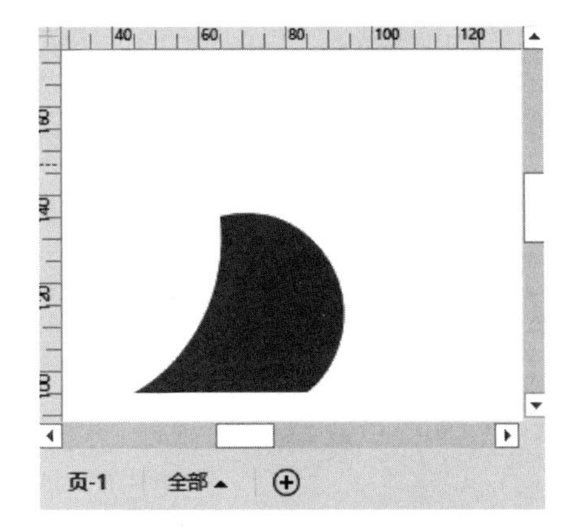

图 3-6　改变后的三角形

3. 连接点

连接点是形状上的一种特殊点，用户可以通过连接点将形状与连接线或其他形状“粘附”在一起。

- 向内连接点：一般的形状都具有向内连接点，该连接点可以吸引一维形状连接线的端点以及二维形状的向外或向内连接点。
- 向外连接点：该连接点一般情况下出现在二维形状中，通过该连接点可以粘附二维形状。
- 向内 / 向外连接点：Visio 使用“原点”来表示形状上的向内 / 向外连接点，默认情况下形状中的连接点为隐藏状态，用户可执行“开始”→“工具”→“连接线”命令，将光标停留在形状上方，即可显示连接点，如图 3-7 所示。

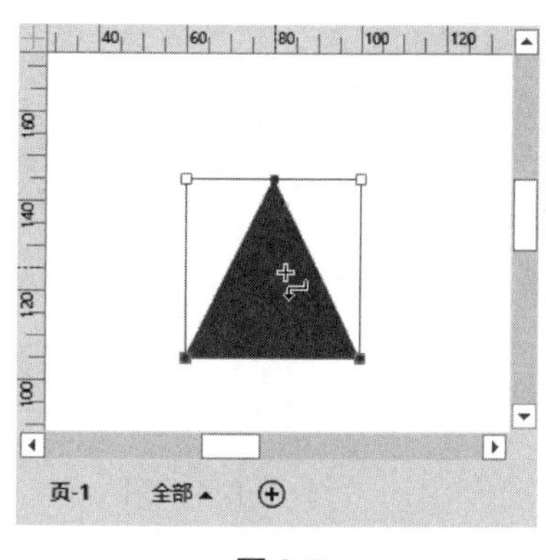

图 3-7

知识常识：在将光标置于形状中的旋转手柄上，当光标变为形状时，拖动鼠标即可旋转形状；只有在绘制形状的状态下，才可以显示控制点与顶点，当取消绘制状态时，控制点与顶点将变成选择手柄；连接点不是形状上唯一可以粘附连接线的位置，用户还可以将连接线粘附到连接点以外的部分（如选择手柄）。

3.1.3 获取形状

在使用 Visio 绘图时，需要根据图表类型获取不同类型的形状。除了使用 Visio 中存储的上百个形状之外，用户还可以利用“搜索”与“添加”功能，使用网络或本地文件夹中的形状。

1．从模具中获取

启动 Visio 2016 后，模具会根据创建的模板自动显示在“形状”窗格中。用户可通过任务窗格中相对应的模具来选择形状。除了使用模具中自动显示的形状之外，用户还可以通过单击“形状”任务窗格中的“更多形状”下拉按钮，将其他模具添加到“形状”任务窗格中，如图 3-8 所示。

2．从“我的形状”中获取

对于专业用户来讲，往往需要使用他人或网络中的模具来绘制图表或模型。此时，用户需要将共享或下载的模具文件复制到指定的目录中。将文件复制到该目录下后，在 Visio 中单击“形状”窗格中的“更多形状”按钮，在列表中执行“我的形状”→“组织我的形状”命令，即可在子菜单中选择新添加的形状，如图 3-9 所示。

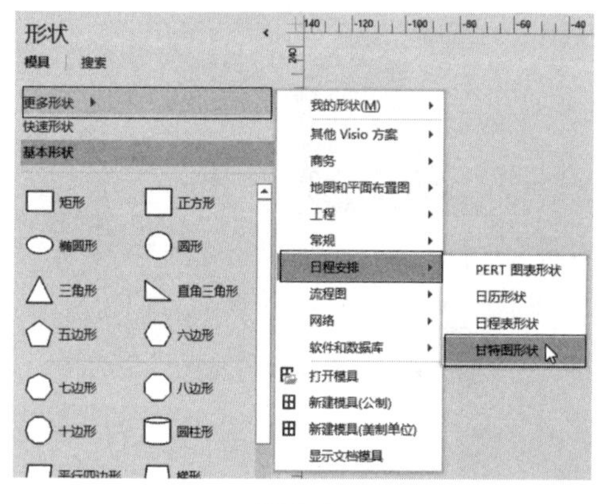

图 3-8

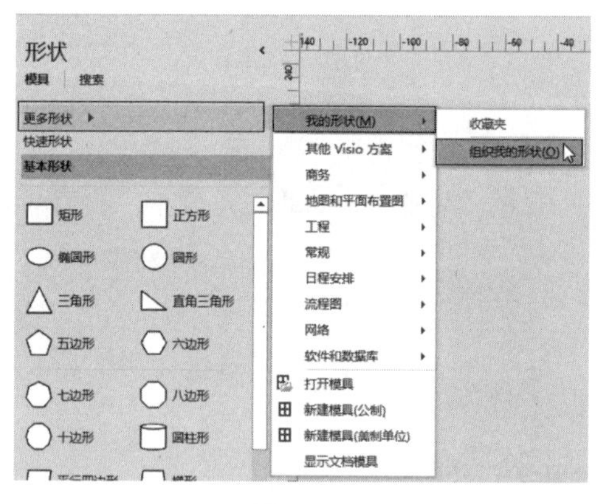

图 3-9

3．使用“搜索”功能

Visio 为用户提供了搜索形状的功能，使用该功能可以从网络中搜索到相应的形状。在“形状”窗格中，激活“搜索”选项卡，在“搜索形状”文本框中输入需要搜索形状的名称，单击右侧的“搜索”按钮即可，如图 3-10 所示。

另外，用户可通过右击“形状”窗格，执行“搜索选项”命令，在弹出的“Visio 选项”对话框的“高级”选项卡中，可以设置搜索位置等选项，如图 3-11 所示。

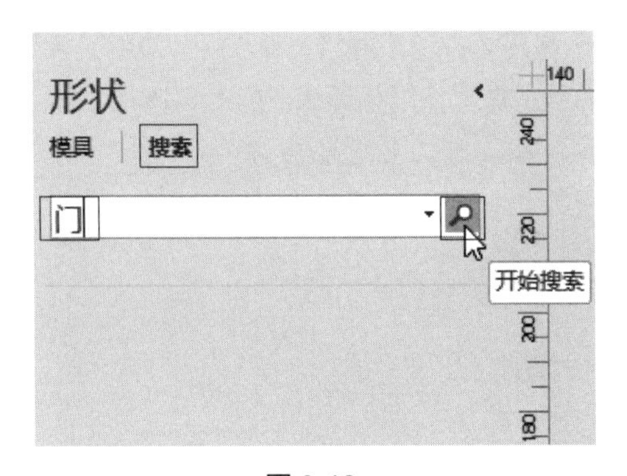

图 3-10

图 3-11

“高级”选项卡下“形状搜索”选项组中的各选项功能，如表 3-1 所示。

表 3-1　“形状搜索”选项

选项组	选　　项	说　　明
显式“形状搜索”窗格		表示是否在“形状”窗格中显示“形状搜索”窗格
搜索	完全匹配	表示搜索的形状应符合所输入的每个关键字
	单词匹配	表示搜索的形状至少符合一个关键字

3.2　绘制形状

虽然通过拖动模具中的形状到绘图页创建图表是 Visio 制作图表的特点，但是在实际应用中往往需要创建独特且具有个性的形状，或者对现有的形状进行调整或修改。因此，用户需要利用 Visio 中的绘图工具来绘制需要的形状。

微视频

3.2.1　绘制直线、弧线与曲线

用户可以通过执行“开始”→“工具”→“绘图工具”命令，在列表中选择相应的工具来绘制直线、弧线等简单的形状。

1. 绘制直线

利用“线条”工具可以绘制单个线段、一系列相互连接的线段以及闭合形状。执行“开始”→“工具”→“绘图工具”→“线条”命令，在绘图页中单击并拖动鼠标，至合适长度释放即可完成绘制线段的操作，如图 3-12 所示。另外，用户可以在线段的一个端点处继续绘制线段，重复该操作则可以绘制出一系列相互连接的线段，如图 3-13 所示。单击系列线段的最后一条线段的端点，并拖动至第一条线段的起点，即可绘制闭合形状，如图 3-14 所示。

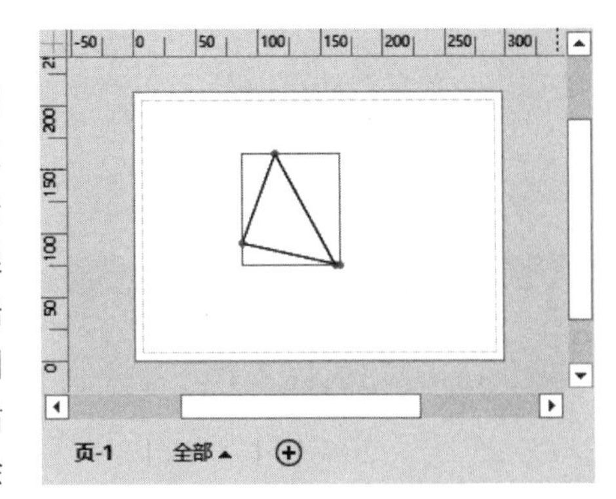

图 3-12

2. 绘制弧线

首先，执行“开始”→“工具”→“绘图工具”→“弧形”命令，在绘图页中单击一个点，拖

动鼠标即可绘制一条弧线，如图 3-15 所示。然后，执行“开始”→“工具”→“绘图工具”→“铅笔”命令，拖动弧线离心手柄的中间点即可调整弧线的曲率大小和形状，如图 3-16 所示。

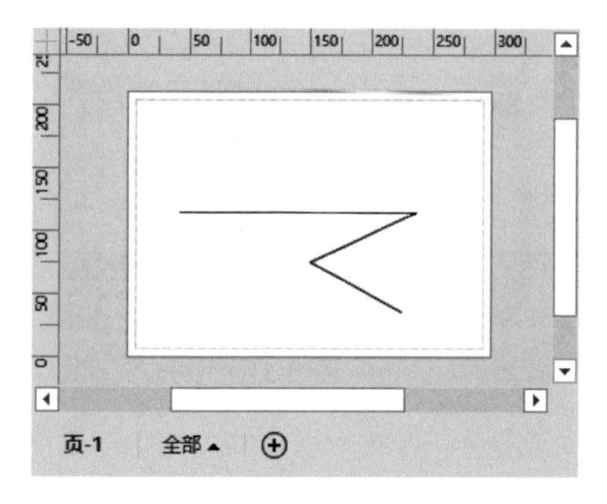

图 3-13

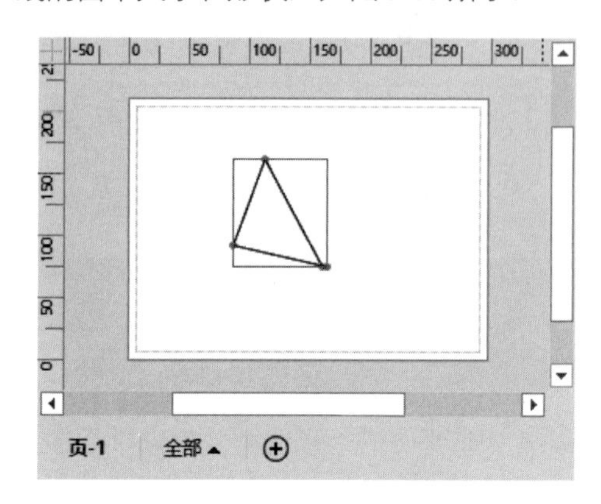

图 3-14

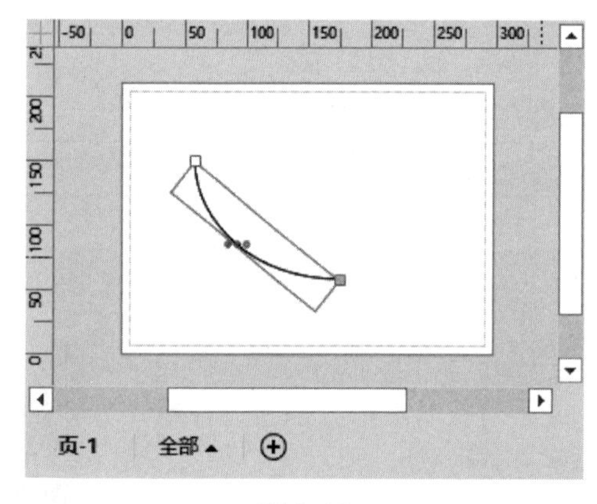

图 3-15

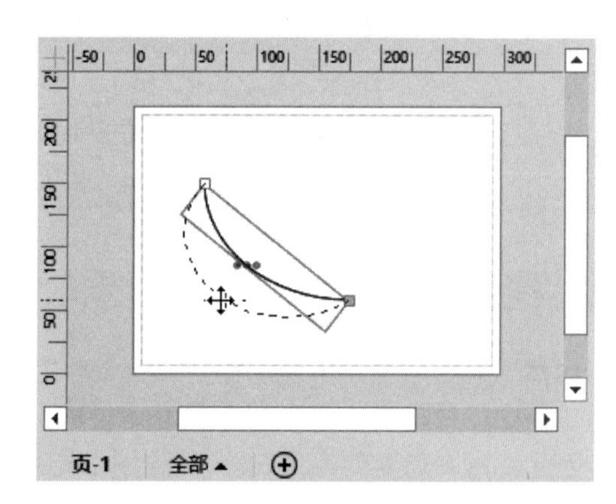

图 3-16

3. 绘制曲线

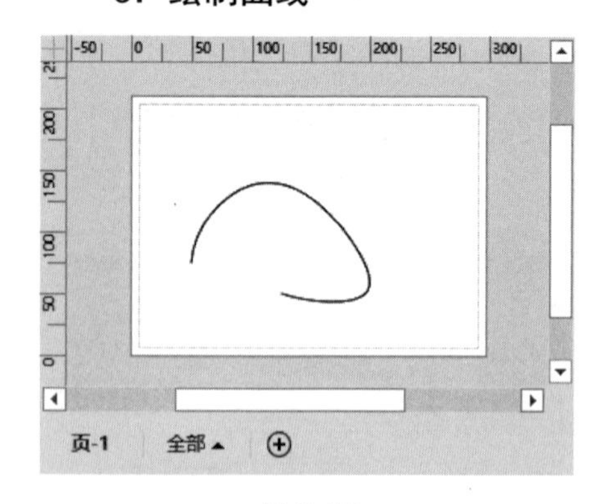

图 3-17

首先，执行“开始”→“工具”→“绘图工具”→“任意多边形”命令，在绘图页中单击一个点并随心所欲地拖动鼠标，释放后即可绘制一条曲线，如图 3-17 所示。如果用户想绘制出平滑的曲线，需要在绘制曲线之前，执行“文件”→“选项”命令，在“Visio 选项”对话框中选择“高级”选项卡，设置曲线的精度与平滑度，如图 3-18 所示。

另外，还需要执行“视图”→“视觉帮助”→“对话框开启”命令，在弹出的“对齐和粘附”对话框中，禁用“当前活动的”选项组中的“对齐”复选框，如图 3-19 所示。

经验技巧： 绘制线段形状后，在线段的两端分别以白色方块显示起点和终点，而绘制一系列的线段后，每条线段的端点都以蓝色圆形显示。

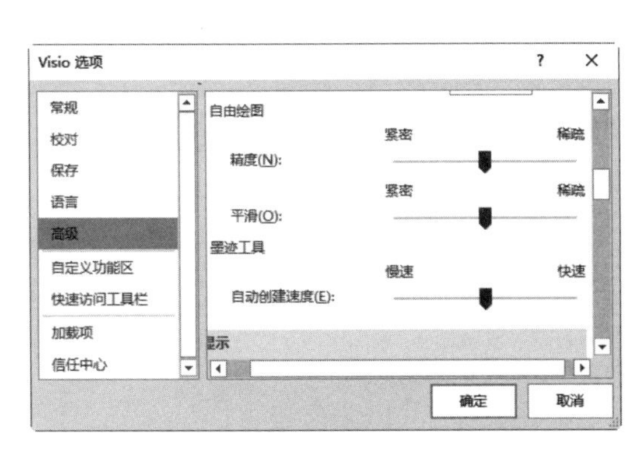

图 3-18

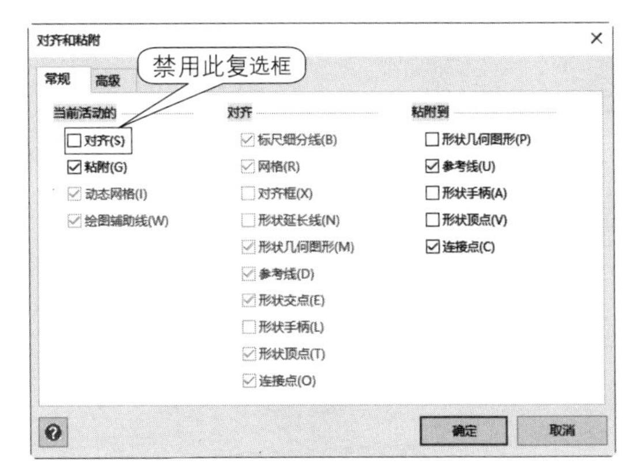

图 3-19

3.2.2　绘制闭合形状

绘制闭合形状即是使用绘图工具来绘制矩形与圆形形状。执行“开始”→“工具”→“绘图工具”→“矩形”命令，单击并拖动鼠标，当辅助线穿过形状对角线时，释放即可绘制一个正方形，如图 3-20 所示。当单击并拖动鼠标不显示辅助线时，释放即可绘制一个矩形，如图 3-21 所示。

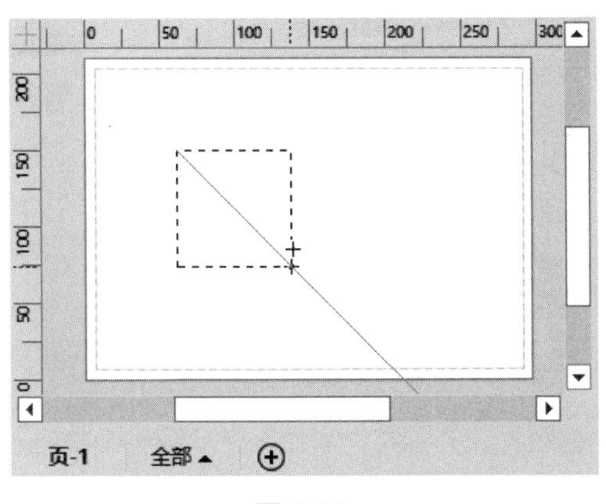

图 3-20

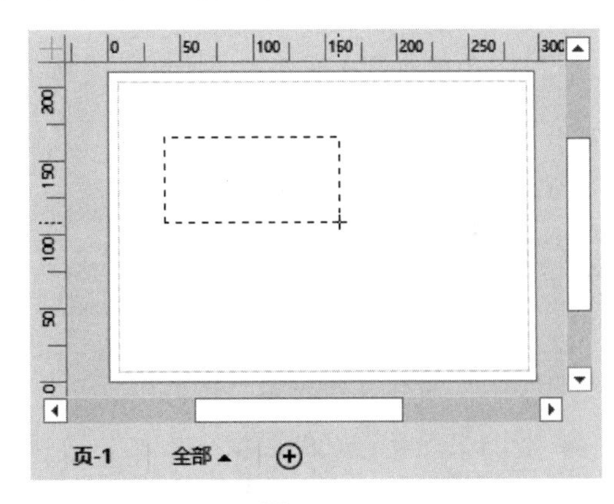

图 3-21

执行“开始”→“工具”→“绘图工具”→“椭圆”命令，单击并拖动鼠标即可绘制一个正圆或椭圆形，如图 3-22 和图 3-23 所示。

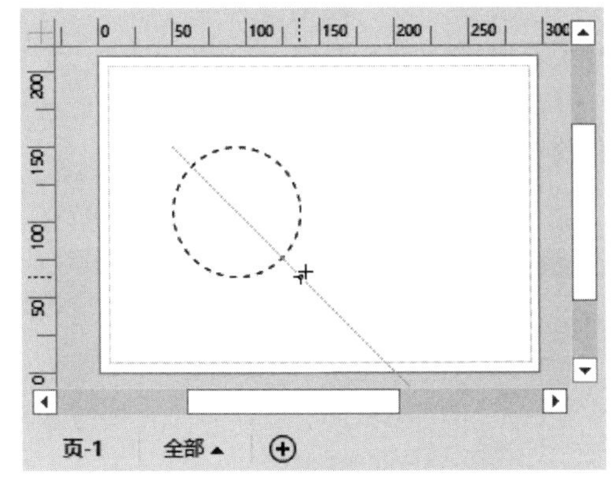

图 3-22

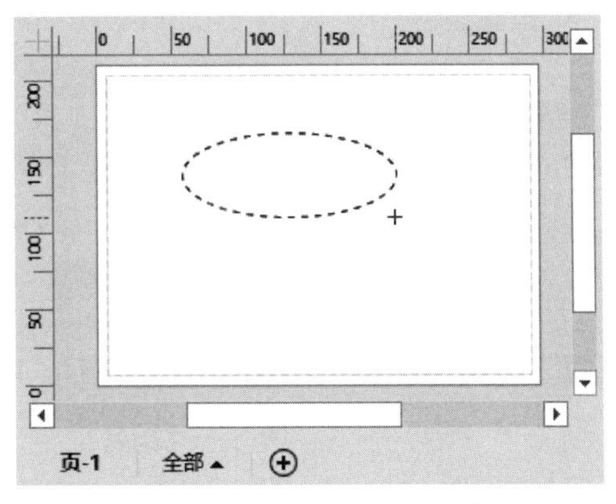

图 3-23

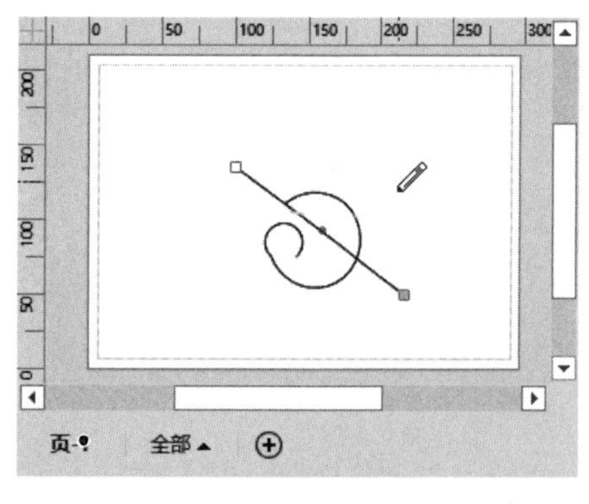

图 3-24

经验技巧： 在使用“矩形”和“椭圆”工具绘制形状时，按住 Shift 键也可以绘制正方形或正圆形。

3.2.3 使用铅笔工具

使用“铅笔”工具不仅可以绘制直线与弧线，而且还可以绘制多边形。执行“开始”→“工具”→“绘图工具”→“铅笔”命令，单击并拖动鼠标可以在绘图页中绘制各种不规则形状，如图 3-24 所示。

知识常识： 使用“铅笔”工具绘制各种形状的方法如下：

绘制直线：以直线路径单击并拖动鼠标即可绘制直线。

绘制弧线：以弧线路径单击并拖动鼠标即可绘制直线。

3.3 编辑形状

在 Visio 中制作图表时，操作最多的元素便是形状。用户需要根据图表的整体布局选择单个或多个形状，还需要按照图表的设计要求旋转、对齐与组合形状。另外，为了使绘图页具有美观的外表，还需要精确地移动形状。

微视频

3.3.1 选择与复制形状

在对形状进行操作之前，需要选择相应形状。用户可以通过下面几种方法进行选择。

- 选择单个形状：执行“开始”→“工具”→“指针工具”命令，将光标置于需要选择的形状上，当光标变为十字箭头形状时，单击即可选择该形状。
- 选择多个形状：使用“指针工具”命令，选择第一个形状后，按住 Ctrl 键逐个单击其他形状，即可依次选择多个形状。
- 选择多个不连续的形状：执行“开始”→“编辑”→“选择”命令，在其列表中执行“选择区域”或“套索选择”命令，使用鼠标在绘图页中绘制矩形或任意样式的形状轮廓，释放后即可选择该轮廓内的所有形状。
- 选择所有形状：执行“开始”→“编辑”→“选择”→“全选”命令，或按 Ctrl+A 组合键即可选择当前绘图页内的所有形状。
- 按类型选择形状：执行“开始”→“编辑”→“选择”→“按类型选择”命令，在弹出的“按类型选择”对话框中，用户可以设置所要选择形状的类型。

想要复制形状，执行“开始”→“工具”→“指针工具”命令，将鼠标指针移至形状上，按住 Ctrl 键单击并拖动形状至其他位置，即可对形状进行复制。

经验技巧： 用户还可以选中形状，按 Ctrl+C 组合键对形状进行复制，按 Ctrl+V 组合键，即可粘贴出一个相同的形状。

3.3.2 调整形状的大小和位置

执行“开始”→“工具”→“指针工具”命令，在形状上单击并选中形状，单击并拖动鼠标至其他位置后释放，即可完成调整形状位置的操作，如图 3-25 所示。

简单的移动形状，是利用鼠标拖动形状到新位置中，但是在绘图过程中，为了美观、整洁，用户需要利用一些工具来精确地移动一个或多个形状。

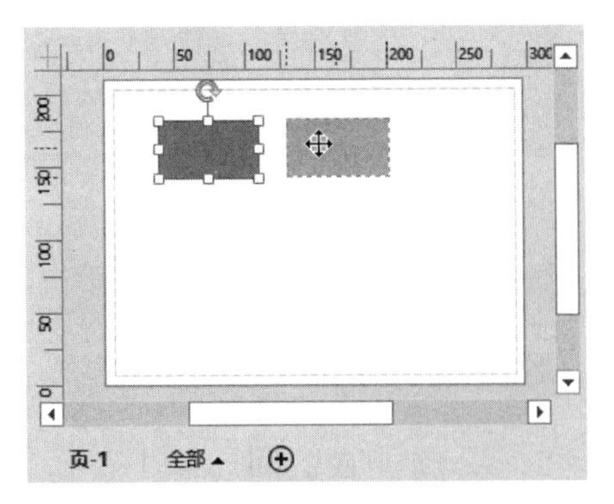

图 3-25

1. 使用参考线

用户可以使用“参考线”工具来同步移动多个形状。首先，执行“视图”→“视觉帮助”→“对话框开启”命令，在弹出的“对齐和粘附”对话框中，勾选“对齐”与“粘附到”选项组中的“参考线”复选框，如图 3-26 所示。

然后，使用鼠标拖动标尺到绘图页中，即可创建参考线，如图 3-27 所示。

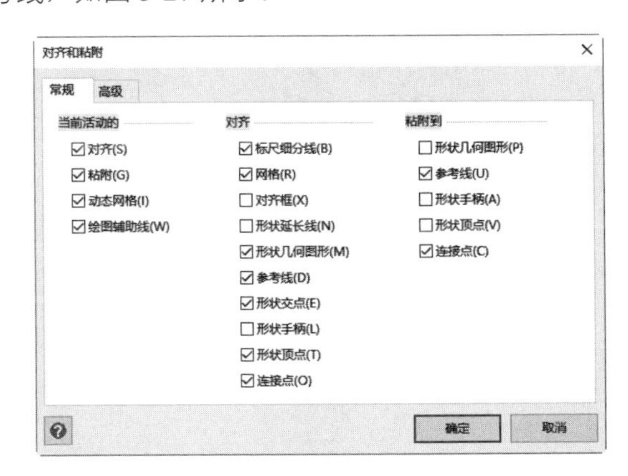

图 3-26

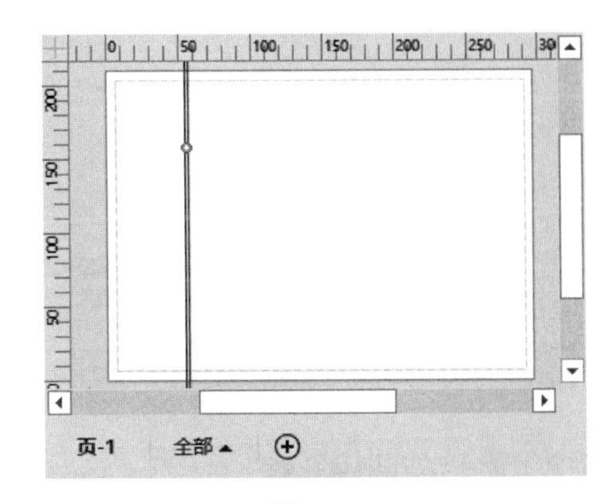

图 3-27

最后，将多个形状拖动到参考线上，当参考线上出现绿色方框时，则表示形状与参考线相连，此时拖动参考线即可同步移动多个形状，如图 3-28 和图 3-29 所示。

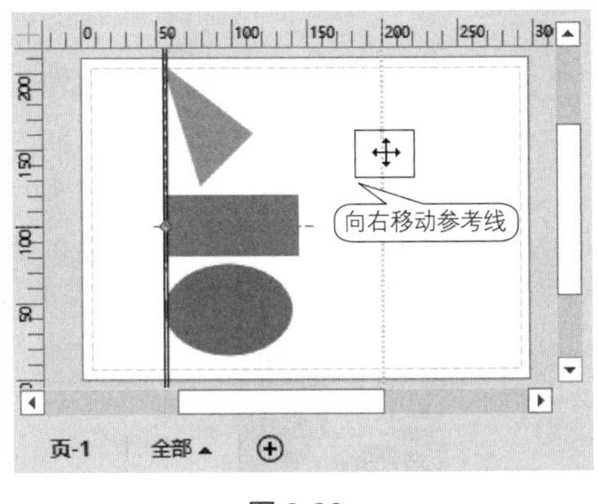

图 3-28

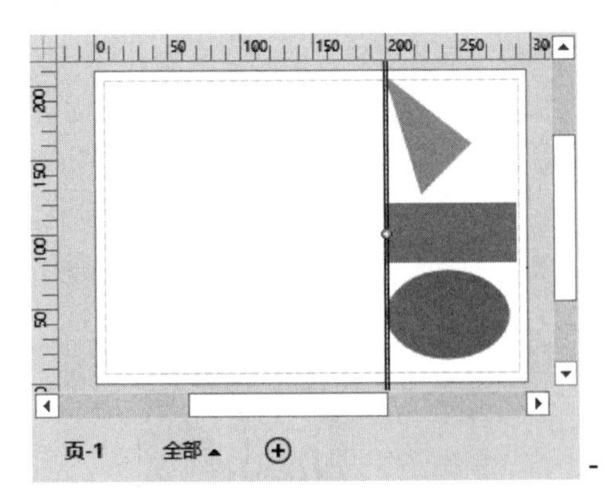

图 3-29

2. 使用“大小和位置”窗格

用户可以根据 X 轴与 Y 轴来移动形状，执行“视图”→“显示”→“任务窗格”→“大小和位置”命令，在绘图页中选择形状，并在“大小和位置”窗格中修改 X 与 Y 文本框中的数值，即可调整形状的位置，如图 3-30 所示。

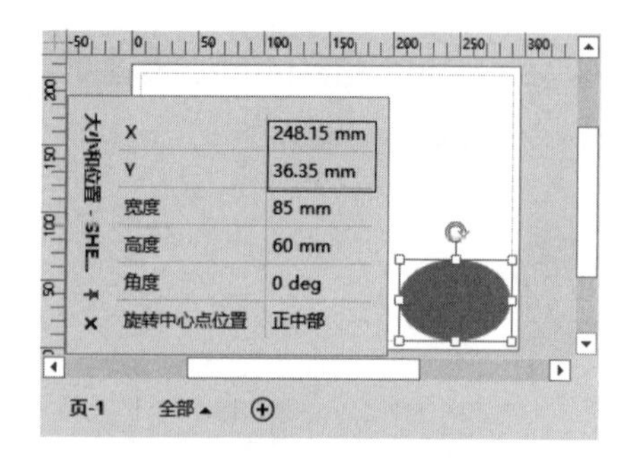

图 3-30

选中形状，形状四周出现控制手柄，将鼠标指针移至四个角的控制手柄上，鼠标指针变为箭头形状，单击并拖动鼠标也可调整形状的大小，如图 3-31 和图 3-32 所示。

经验技巧： 如果将鼠标指针移至形状各边中点的控制手柄上，单击并拖动鼠标，只能改变形状的长宽或高度。

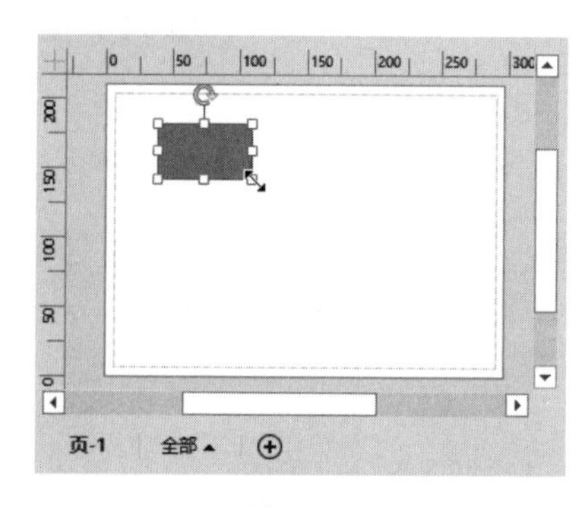

图 3-31

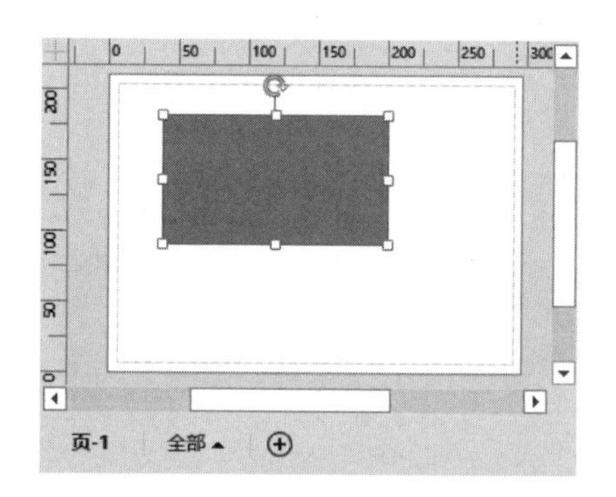

图 3-32

3.3.3 旋转与翻转形状

旋转形状即是将形状围绕一个点进行转动，而翻转形状是改变形状的垂直或水平方向，也就是生成形状的镜像。在绘图页中，用户可以使用以下方法旋转或翻转形状。

1. 旋转形状

用户可以通过下列几种方法来旋转形状。

- 执行旋转命令：选择绘图页中需要旋转的形状，执行“开始”→“排列”→“位置”→“旋转形状”→“向右旋转 90°”或“向左旋转 90°”命令，图 3-33 和图 3-34 即为原形状和形状向右旋转 90°后的效果。

图 3-33

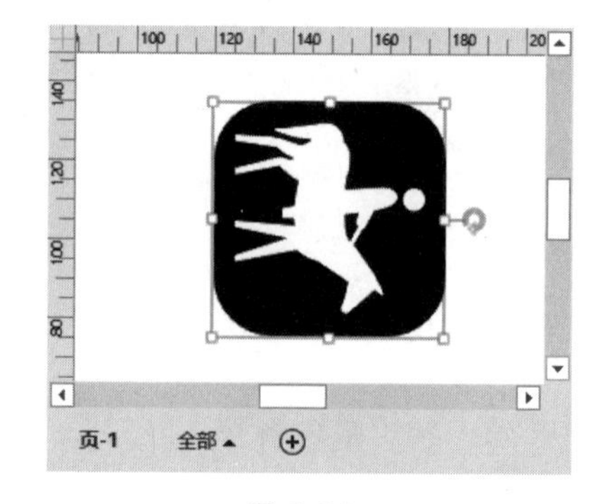

图 3-34

- 使用旋转手柄：选择绘图页中需要旋转的形状，将光标置于旋转手柄上，拖动旋转手柄到合适角度即可，如图 3-35 所示。

- 精确设置形状的旋转角度：选择需要旋转的形状，执行“视图”→“显示”→“任务窗格”→“大小和位置”命令，在“旋转中心点位置”下拉列表中选择相应的选项即可，如图 3-36 所示。

图 3-35

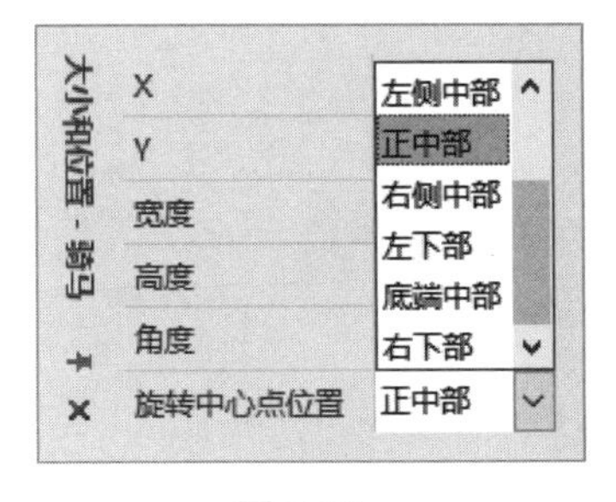

图 3-36

2．翻转形状

在绘图页中选择要翻转的形状，执行“开始”→“排列”→“位置”→“旋转形状”→“垂直翻转”或“水平翻转”命令，即可生成所选形状的水平镜像，图 3-37 和图 3-38 所示即为原形状和执行“水平翻转”命令后的形状。

图 3-37

图 3-38

3.3.4　组合与叠放形状

对于具有大量形状的图表来说，操作部分形状比较费劲，此时用户可以利用 Visio 中的组合功能来组合同位置或类型的形状。另外，对于叠放的形状，需要调整其叠放顺序以达到最佳的显示效果。

1．组合形状

组合形状是将多个形状合并成一个形状，在绘图页中选择需要组合的多个形状，执行“开始”→“排列”→“组合”→“组合”命令即可，如图 3-39 所示。另外，用户可通过执行“排列”→“组合”→“取消组合”命令，来取消形状的组合状态。

2．叠放形状

当多个形状叠放在一起时，为了突出图表效果，需要调整形状的显示层次。选择需要调整层次的形状，执行“开始”→“排列”→“置于顶层”或“置于底层”命令即可，如图 3-40 所示。另外，“置于顶层”命令中还包括“上移一层”命令，而“置于底层”命令中还包括“下移一层”命令。

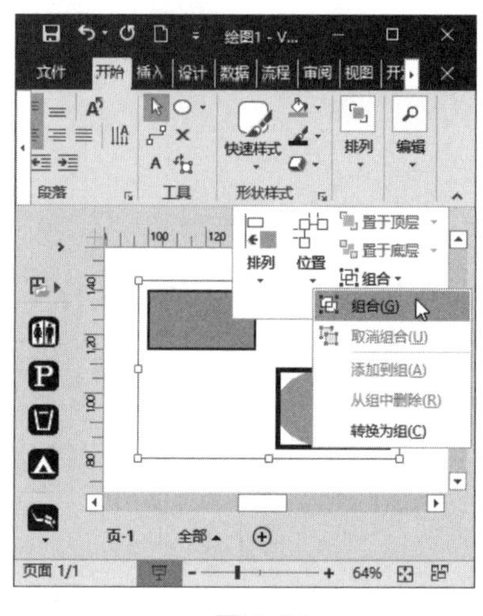

图 3-39

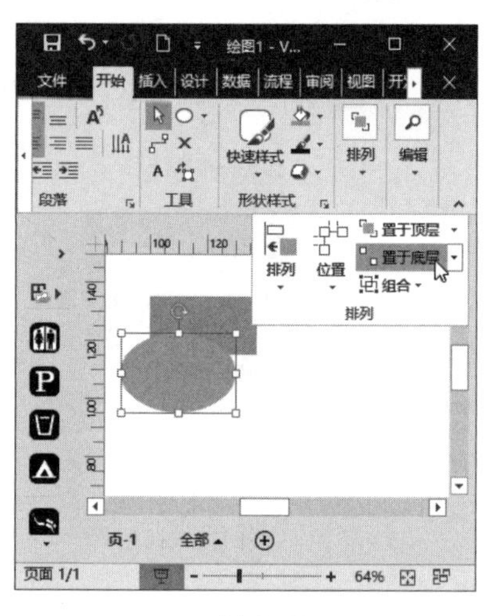

图 3-40

经验技巧：选中多个形状后，右击这些形状，在弹出的快捷菜单中选择“组合”→“组合”菜单项，也可以组合形状。

3.4 连接与排列形状

在绘制图表的过程中，需要将多个相互关联的形状结合在一起，方便用户进一步操作。Visio 2016 新增加了自动连接功能，利用该功能可以将形状与其他绘图相连接并将相互连接的形状进行排列。

微视频

3.4.1 自动连接形状

Visio 2016 为用户提供了自动连接功能，利用自动连接功能可以将所连接的形状快速添加到图表中，每个形状在添加后都会间距一致且均匀对齐。在使用自动连接功能之前，用户需要通过执行“视图”→“视觉帮助”→“自动连接”命令，启用自动连接功能，如图 3-41 所示。

然后，将指针放置在绘图页形状上方，当形状四周出现“自动连接”箭头时，指针旁边会显示一个浮动工具栏，单击工具栏中的形状，即可添加并自动连接所选形状，如图 3-42 所示。

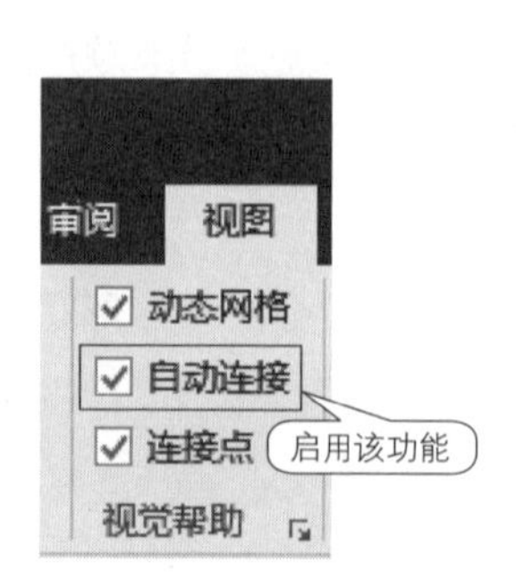

图 3-41

图 3-42

经验技巧：浮动工具栏中包含“快速形状”区域的前 4 个形状，但不包含一维形状。“自动连接”箭头上、下、左、右都有，方便用户在不同方位添加下一个形状。

3.4.2　手动连接形状

虽然自动连接功能具有很多优势，但是在制作某些图表时还是需要利用传统的手动连接。手动连接即是利用连接工具来连接形状，主要包括下列几种方法。

1. 使用“连接线”工具

执行“开始”→“工具”→“连接线”命令，将光标置于需要进行连接的形状连接点上，当光标变为十字型连接线箭头时，向相应形状的连接点拖动鼠标可绘制一条连接线，如图 3-43 所示。

另外，在使用“连接线”工具时，用户可通过下列方法来完成快速操作。

- 更改连接线类型：更改连接线类型是将连接线类型更改为直角、直线或曲线。用户可右击连接线，在弹出的快捷菜单中选择连接线类型。另外，还可以执行“设计”→“版式”→“连接线”命令，在弹出的菜单中选择连接线类型即可。
- 保持连接线整齐：在绘图页中选择所有需要对齐的形状，执行“开始”→“排列”→“位置”→“自动对齐和自动调整间距”命令，对齐形状并调整形状之间的间距。
- 更改为点连接：更改为点连接是将连接从动态连接更改为点连接，或反之。选择相应的连接线，拖动连接线的端点，使其离开形状。然后，将该连接线放置在特定的点上来获得点连接，或者放置在形状中部来获得动态连接。

2. 使用模具

一般情况下，Visio 模板中会包含连接符。另外，Visio 还为用户准备了专业的连接符模具。用户可以在“形状”任务窗格中，单击“更多形状”下拉按钮，选择“其他 Visio 方案”→“连接符”选项，将模具中相应的连接符形状拖动到形状的连接点即可，如图 3-44 所示。

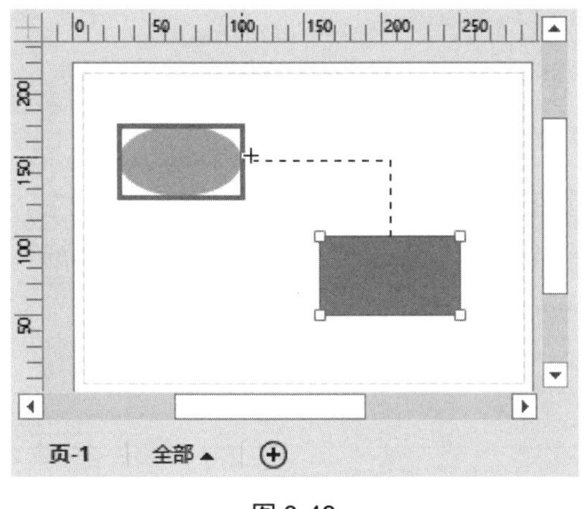

图 3-43

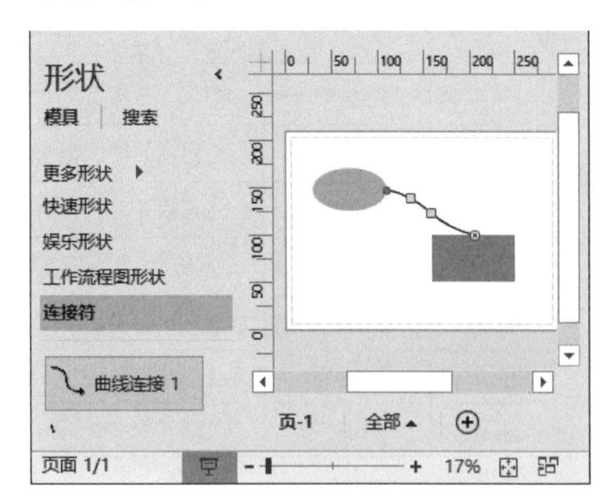

图 3-44

经验技巧：对于部分形状（如“环形网络”形状），可以通过将控制手柄粘附在其他形状连接点的方法来连接形状。

3.4.3 对齐形状

对齐形状指的是沿水平轴或纵轴对齐所选形状。在 Visio 2016 中，用户可先选择需要对齐的多个形状，执行“开始”→“排列”→“排列”命令，对形状进行水平对齐或垂直对齐，如图 3-45 和图 3-46 所示。

图 3-45

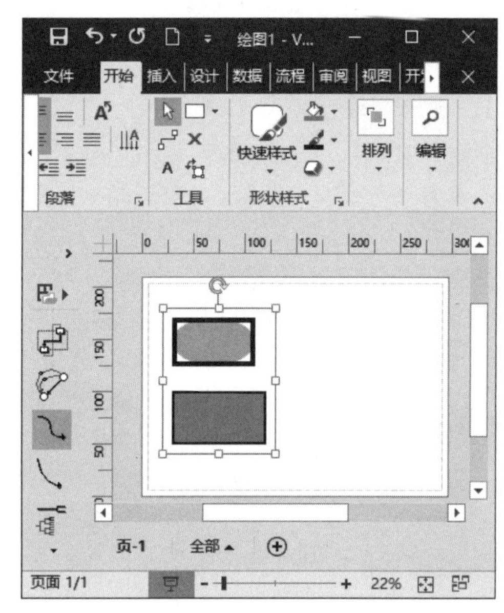

图 3-46

在“对齐形状”组中，主要包括“自动对齐”“左对齐”“右对齐”等 7 种选项，其各个选项的功能，如表 3-2 所示。

表 3-2 “对齐形状”选项

按　钮	选　项	说　明
	自动对齐	为系统的默认选项，可以移动所选形状来拉伸连接线
	左对齐	以主形状的最左端为基准，对齐所选形状
	水平居中	以主形状的水平中心线为基准，对齐所选形状
	右对齐	以主形状的最右端为基准，对齐所选形状
	顶端对齐	以主形状的顶端为基准，对齐所选形状
	垂直居中	以主形状的处置中心线为基准，对齐所选形状
	底端对齐	以主形状的底部为基准，对齐所选形状

3.4.4 分布形状

分布形状是在绘图页上均匀地隔开三个或多个选定形状。其中，垂直分布通过垂直移动形状，可以让所选形状的纵向间隔保持一致；而水平分布通过水平移动形状，能够使所选形状的横向间隔保持一致。

执行“开始”→“排列”→“位置”→“横向分布”或“纵向分布”命令，自动分布形状，如图 3-47 所示。另外，用户还可以执行“开始”→“排列”→“位置”→“其他分布选项”命令，在弹出的“分布形状”对话框中，对形状进行水平分布或垂直分布，如图 3-48 所示。

图 3-47

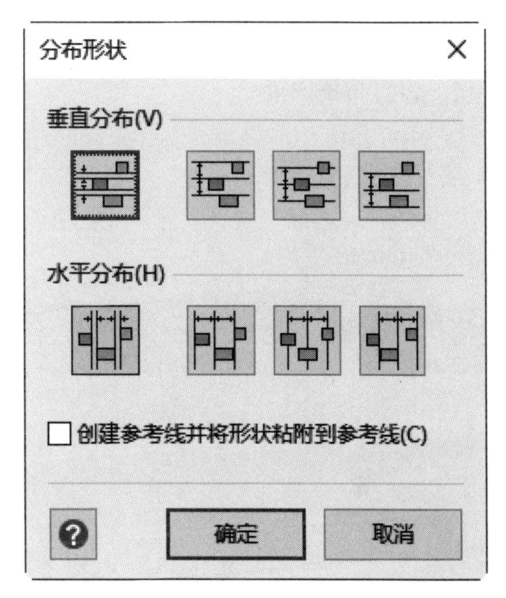

图 3-48

图 3-48 所示对话框中各选项功能如表 3-3 所示。

表 3-3　“对齐形状”选项

选项组	按　钮	选　项	说　明
垂直分布		“垂直分布形状”按钮	将相邻两个形状的底部与顶端的间距保持一致
		“靠上垂直分布形状”按钮	将相邻两个形状的顶端与顶端的间距保持一致
		“垂直居中分布形状”按钮	将相邻两个形状的水平中心线之间的距离保持一致
		“靠下垂直分布形状”按钮	将相邻两个形状的底部与底部的间距保持一致
水平分布		“水平分布形状”按钮	将相邻两个形状的最左端与最右端的间距保持一致
		“靠左水平分布形状”按钮	将相邻两个形状的最左端与最左端的间距保持一致
		“水平居中分布形状”按钮	将相邻两个形状的垂直中心线之间的距离保持一致
		“靠右水平分布形状”按钮	将相邻两个形状的最右端与最右端的间距保持一致
创建参考线并将形状粘附到参考线			勾选该复选框后，当用户移动参考线时，粘附在该参考线上的形状会一起移动

3.4.5 设置形状的整体布局

Visio 2016 为用户提供了多种类型的布局，在使用布局制作图表时，需要根据图表内容调整布局中形状的排列方式。

1. 设置布局选项

在 Visio 2016 中，用户可以根据不同的图表类型设置形状的布局方式。执行“设计”→“版式”→“重新布局页面”命令，在其级联菜单中选择相应的选项即可，如图 3-49 所示。另外，执行“重新布局页面”→“其他布局选项”命令，在弹出的“配置布局”对话框中设置布局选项，如图 3-50 所示。

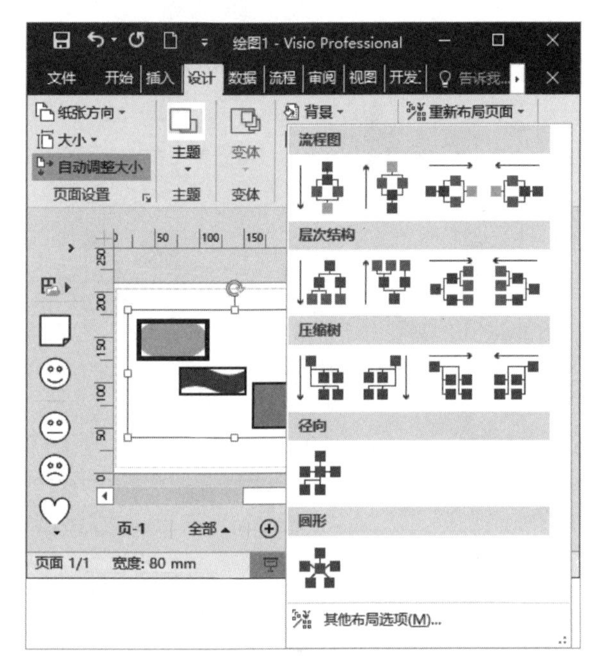

图 3-49

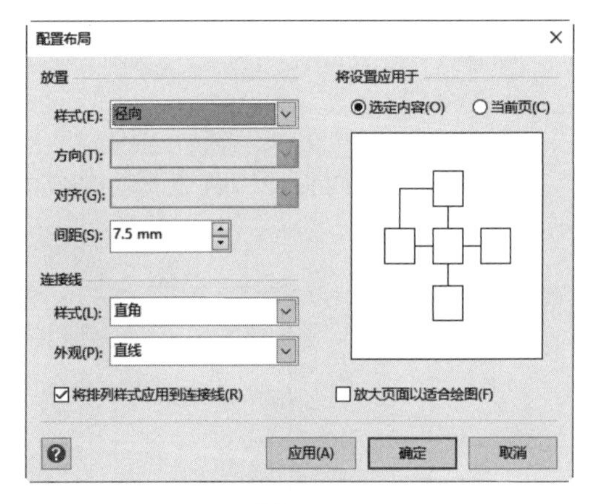

图 3-50

该对话框中的各选项功能如下。

- 放置样式：设置排放形状的样式。使用预览可查看所选设置是否可达到所需的效果。对于没有方向的绘图（如网络绘图），可以使用“圆形”样式。
- 方向：设置用于放置形状的方向。只有当使用“流程图”“压缩树”或“层次”样式时，此选项才会被启用。
- 对齐：设置形状的对齐方式。只有当使用“层次”样式时，此选项才会被启用。
- 间距：设置形状之间的距离。
- （连接线）样式：设置用于连接形状的路径或路线的类型。
- 外观：指定连接线是直线还是曲线。
- 将排列样式应用到连接线：勾选该复选框，可以将所选的连接线样式和外观应用到当前页的所有连接线中，或仅应用于所选的连接线。
- 放大页面以适合绘图：勾选此复选框可在自动排放形状时放大绘图页以适应绘图。
- 将设置应用于：选中“选定内容”时，可以将布局仅应用到绘图页中选定的形状；选中“当前页”单选按钮时，可以将布局应用到整个绘图页中。

2. 设置布局与排列间距

执行“设计”→“页面设置”→“对话框动器”命令，在弹出的“页面设置”对话框中选择“布局与排列”选项卡，如图 3-51 所示，单击“间距”按钮，在弹出的“布局与排列间距”对话框中，设置布局与排列的间距值，在该对话框中主要包括下列几种选项。

- 形状间的距离：指定形状之间的间距。
- 平均形状大小：指定绘图中形状的平均大小。
- 连接线到连接线：指定连接线之间的最小间距。
- 连接线到形状：指定连接线和形状之间的最小间距。

3. 配置形状的布局行为

布局行为是指定二维形状在自定布局过程中的行为。执行“开发工具”→“形状设计”→“行为”命令，在弹出的“行为”对话框的“放置”选项卡中，设置布局行为选项即可，如图 3-52 所示。

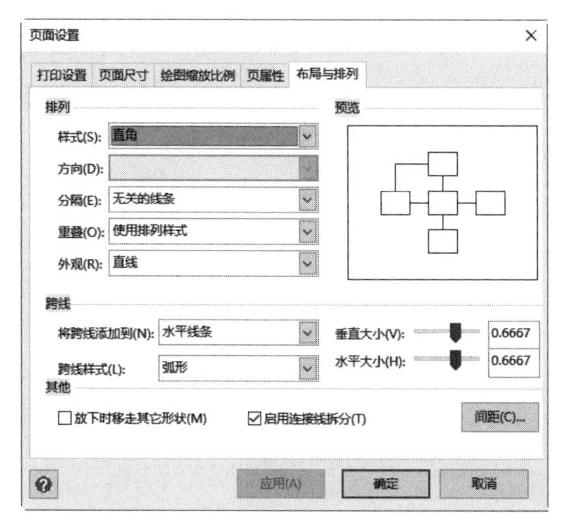

图 3-51

图 3-52

在该对话框中主要包括下列选项。

- 放置行为：决定二维形状与动态连接线交互的方式。
- 放置时不移动：指定自动布局过程中形状不应移动。
- 允许将其他形状放置在前面：指定自动布局过程中其他形状可以放置在所选形状前面。
- 放下时移动其他形状：指定当形状移动到页面上时是否移走其他形状。
- 放下时不允许其他形状移动此形状：指定当其他形状拖动到页面上时不移动所选形状。
- 水平穿绕：指定动态连接线可水平穿绕二维形状（一条线穿过中间）。
- 垂直穿绕：指定动态连接线可垂直穿绕二维形状（一条线穿过中间）。

3.5 设置形状的外观格式

在绘图页中，每个形状都有自己默认的格式，这使得 Visio 图表容易变得千篇一律，因此在设计 Visio 图表的过程中，用户可通过应用形状样式、自定义形状填充颜色和线条样式等方法，来增添图表的艺术效果，增加绘图页的美观效果。

微视频

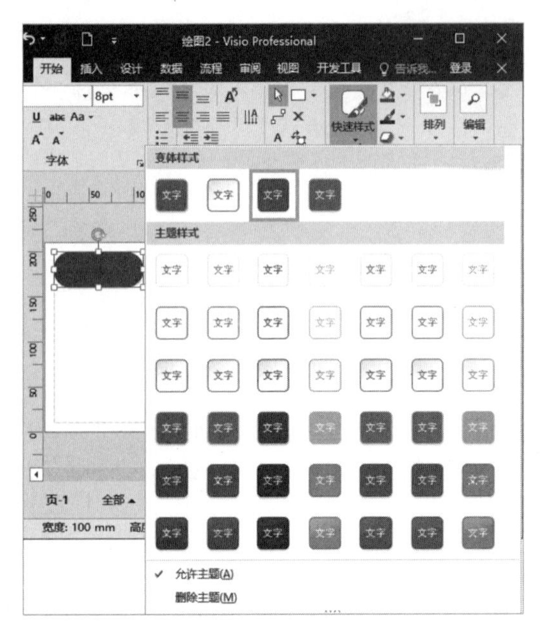

图 3-53

3.5.1 应用内置样式

Visio 为用户提供了 42 种主题样式和 4 种变体样式，以方便用户快速设置形状样式选择形状，执行“开始”→“形状样式”→“快速样式”命令，在其级联菜单中选择相应的样式即可，如图 3-53 所示。

为形状添加主题样式之后，选择形状，执行“开始”→“形状样式”→“删除主题”命令，即可删除形状中应用的主题效果。

经验技巧：在 Visio 提供的内置样式不会一成不变，它会随着“主题”样式的更改而自动更改。

3.5.2 自定义填充颜色

Visio 内置的形状样式中只包含单纯的几种填充颜色，无法满足用户制作多彩形状的要求。用户可以使用“填充颜色”功能自定义形状的填充颜色。

1. 设置纯色填充

选择形状，执行“开始”→“形状样式”→“填充”命令，在其级联菜单中选择一种色块即可，如图 3-54 所示。

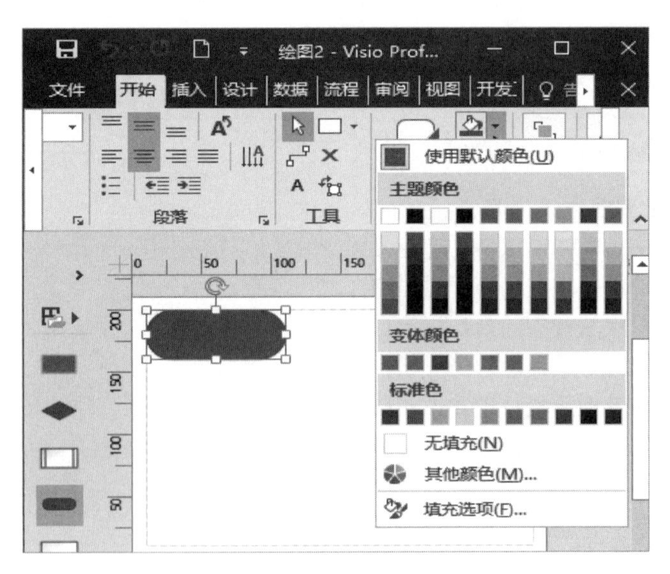

图 3-54

“填充”级联菜单主要包括主题颜色、变体颜色和标准色三种颜色系列。用户可以根据具体需求选择不同的颜色类型。另外，当系统内置的颜色系列无法满足用户需求时，可以执行“填充”→“其他颜色”命令，在弹出的“颜色”对话框下的“标准”与“自定义”选项卡中，设置详细的背景色，如图 3-55 所示。

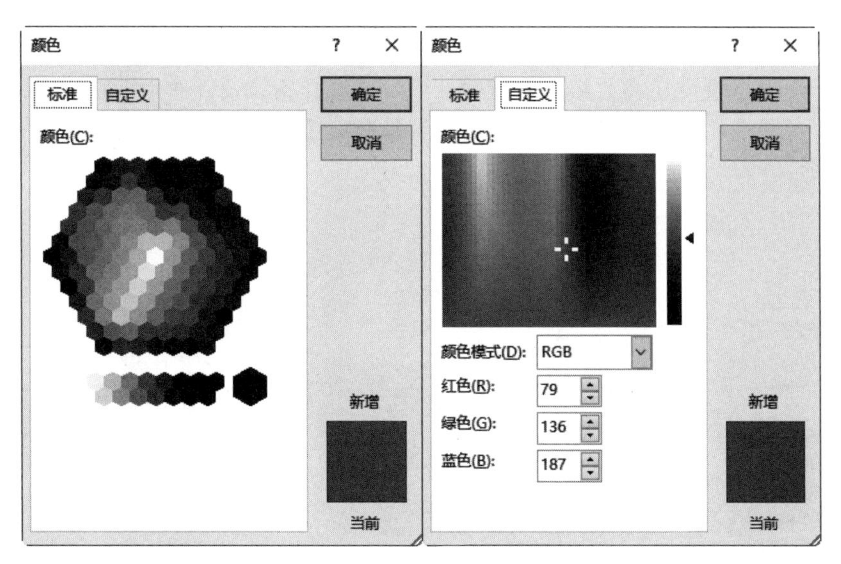

图 3-55

为形状设置填充颜色后，可执行“开始”→“形状样式”→“填充”→“无填充”命令，取消填充颜色。

2. 设置渐变填充

在 Visio 中除了可以设置纯色填充之外，还可以设置多种颜色过渡的渐变填充效果。选择形状，执行“开始”→“形状样式”→“填充”→“填充选项”命令，弹出“设置形状格式”任务窗格。在“填充线条”选项卡中，展开“填充”选项组，选中“渐变填充”单选按钮，在其展开的列表中设置渐变类型、方向、渐变光圈、光圈颜色、光圈位置等选项即可，如图 3-56 所示。

在“渐变填充”列表中，主要包括表 3-4 所示的一些选项。

表 3-4　“渐变填充”选项

选项	说　明
预设渐变	用于设置系统内置的渐变样式，包括红日西斜、麦浪滚滚、金色年华等 24 种内设样式
类型	用于设置颜色的渐变方式，包括线性、射线、矩形与路径方式
方向	用于设置渐变颜色的渐变方向，一般分为对角、由内至外等不同方向。该选项根据“类型”选项的变化而改变，例如，当“方向”选项为“矩形”时，“方向”选项包括从右下角、中心辐射等选项；而当“方向”选项为“线性”时，“方向”选项包括线性对角 - 左上到右下等选项
角度	用于设置渐变方向的具体角度，该选项只有在“类型”选项为“线性”时才可用
渐变光圈	用于增加或减少渐变颜色，可通过单击“添加渐变光圈”或“减少渐变光圈”按钮来添加或减少渐变颜色
颜色	用于设置渐变光圈的颜色，需要先选择一个渐变光圈，然后单击其下拉按钮，选择一种色块即可
位置	用于设置渐变光圈的具体位置，需要先选择一个渐变光圈，然后单击微调按钮显示百分比值
透明度	用于设置渐变光圈的透明度，选择一个渐变光圈，输入或调整百分比值即可
亮度	用于设置渐变光圈的亮度值，选择一个渐变光圈，输入亮度百分比值即可
与形状一起旋转	勾选该复选框，表示渐变颜色将与形状一起旋转

3．设置图案填充

图案填充是使用重复的水平线或垂直线、点、虚线或条纹设计作为形状的一种填充方式。在“设置形状格式”窗格中，选中“图案填充”单选按钮，设置其模式前景和背景颜色即可，如图 3-57 所示。

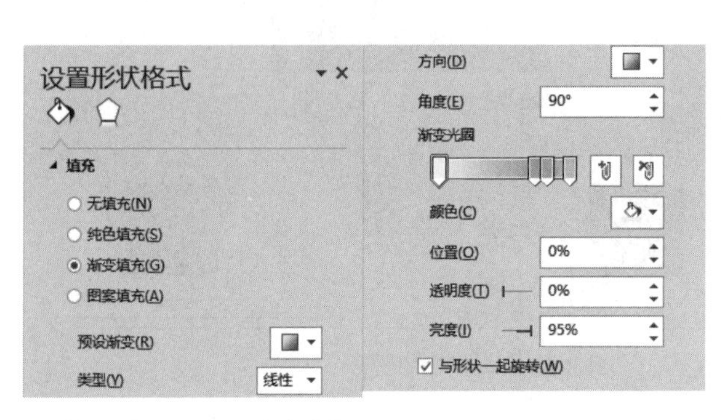

图 3-56

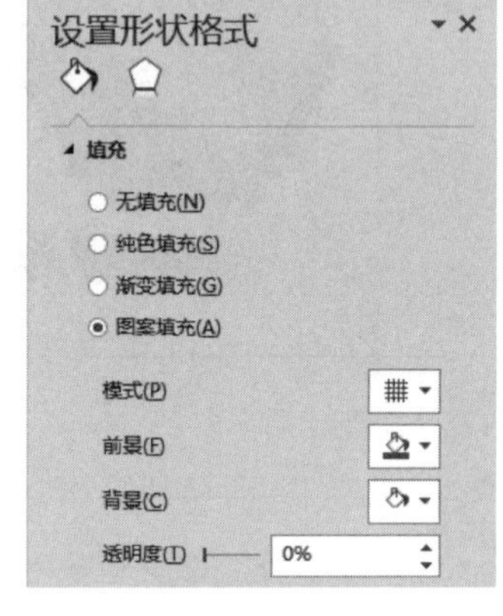

图 3-57

3.5.3 自定义线条样式

设置形状的填充效果后，为了使形状线条的颜色、粗细等与形状相互搭配，还需要设置形状线条的格式。

1．设置线条颜色

选择形状，执行“开始”→“形状样式”→“线条”命令，在其级联菜单中选择一种色块即可，如图 3-58 所示。

线条颜色的设置与形状填充颜色中的设置大体相同，也包括主题颜色、变体颜色和标准色三种颜色类型，同时也可以通过执行“其他颜色”命令来自定义线条颜色。另外，执行“线条选项”命令，在弹出的“设置形状格式”对话框中设置渐变线样式，如图 3-59 所示。

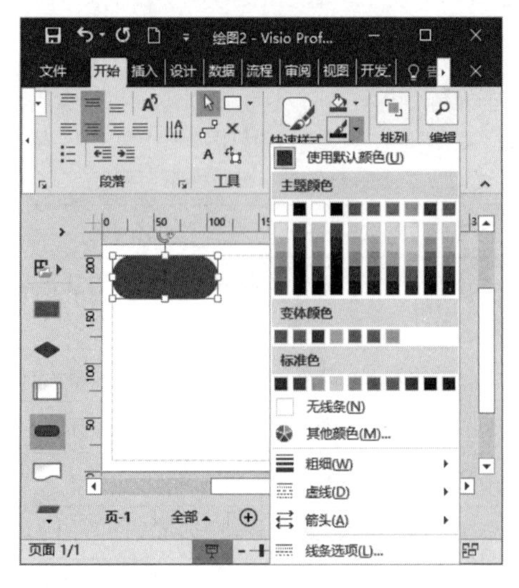

图 3-58

图 3-59

2. 设置线条类型

选择形状，执行“开始”→“形状样式”→“线条”→“粗细”和“虚线”命令，在其级联菜单中选择相应的选项即可，如图 3-60 和图 3-61 所示。

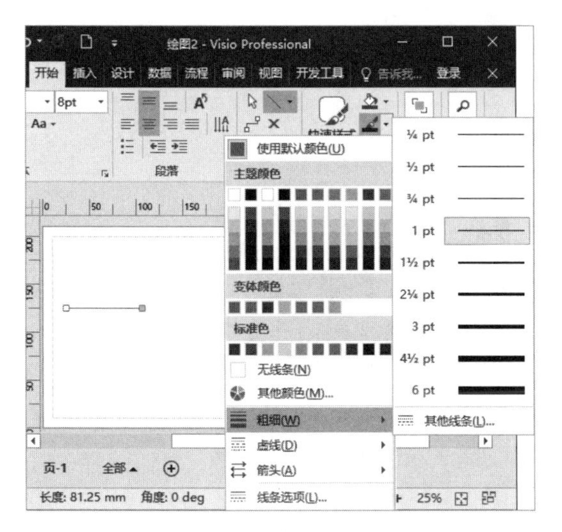

图 3-60

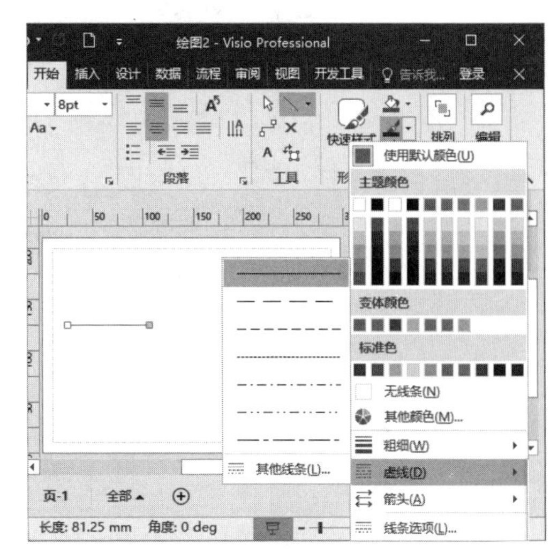

图 3-61

选择直线形状，执行“开始”→“形状样式”→“线条”→“箭头”命令，在其级联菜单中选择一种样式，即可设置线条的箭头样式，如图 3-62 所示。

另外，为了增加形状的美观度，还需要设置形状的其他类型。执行“线条”→“线条选项”命令，弹出“设置形状格式”窗格，在“填充线条”选项卡中展开“线条”选项组，设置线条的复合类型、短画线类型、圆角预设等样式，如图 3-63 所示。

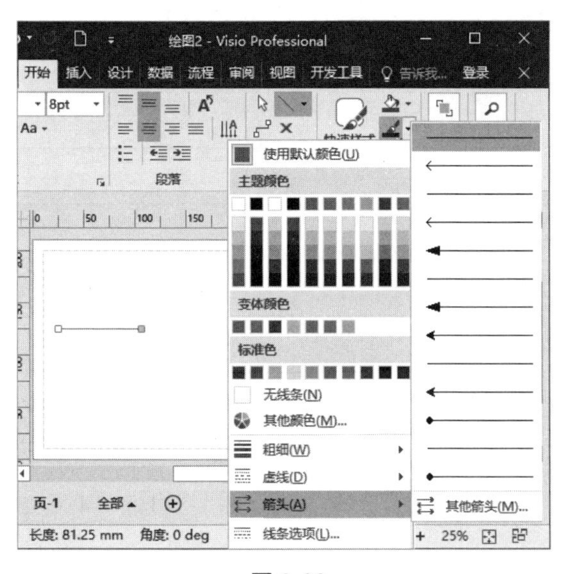

图 3-62

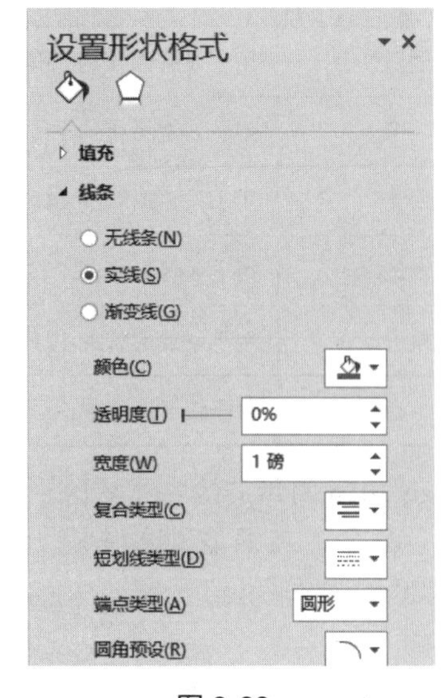

图 3-63

3.5.4 设置形状艺术效果

形状效果是 Visio 2016 内置的一组具有特殊外观效果的命令，包括阴影、映像、发光、棱台等效果。选择形状，执行“开始”→“形状样式”→“效果”命令，在其级联菜单中选择相应的选项即可，如图 3-64 所示。

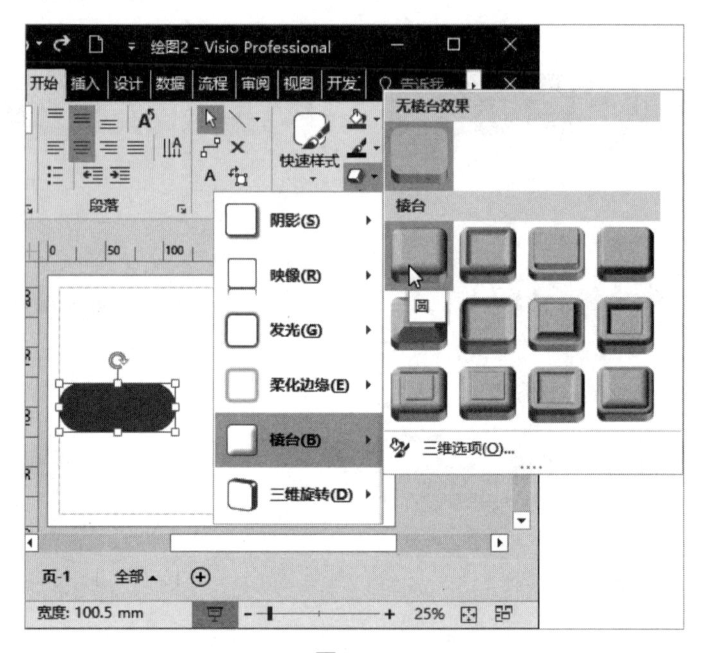

图 3-64

“效果”级联菜单中各项效果的具体功能如表 3-5 所示。

表 3-5　形状效果的功能

效　果	功　能
阴影	用于设置形状的 23 种阴影效果
映像	用于设置形状的 9 种反射效果
发光	用于设置形状的 24 种发光效果
柔滑边缘	用于设置形状的 6 种边缘效果
棱台	用于设置形状的 12 种边缘特殊效果
三维旋转	用于设置形状的 25 种三维效果

Visio 2016 为用户提供了更改形状的功能，选择形状后，执行“开始”→“编辑”→“更改形状”命令，在级联菜单中选择一种形状样式，在保存形状样式的同时也可以快速更改形状。

3.6　形状的高级操作

了解了形状的基本操作之后，还需要了解并掌握一些形状的高级操作。Visio 中形状的高级操作主要包括图形的布尔操作、创建图层、设置图层属性等内容。通过上述内容可以帮助用户制作出美观与个性的图表。

3.6.1　图形的布尔操作

布尔操作即形状的运算，是运用逻辑上的“与”“或”“非”等运算方法对图形进行的编辑操作。在 Visio 2016 中，布尔操作具有下列几种类型。

1．联合操作

联合操作相当于逻辑上的“和”运算，是几个图形联合成为一个整体，根据多个重叠形状的周长创建形状。在绘图页中选择要联合的形状，执行“开发工具”→“形状设计”→“操作”→“联合”命令即可，如图 3-65 和图 3-66 所示。仔细观察图形，会发现联合后的形状内部连接点也随着联合操作而消失，而且当两个形状存在不同的填充颜色时，联合后其形状的颜色会统一为某个形状的颜色。

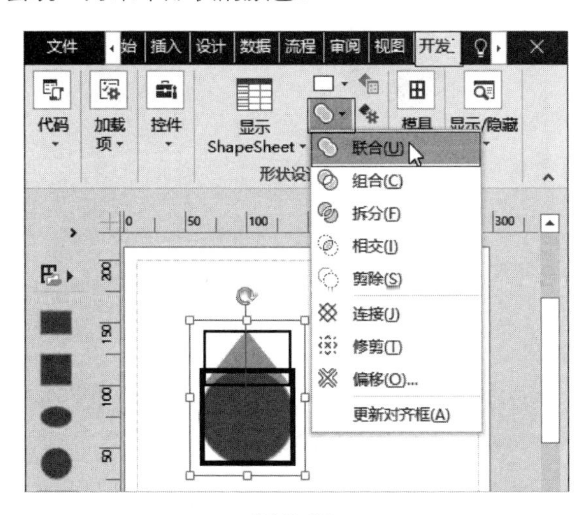

图 3-65

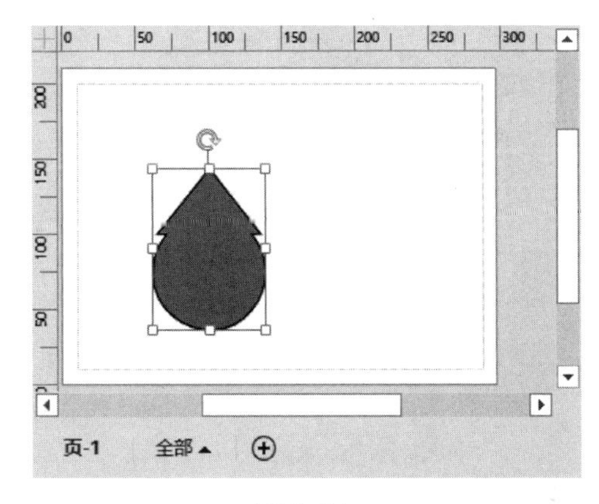

图 3-66

2．组合操作

组合操作与执行“开始”→“排列”→“组合”→“组合”命令是两个完全不同的概念。前者合并后，将自动隐藏图形的重叠部分；而后者只是将所选的形状组合成一个整体，重叠部分将以空白的方式显示。在绘图页中选择需要组合的形状，执行“开发工具”→“形状设计”→“操作”→“组合”命令即可，如图 3-67 和图 3-68 所示。

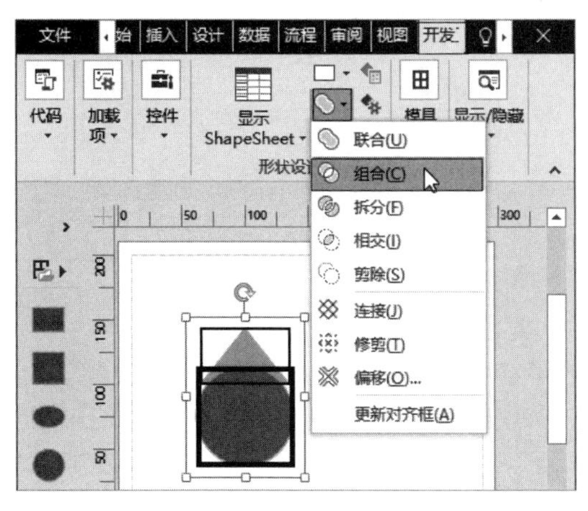

图 3-67

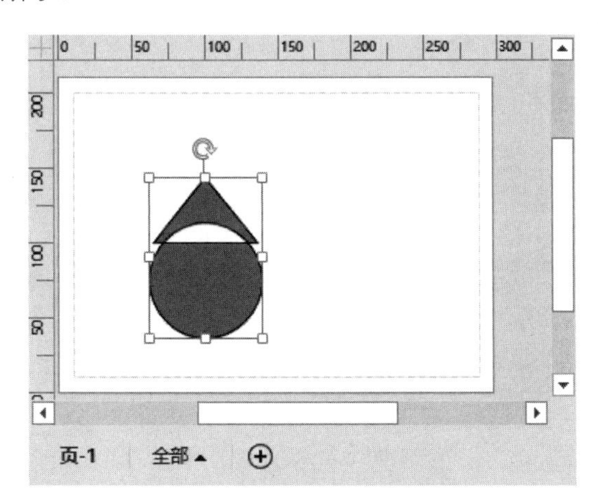

图 3-68

3．拆分操作

拆分操作是根据相交线或重叠线将多个形状拆分为较小部分。选择绘图页中需要拆分的形状，执行“开发工具”→“形状设计”→“操作”→“拆分”命令即可，如图 3-69 和图 3-70 所示。拆分后的形状根据拆分结果分别向外拖动形状，即可看出拆分效果。

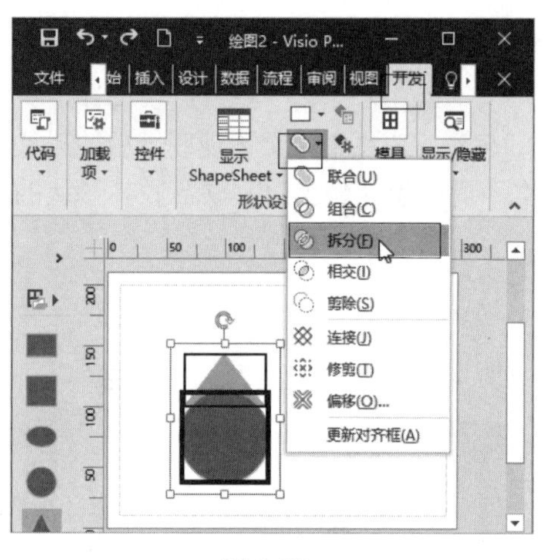

图 3-69

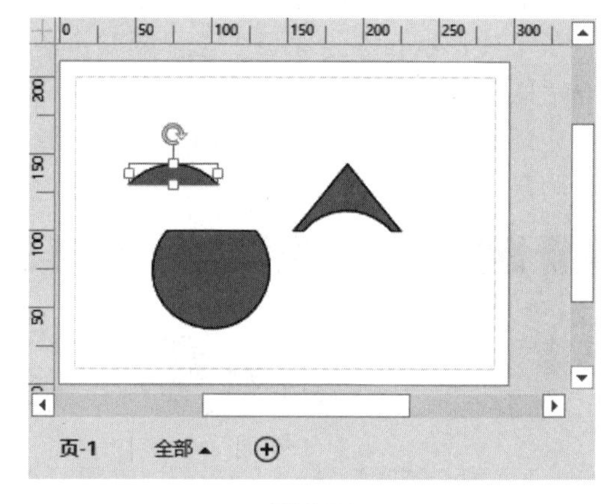

图 3-70

4．相交操作

相交操作相当于逻辑上的“与”运算，只保留几个图形相交的部分，即根据多个所选形状的重叠区域创建形状。选择相交的形状，执行“开发工具”→“形状设计”→“操作”→“相交”命令即可，如图 3-71 和图 3-72 所示。

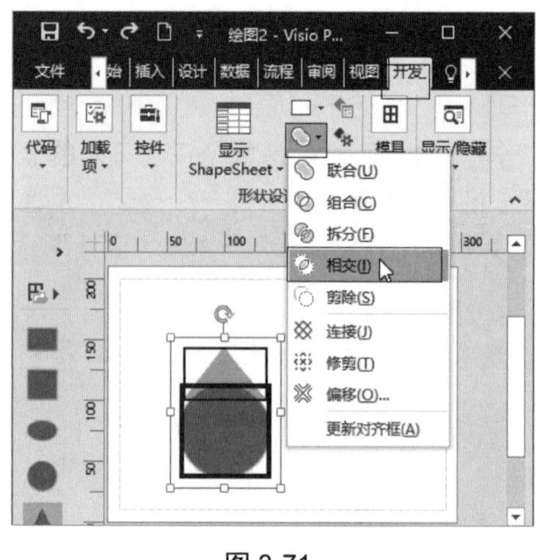

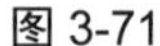

图 3-71

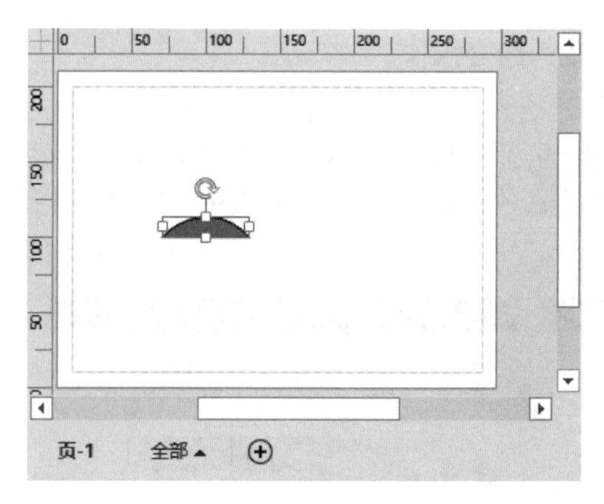

图 3-72

5．剪除操作

剪切操作是取消多个图形重叠的形状，即通过将最初所选形状减去后续所选形状的重叠区域来创建形状。在绘图页中选择多个重叠的形状，执行“开发工具”→“形状设计”→“操作”→“剪除”命令，即可剪除重叠区域，如图 3-73 和图 3-74 所示。在进行剪除操作时，一般情况下是剪除后添加的形状区域，保留先添加的形状未重叠的区域。

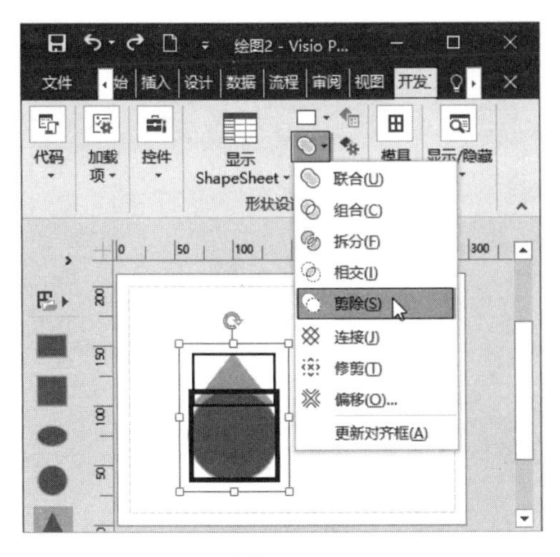

图 3-73

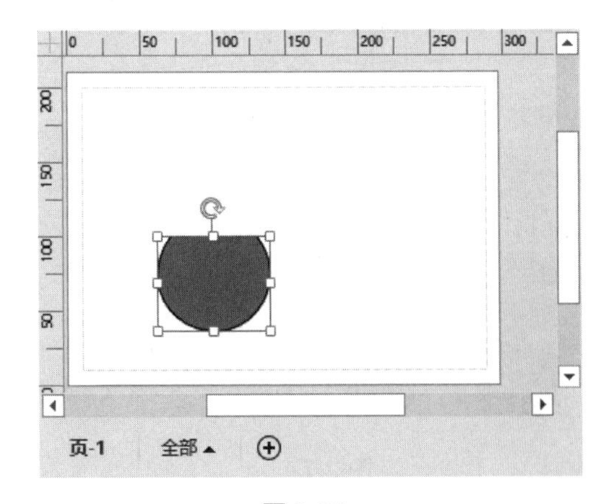

图 3-74

6．连接操作

使用“连接”命令可将单独的多条线段组合成一个连续的路径，或者将多个形状转换成连续的线条。在绘图页中选择多个重叠的形状，执行“开发工具”→“形状设计”→“操作”→“连接”命令即可，如图 3-75 和图 3-76 所示。

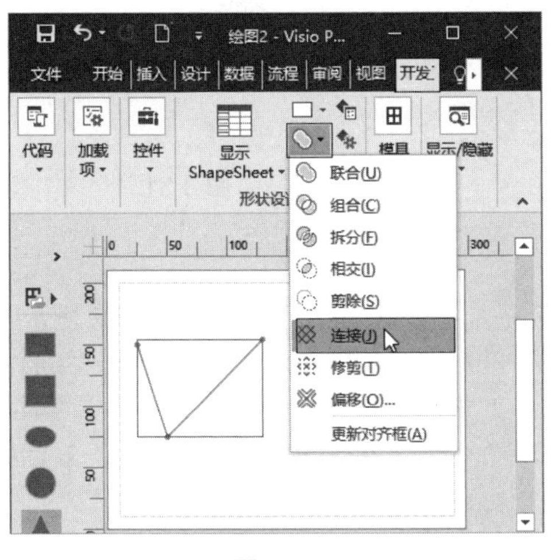

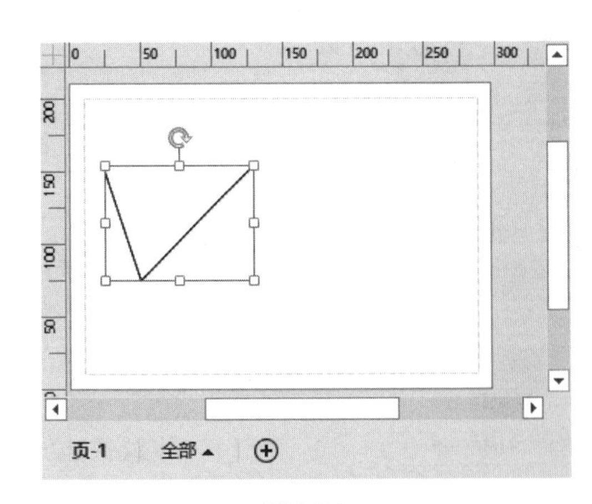

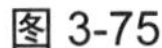
图 3-75

图 3-76

7．修剪操作

修剪操作是按形状的重叠部分或多余部分来拆分形状。选择需要修剪的形状，执行“开发工具”→“形状设计”→“操作”→“修剪”命令，如图 3-77 和图 3-78 所示。

8．偏移操作

在绘图页中选择需要偏移的形状，执行“开发工具”→“形状设计”→“操作”→“偏移”命令，弹出“偏移”对话框，在“偏移距离”文本框中输入偏移值，单击“确定”按钮，如图 3-79~图 3-81 所示。如果用户设置较大的偏移值，偏移后的外观可能与原始图形差别很大。

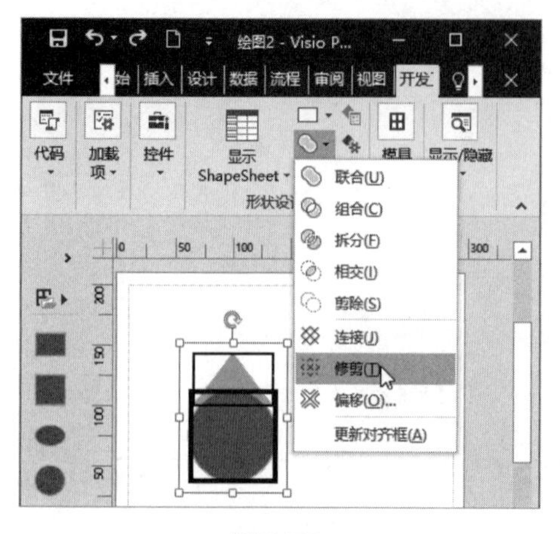

图 3-77

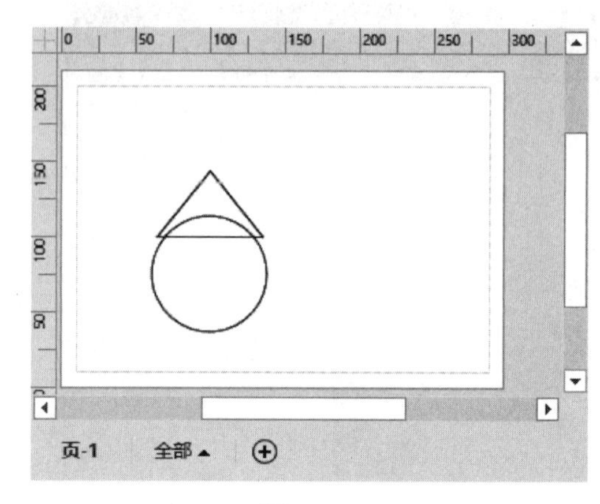

图 3-78

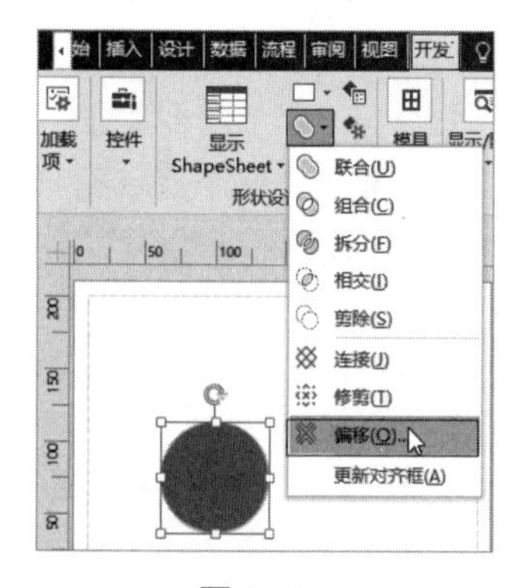

图 3-79

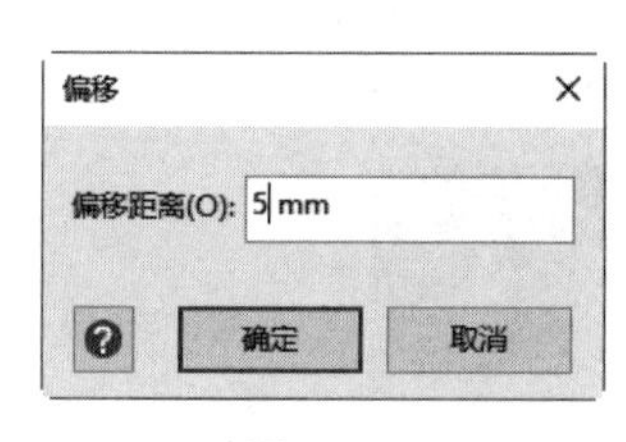

图 3-80

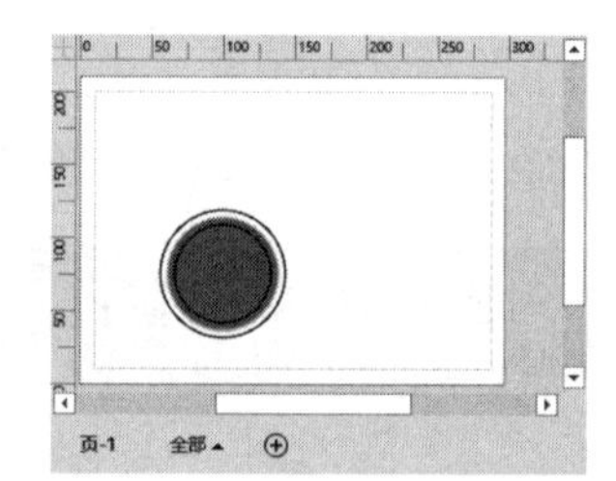

图 3-81

3.6.2 形状的阵列

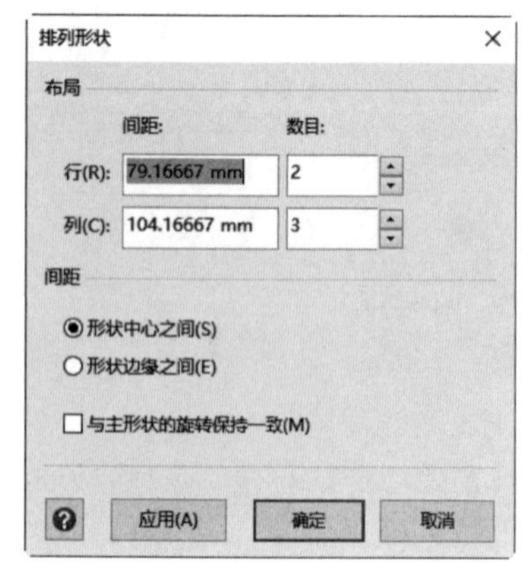

图 3-82

形状的阵列是指按照设置的行数与列数，来显示并排列与选中的形状一致的形状阵列。在绘图页中选择形状，执行“视图”→“宏”→“加载项”→“其他 Visio 方案”→“排列形状”命令，在弹出的“排列形状”对话框中设置各选项即可，如图 3-82 所示。

在该对话框中主要包括下列几个选项。

- 行间距：指定行之间需要的间距大小。可以通过输入负值的方法，来颠倒排列的方向。
- 行数目：指定形状排列的行数。
- 列间距：指定列之间需要的间距大小。可以通过输入负值的方法，来颠倒排列的方向。
- 列数目：指定形状排列的列数。
- 形状中心之间：表示可将形状之间的距离指定为一个形状的中心点到相邻形状的中心点之间的距离。
- 形状边缘之间：表示可将形状之间的距离指定为一个形状边缘上的一点到相邻形状上距该边缘最近的边缘上一点的距离。

- 与主形状的旋转保持一致：勾选此复选框，可以相对于形状的旋转来放置排列。

3.6.3 使用图层

在 Visio 2016 中，用户可以将不同类别的图形对象分别建立在不同的图层中，使图形更有层次感。

1. 建立图层

执行“开始”→“编辑”→“图层”→“层属性”命令，在弹出的“图层属性”对话框中单击“新建”按钮，弹出“新建图层”对话框，在“图层名称”文本框中输入名称，单击“确定”按钮，如图 3-83 所示。

2. 设置图层属性

在“图层属性”对话框中，用户可以对图层进行相应的属性设置，主要选项的功能如下。

- “重命名”按钮：选择图层，单击“重命名”按钮，在弹出的“重命名图层”对话框中输入图层名称即可。
- “可见”选项：选择图层，取消勾选“可见”复选框即可隐藏图层。
- “打印”选项：选择图层，取消勾选“打印”复选框即可禁止打印该图层上的所有形状。
- “锁定”选项：选择图层，勾选“锁定”复选框即可锁定该图层。
- “对齐”选项：若要使其他形状与图层上的形状对齐，可勾选该复选框。
- “粘附”选项：若要使其他形状粘附到图层上的形状，可勾选该复选框。
- “图层颜色”下拉按钮：选择图层，单击该下拉按钮，在下拉列表中选择颜色即可完成设置图层颜色的操作。
- “删除”按钮：选择图层，单击该按钮即可删除图层。
- “删除未引用的图层”复选框：勾选该复选框，即可删除未包含形状的所有图层。
- “透明度”滑块：可以通过拖动滑块来设置图层的透明度，透明度值介于 0~100。

3. 将形状分配到图层

创建并设置图层属性后，便可以将形状分配到图层。在绘图页中选择需要分配的形状，执行“开始”→“编辑”→“图层”→“分配层”命令，在弹出的“图层”对话框中单击“全部”按钮，即可将选定的形状指定给所有的图层，如图 3-84 所示。

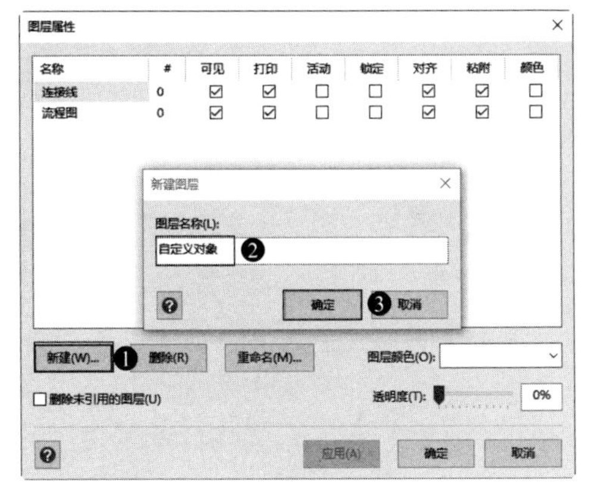

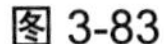

图 3-83

图 3-84

3.7 课堂练习——制作购销存流程图

微视频

本节将制作购销存流程图案例，购销存是指企业在生产过程中的采购、制造、库存与销售的工作流程。在本练习中，将使用“工作流程图”模板及添加形状与文本等内容，来制作一个用于描述与记录组织中的购销存流程图。

实例文件保存路径：配套素材 \ 效果文件 \ 第 3 章
实例效果文件名称：购销存流程图 .vsd

Step01 新建一个空白文档，执行“设计”→“页面设置”→“纸张方向”→“横向”命令，设置绘图页的方向，如图 3-85 所示。

Step02 在“形状”窗格中单击“更多形状”下拉按钮，选择“流程图”→“工作流程对象 -3D”选项，如图 3-86 所示。

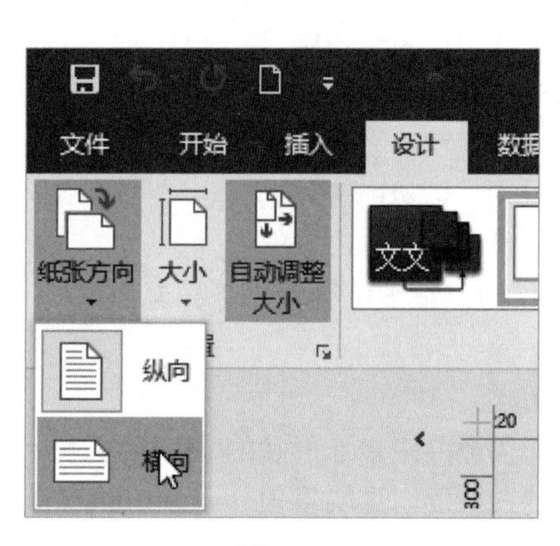

图 3-85

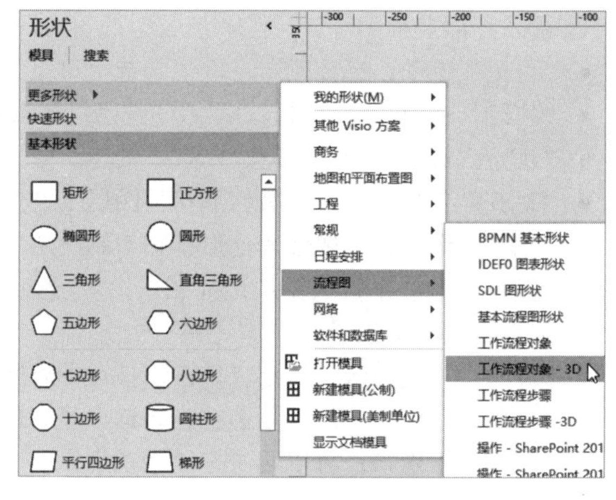

图 3-86

Step03 将“工作流程对象 -3D”模具中的“用户”“文档”与“电子表格”形状拖至绘图页中并排列位置，如图 3-87 所示。

Step04 双击“用户”形状，为形状添加文本，使用相同方法为其他形状添加文本，如图 3-88 所示。

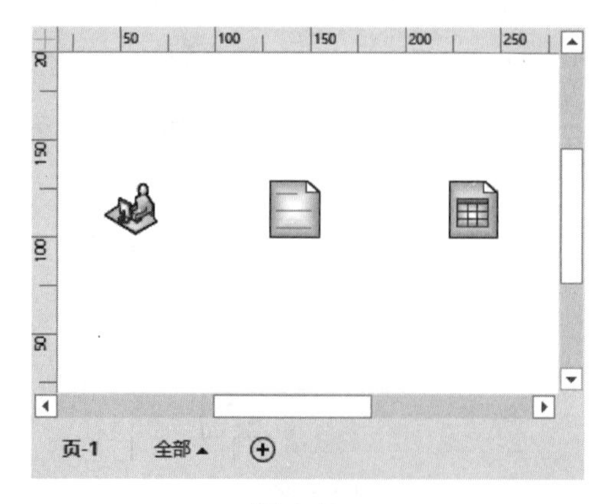

图 3-87

图 3-88

Step05 在“形状”窗格中，执行“更多形状”→“流程图”→“部门 -3D”命令，将“部门 -3D”模具中的“设计”“采购”“仓库”“制造”“质保”“包装”“发货”和“应付账款”形状，以及“工作流程对象 -3D”模具中的“顾客”形状拖至绘图页中排列位置，并添加文本，如图 3-89 所示。

Step06 将“箭头形状”模具中的“普通箭头”形状拖至绘图页中，连接第 1 个和第 2 个形状，如图 3-90 所示。

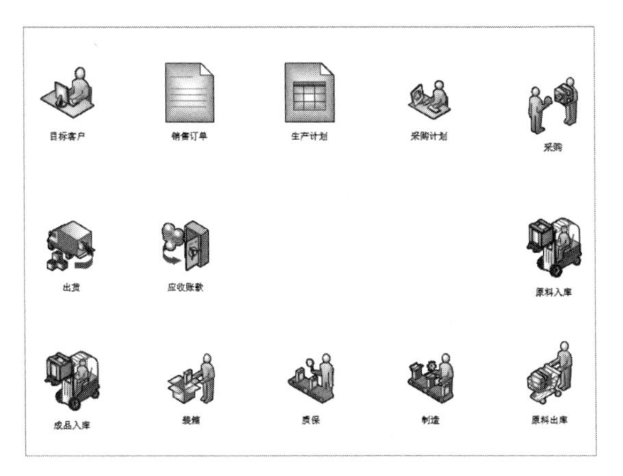

图 3-89

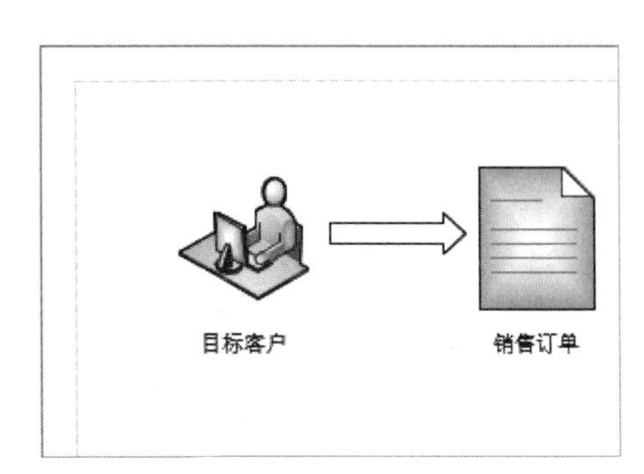

图 3-90

Ste707 选择箭头形状，执行“开始”→“形状样式”→“填充”→“金色，着色 6”命令，如图 3-91 所示。

Step08 复制箭头形状，调整其位置、大小和方向，分别连接其他形状，如图 3-92 所示。

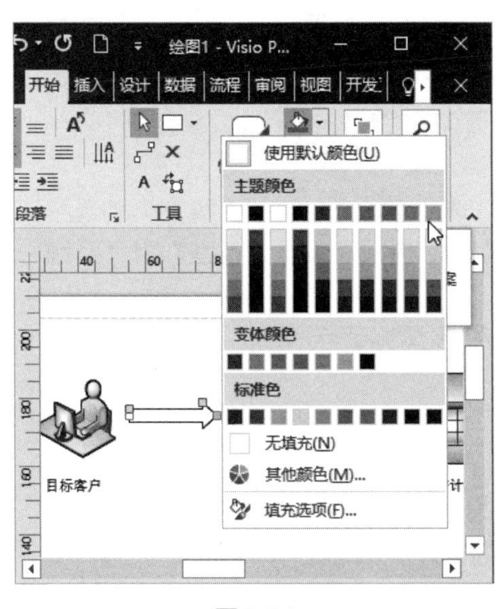

图 3-91

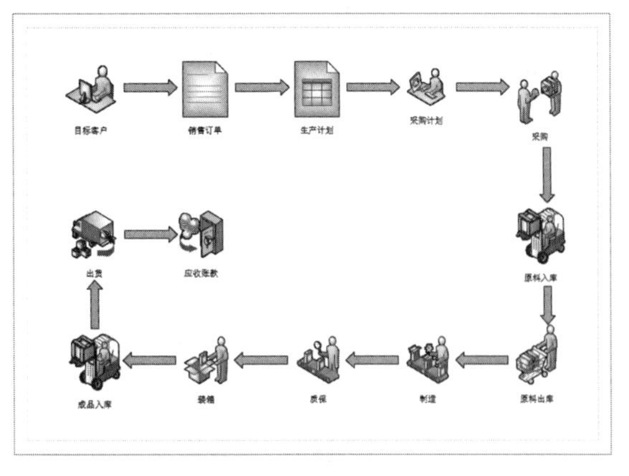

图 3-92

Step09 执行“设计”→“背景”→“背景”→“世界”命令，为绘图页添加背景，如图 3-93 所示。

Step10 执行“设计”→“背景”→“背景”→“背景色”→“橄榄色，着色 2，淡色 40%”命令，如图 3-94 所示。

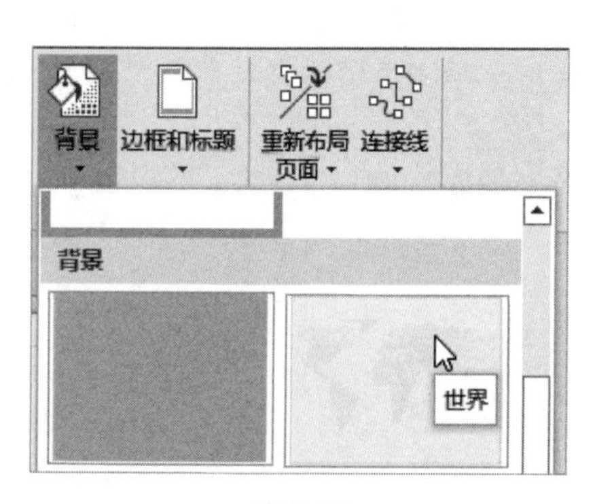

图 3-93

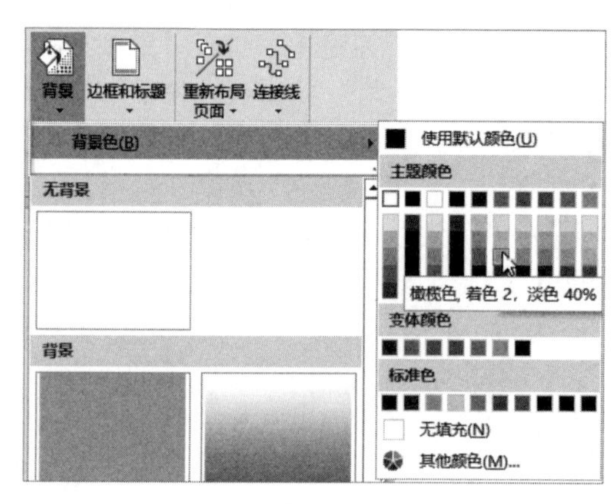

图 3-94

Step 11 执行“设计”→“背景”→“边框和标题”→“注册”命令，为绘图页添加边框和标题，如图 3-95 所示。

Step 12 单击状态栏中的“背景 -1”标签页，选择边框和标题形状，右击形状，在弹出的菜单中选择“设置形状格式”菜单项，如图 3-96 所示。

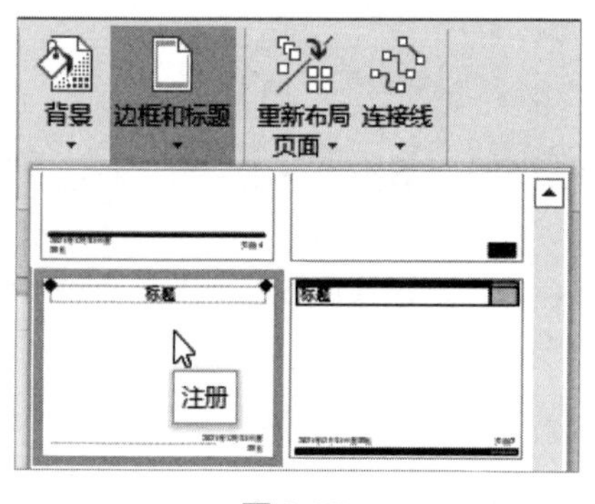

图 3-95

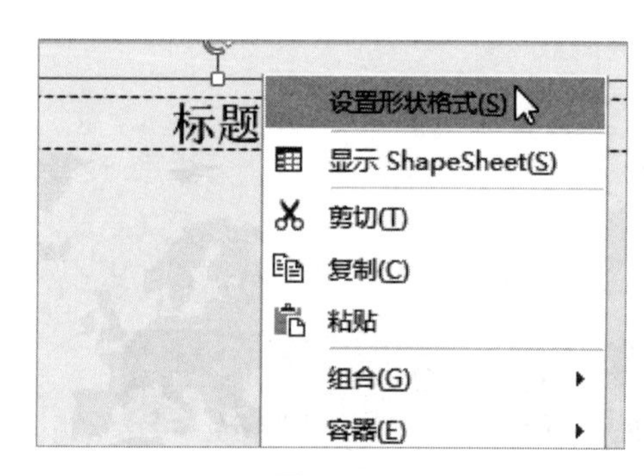

图 3-96

Step 13 打开“设置形状格式”窗格，展开“填充”选项组，选中“渐变填充”单选按钮，单击“预设渐变”下拉按钮，选择“径向渐变 - 个性色 5”选项，设置“类型”为“射线”选项，如图 3-97 所示。

Step 14 双击标题形状，输入文本，设置“字体”为“黑体”，“字号”为“24pt”，如图 3-98 所示。

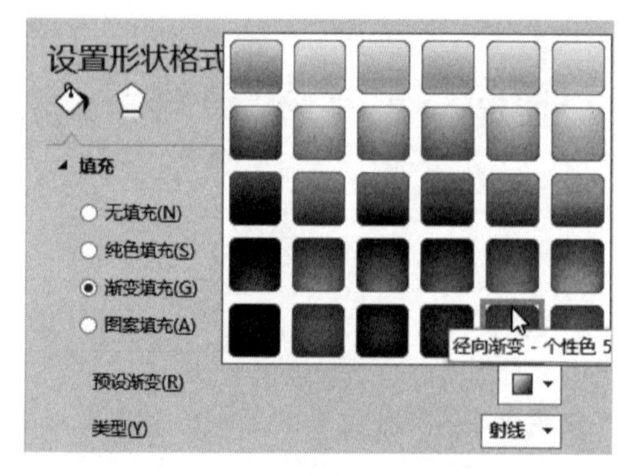

图 3-97

图 3-98

3.8　课后习题

一、填空题

1. 根据形状不同的行为方式，可以将形状分为________与________两种类型。

2. Visio 中的一维形状具有________两个端点。

3. 二维形状具有________维度，选择该形状时没有________。

二、选择题

1. ________是形状周围的控制点，只有在选择形状时才会显示形状手柄。

A. 选择手柄

B. 控制手柄

C. 旋转手柄

D. 控制点

2. 执行“开始”→“工具”→“绘图工具”→“铅笔”命令，选择形状后按住________单击形状边框，即可为形状添加新的顶点。

A. Ctrl+B 组合键

B. Ctrl+A 组合键

C. Ctrl 键

D. Alt 键

3. 执行“开始”→“工具”→“绘图工具”→“矩形”与“椭圆”命令绘制形状时，按住________键即可绘制正方形与正圆。

A. Alt

B. Shift

C. Ctrl

D. Enter

三、简答题

1. 如何修剪多个图形？

2. 如何设置形状的阴影效果？

第 4 章 在绘图中添加文本

本章要点

本章学习素材

- 添加文本
- 编辑文本信息
- 创建注解
- 设置文本和段落格式

本章主要内容

本章主要介绍添加文本、编辑文本信息和认识与创建注解方面的知识与技巧，同时还讲解如何设置文本和段落格式，在本章的最后还针对实际的工作需求，讲解绘制质量管理监控系统图的方法。通过本章的学习，读者可以掌握在绘图中添加文本方面的知识，为深入学习 Visio 2016 知识奠定基础。

4.1 添加文本

微视频

在 Visio 2016 中，用户不仅可以直接为形状创建文本，或通过文本工具来创建纯文本，而且还可以通过“插入”功能来创建文本字段与注释。为形状创建文本后，可以增加图表的描述性与说明性。

4.1.1 为形状创建文本

一般情况下，形状中都带有一个隐含的文本框，用户可通过双击形状的方法来添加文本。同时，还可以使用“文本”工具，为形状添加文本。

1．双击添加文本

在绘图页中双击需要添加文本的形状，系统会自动进入文字编辑状态（此时绘图页面的显示比例为 100%），在显示的文本框中直接输入相应的文字，按 Esc 键或单击其他区域即可完成文本的输入，如图 4-1 ～图 4-3 所示。

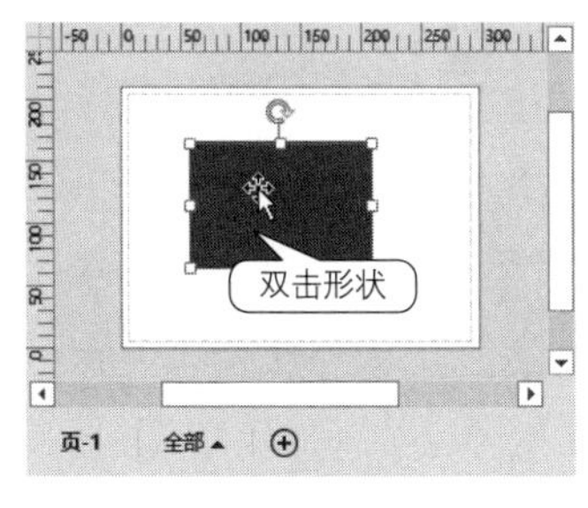

图 4-1

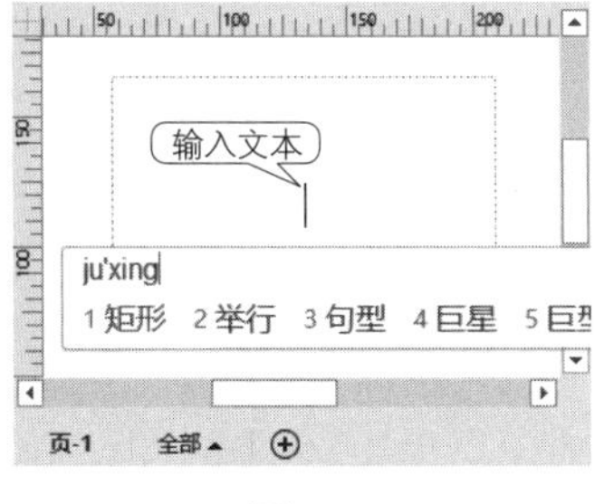

图 4-2

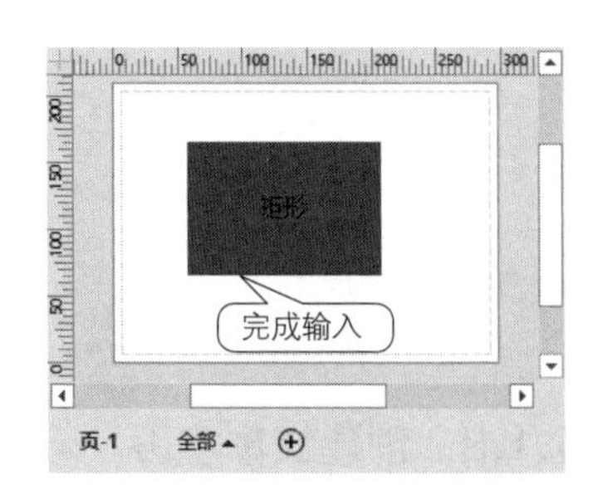

图 4-3

2．使用文本块工具

为形状添加文本的文本区域也被称为文本块，该文本块与形状紧密关联。在用户调整形状的同时，文本块也会随着一起被调整。用户可通过执行“开始”→“工具”→“文本”命令，在形状中绘制文本框并输入文本，如图 4-4 ～图 4-6 所示。然后选择文本块，便可以像对形状操作那样对文本块进行相应的调整。

利用“文本块工具”选项，主要可以执行下列几种操作。

- 旋转文本块：移动光标至旋转手柄上，当光标变成形状时拖动鼠标即可旋转文本块。
- 移动文本块：移动光标至文本块上，当光标变成形状时拖动鼠标即可移动文本块。
- 调整大小：选择文本块，使用鼠标拖动“选择手柄”即可调整文本块的大小。

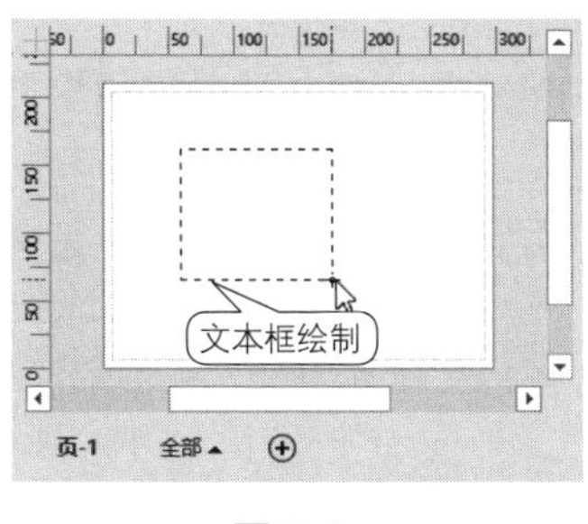

图 4-4

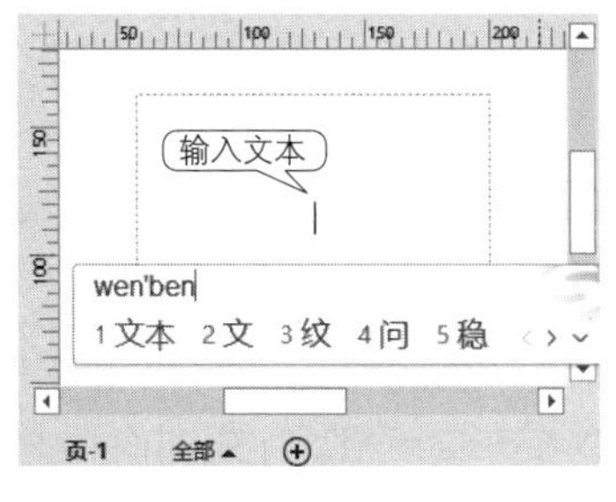

图 4-5

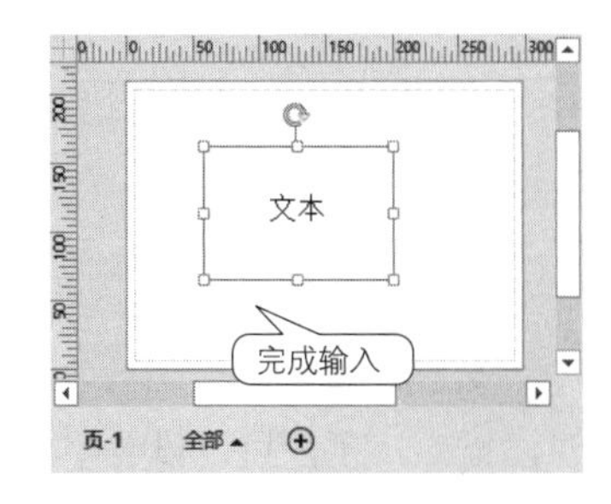

图 4-6

经验技巧：除了上面介绍的方法外，用户也可以通过选择形状后按下 F2 键的方法，来为形状添加文本。

4.1.2　创建纯文本

Visio 为用户提供了添加纯文本的功能，通过该功能可以在绘图页的任意位置以添加纯文本形状的方式，为形状添加注解、标题等文字说明。

在绘图页中，执行“插入”→“文本”→“文本框”→“横排文本框”命令，拖动鼠标即可绘制一个水平方向的文本框，如图 4-7 所示，在该文本框中输入文字即可。另外，用户还可以在绘图页中添加竖排文本块，如图 4-8 所示。

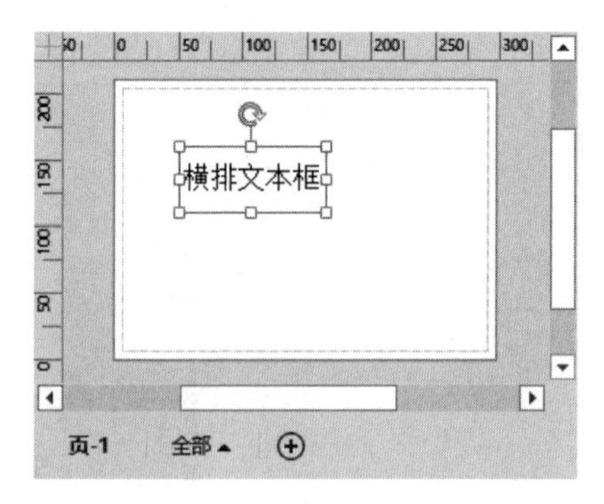

图 4-7

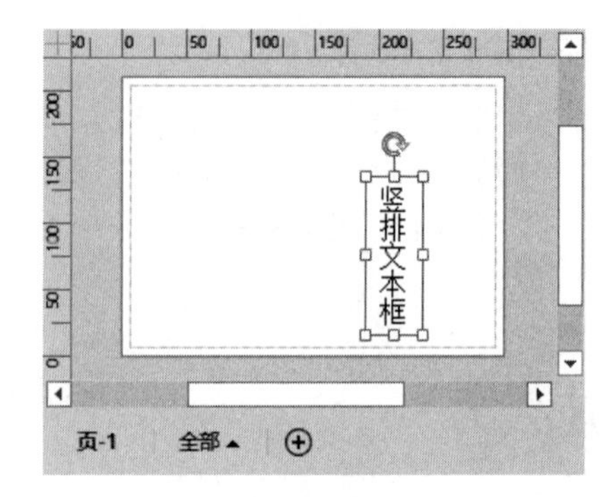

图 4-8

4.1.3 创建文本字段

Visio 2016 为用户提供了显示系统日期、时间、几何图形等字段信息，默认情况下该字段信息为隐藏状态。用户可以通过执行“插入”→“文本”→“域”命令的方法，在弹出的“字段”对话框中设置显示信息，即可将字段信息插入到形状中，变成可见状态，如图 4-9 所示。

在该对话框中，主要可以设置以下几种类别的字段。

- 形状数据：显示所选形状的 ShapeSheet 电子表格中的“形状数据”部分中存储的形状数据。用户可以定义“形状数据”信息类型与某个形状相关联。
- 日期 / 时间：显示当前的日期和时间，或者文件创建、打印或编辑的日期和时间。
- 文档信息：显示来自文件“属性”中的信息。
- 页信息：使用文件“属性”信息来跟踪“背景”“名称”“页数”等信息。
- 几何图形：显示形状的宽度、高度和角度信息。
- 对象信息：使用在“特殊”对话框中输入的信息来跟踪“数据 1”“数据 2”“主控形状”等信息。
- 用户定义的单元格：显示所选形状的 ShapeSheet 电子表格中的“用户定义的单元格”部分的“值”信息。
- 自定义公式：使用“属性”对话框中的信息来跟踪“创建者”“说明”“文件名”等文本信息。

另外，当用户选择相应的类别与字段名称后，执行“数据格式”选项，在弹出的“数据格式”对话框中，用户可以设置字段的数据类型与格式，如图 4-10 所示。

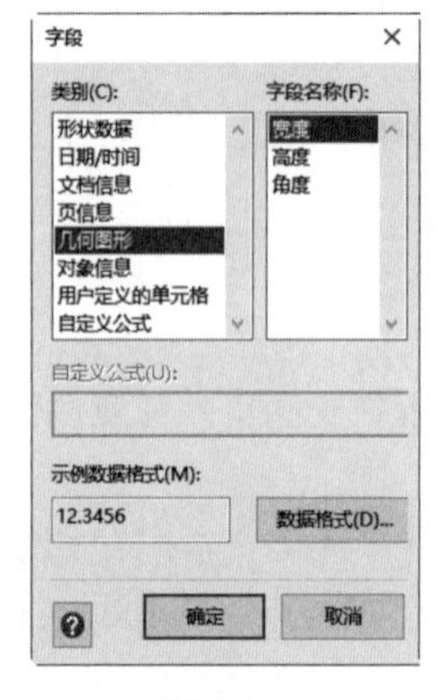

图 4-9

图 4-10

4.2　编辑文本

在为形状添加文本后，用户可以通过复制、移动及删除等操作来编辑文本。另外，对于文本内容比较多的图表，可以通过查找、替换与定位功能，来查找并修改具体的文本内容。下面详细介绍文本的基础知识与操作技巧。

微视频

4.2.1　选择、复制、移动与删除文本

用户可以通过复制、粘贴、剪切等编辑命令，对已添加的文本进行修改与调整。对于 Visio 中的文本，用户可以使用编辑形状的工具来编辑文本。另外， Office 应用软件中的编辑快捷键在 Visio 中也一样适用。

1. 选择文本

在编辑文本之前，首先需要选择要编辑的文本块，用户可以通过下列方法来选择文本。

- 直接双击文本：双击需要编辑文本的形状，即可选择文本。
- 利用工具选择文本：选择需要编辑文本的形状，执行“开始”→“工具”→“文本”命令，即可选择文本。
- 利用快捷键选择文本：选择需要编辑文本的形状，按下 F2 键即可选择文本。

2. 复制与移动文本

复制文本是将原文本的副本放置到其他位置中，原文本保持不变。用户可使用下列方法复制文本。

- 使用命令：选择需要复制的文本，执行“开始”→“剪贴板”→“复制”命令，选择放置位置，执行“开始”→“剪贴板”→“粘贴”→“粘贴”命令即可。
- 使用快捷命令：选择需要复制的文本，右击执行“复制”命令，选择放置位置，右击执行“粘贴”命令即可。
- 使用鼠标：选择需要复制的文本，按住 Ctrl 键并拖动文本块，释放鼠标即可。
- 使用快捷键：选择需要复制的文本，按 Ctrl+C 组合键复制文本，选择放置位置，按下 Ctrl+V 组合键粘贴文本即可。

移动文本是改变文本本身的放置位置，用户可使用下列方法移动文本。

- 使用命令：选择需要复制的文本，执行“开始”→“剪贴板”→“剪切”命令，选择放置位置，执行“开始”→“剪贴板”→“粘贴”→“粘贴”命令即可。
- 使用快捷命令：选择需要复制的文本，右击执行“剪切”命令，选择放置位置，右击执行“粘贴”命令即可。
- 使用鼠标：选择需要复制的文本，当光标变成“四向箭头”时拖动文本块，移动至合适位置释放鼠标即可。
- 使用快捷键：选择需要复制的文本，按 Ctrl+X 组合键复制文本，选择放置位置，按 Ctrl+V 组合键粘贴文本即可。

3. 删除文本

用户可以使用下列方法删除全部或部分文本。

- 删除整个文本：选择需要删除的文本，按 Ctrl+A 组合键选择文本框中的所有文本，并按 Delete 键删除文本。

- 删除部分文本：在文本框中选择需要删除的文本，按 BackSpace 键逐个删除。
- 撤销删除操作：按 Ctrl+Z 组合键撤销上一步的操作，恢复到删除之前的状态。
- 恢复撤销操作：按 Ctrl+Y 组合键恢复撤销的操作，恢复到撤销之前的状态。

知识常识：用户也可以对文本进行选择性粘贴，即复制文本后执行“开始”→“剪贴板”→“粘贴”→“选择性粘贴”命令。当用户选择形状并按 Delete 键，可以将形状与文本一起删除，当用户选择文本框并按 Delete 键，只删除文本。

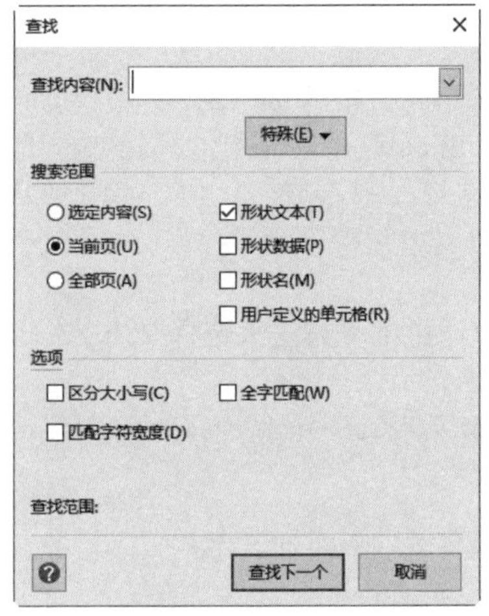

图 4-11

4.2.2 查找与替换文本

Visio 2016 提供的查找与替换功能，与其他 Office 软件应用中的命令相似。其作用主要是可以快速查找或替换形状中的文字与短语。利用查找与替换功能，用户可以实现批量修改文本的目的。

1. 查找文本

执行“开始”→“编辑”→“查找”→“查找”命令，在弹出的“查找”对话框中可以搜索形状中的文本、形状数据等内容，如图 4-11 所示。

该对话框中各选项的功能如表 4-1 所示。

表 4-1 “查找”选项

选项组	选　项	说　明
查找内容		指定要查找的文本或字符
特殊		显示可以搜索的特殊字符的列表
搜索范围	选定内容	表示仅搜索当前选定内容
	当前页	表示仅搜索当前页
	全部页	表示搜索打开的绘图页中的全部页
	形状文本	表示搜索存储在文本块中的文本
	形状数据	表示搜索存储在形状数据中的文本
	形状名	表示搜索形状名（在模具中的形状下面看到的名称）
	用户定义的单元格	表示搜索用户定义的单元格中的文本
选项	区分大小写	指定找到的所有匹配项都必须与“查找内容”文本框中指定的大小写字母组合完全一致
	全字匹配	指定找到的所有匹配项都必须是完整的单词，而非较长单词的一部分
	匹配字符宽度	指定找到的所有匹配项都必须与“查找内容”文本框中指定的字符宽度完全一致
查找范围		确定匹配的文本已在文本块中找到，或者显示形状名、形状数据或在其中找到匹配的文本的用户定义单元格
查找下一个		搜索下一个出现在“查找内容”文本框中的文本的位置

2. 替换文本

执行“开始”→“编辑”→“查找”→“替换”命令，弹出“替换”对话框，可以设置查找内容、替换文本及各选项设置，如图 4-12 所示。

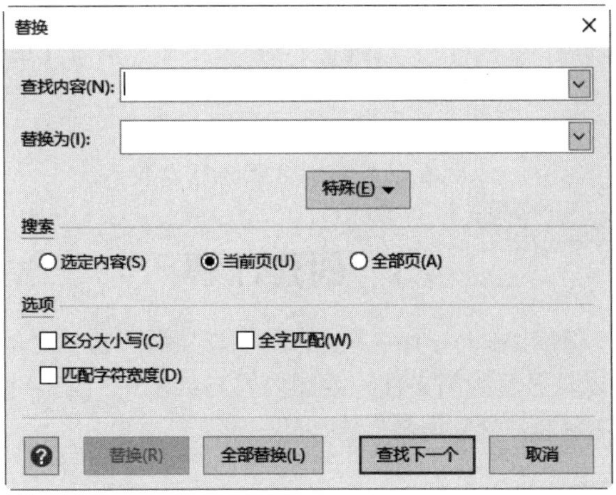

图 4-12

该对话框中各选项的功能如表 4-2 所示。

表 4-2

<table>
<tr><th>选项组</th><th>选　项</th><th>说　明</th></tr>
<tr><td colspan="2">查找内容</td><td>指定要查找的文本</td></tr>
<tr><td colspan="2">替换为</td><td>指定要用作替换的文本</td></tr>
<tr><td colspan="2">特殊</td><td>显示可以搜索的特殊字符列表</td></tr>
<tr><td rowspan="3">搜索</td><td>选定内容</td><td>表示仅搜索当前选定内容</td></tr>
<tr><td>当前页</td><td>表示仅搜索当前页</td></tr>
<tr><td>全部页</td><td>表示搜索打开的绘图页中的全部页</td></tr>
<tr><td rowspan="3">选项</td><td>区分大小写</td><td>仅查找那些与“查找内容”文本框中指定的字母大小写组合完全一致的内容</td></tr>
<tr><td>全字匹配</td><td>查找匹配的完整单词，而非较长单词的一部分</td></tr>
<tr><td>匹配字符宽度</td><td>仅查找那些与“查找内容”文本框中指定的字符宽度完全相等的内容</td></tr>
<tr><td colspan="2">替换</td><td>用“替换为”中的文本替换“查找内容”中的文本，然后查找下一处</td></tr>
<tr><td colspan="2">全部替换</td><td>用“替换为”中的文本替换所有出现在“查找内容”文本框中的文本</td></tr>
<tr><td colspan="2">查找下一个</td><td>查找并选择下一个出现在“查找内容”文本框中的文本</td></tr>
</table>

4.2.3　锁定文本

一般情况下，纯文本形状、标注或其他注解形状可以随意调整与移动，便于用户进行编辑，但是有时用户不希望所添加的文本或注释被编辑，此时需要利用 Visio 2016 提供的“保护”功能锁定文本。

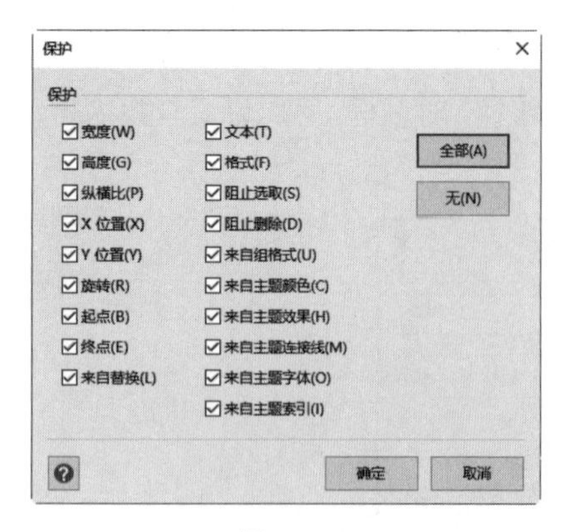

图 4-13

在绘图页中选择需要定位的文本形状，执行“开发工具”→“形状设计”→“保护”命令，在弹出的“保护”对话框中单击“全部”按钮或根据定位需求执行具体选项，即可锁定文本，如图 4-13 所示。

经验技巧：用户也可以通过按 Ctrl+F 组合键的方法，来打开“查找”对话框。

在“保护”对话框中，单击“无”按钮或取消具体选项即可解除文本的锁定状态。

4.3 创建注解

在绘图时，用户可以利用 Visio 2016 提供的显示与强调形状信息的功能，来标注绘图中的重要信息，以及显示绘图文件、绘图内容与绘图中所使用的符号。下面将详细讲解创建与使用注解的基础知识与操作技巧。

微视频

4.3.1 使用形状添加标注

通过使用标注形状，可以有效地强调形状信息或图表内容。或将标注粘贴在形状上，使之与形状相关联，这样在移动或删除形状时标注形状也会一起被删除。

1. 添加标注

Visio 2016 中的标注形状包括批注、标注、爆星等，用户可通过执行相应的命令添加与粘贴标注，如图 4-14 所示。

其添加标注的方法主要包括以下几种。

- 添加标注：在“形状”任务窗格中，单击“更多形状”下拉按钮，选择“其他 Visio 方案”→“标注”选项，将“标注”模具中的形状拖动到绘图页中即可。
- 添加批注：在“形状”任务窗格中，单击“更多形状”下拉按钮，选择“其他 Visio 方案”→“批注”选项，将“批注”模具中的形状拖动到绘图页中即可。
- 粘贴标注：在添加的形状中输入文本，并拖动“选择手柄”或“控制手柄”来调整标注方向并粘贴标注。

2. 使用自定义标注

用户可以使用自定义标注来显示绘图中的常用与重要信息。将“标注”模具中的“自定义 1”、“自定义 2”或“自定义 3”形状拖到绘图页中，拖动标注中黄色的“控制手柄”到形状上，系统会自动弹出“配置标注”对话框，在该对话框中设置显示选项即可，如图 4-15 所示。

在该对话框中主要包括下列几种选项。

- 形状数据：显示了分配给与标注形状相关联的形状数据，其属性按照在此对话框中列出的顺序显示在标注形状中。
- 上移与下移：将所选属性在属性列表中上移或者下移位置。
- 分隔符：用于分隔多个所显示属性的字符。
- 显示属性名称：显示形状数据的标签和值。
- 随形状移动标注：当相关联的形状移动时同时移动标注形状，从而保持偏移量不变。

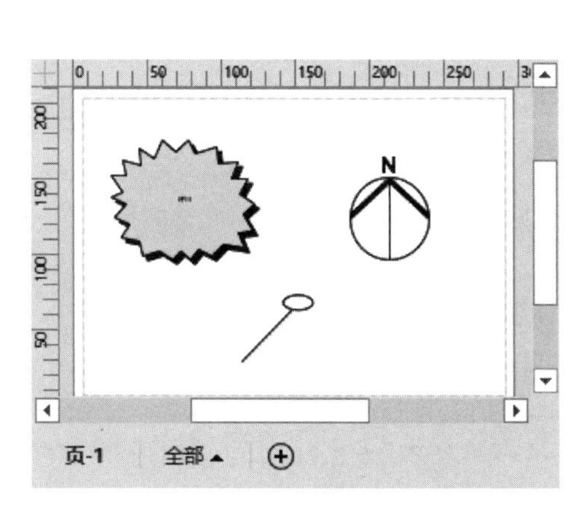

图 4-14

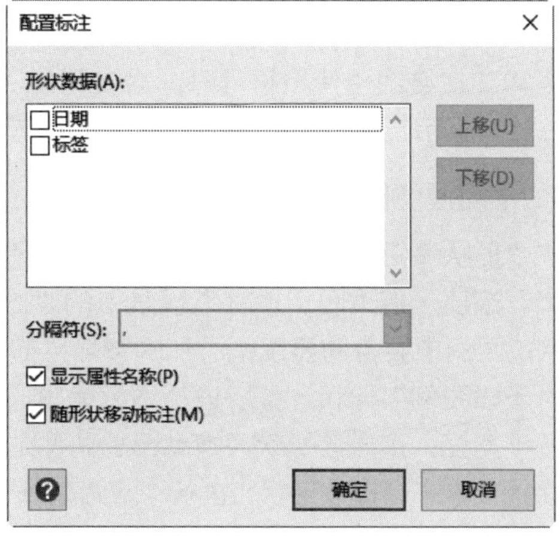

图 4-15

4.3.2　使用标题块

标题块是用来标识或跟踪绘图信息与修订历史的形状，适用于任何绘图中。

1．使用标题块模具

在 Visio 2016 中，标题块不仅会随模板一起打开，而且用户还可以打开专门存储标题块的模具，如图 4-16 所示。

使用标题块的方法主要包括下列两种。

使用标题块：在“形状”任务窗格中，单击“更多形状”按钮，选择“其他 Visio 方案”→“标题块”选项，将“标题块”模具中的形状拖动到绘图页中即可。

使用边框与标题：执行“设计”→“背景”→“边框和标题”命令，在其列表中选择相应的选项即可。

2．自定义标题块

当“标题块”或“边框与标题”命令中的形状无法满足绘图需要时，用户可以自定义标题块。将“标题块”模具中的“边框”形状拖动到绘图页中，将“标题块”模具中的“制图员”“日期”“说明”等其他形状拖动到“边框”形状中，选择所有形状，执行“形状”→“组合”→“组合”命令，组合所有的形状，如图 4-17 所示。

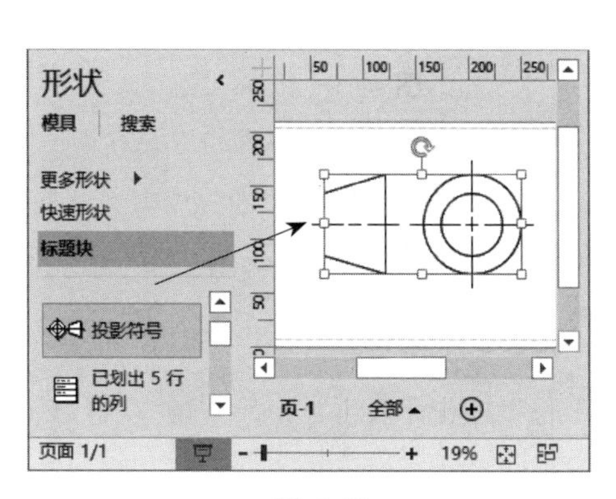

图 4-16

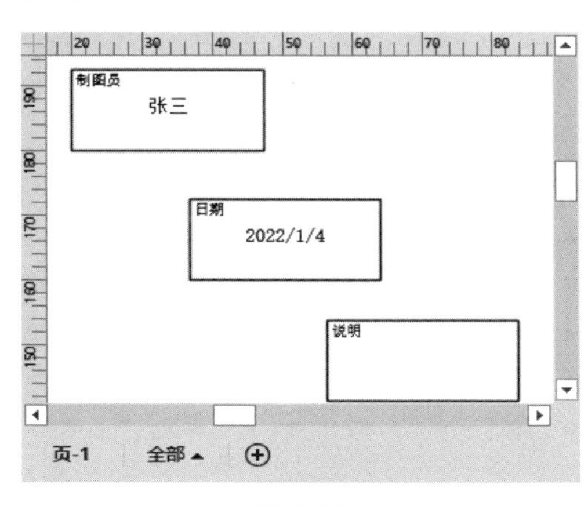

图 4-17

4.3.3 使用图例

当用户在绘图中使用符号时，需要利用“图例”形状来说明符号的含义。通过使用图例，可以统计与显示绘图页中符号的形状、描述与出现的次数。

1. 创建图例

在“形状”任务窗格中，单击“更多形状”下拉按钮，选择“商务”→“灵感触发”→“图例形状”选项，将“图例形状”模具中的“图例”形状拖至绘图页中，将需要的符号添加到绘图页中，图例中会自动显示所添加的符号，如图 4-18 所示。

对于“图例”形状，可以进行下列编辑操作。

调整宽度：选择该形状，拖动形状两侧的“选择手柄”即可调整宽度。

编辑文本：选择该形状，执行“开始”→“工具”→“文本”命令，即可编辑形状中的文本。

设置文本格式：选择需要设置格式的文本，执行“开始”选项卡的“字体”选项组中的各种命令即可。

2. 配置图例

虽然创建并简单地编辑图例可以达到一定的效果，但是对于隐藏标题或调整符号的前后顺序等操作，还需要利用“配置图例”对话框来实现，即右击“图例”形状并执行“配置图例”命令，在弹出的“配置图例”对话框中，可以设置标题、列名称与计数的显示状态，如图 4-19 所示。

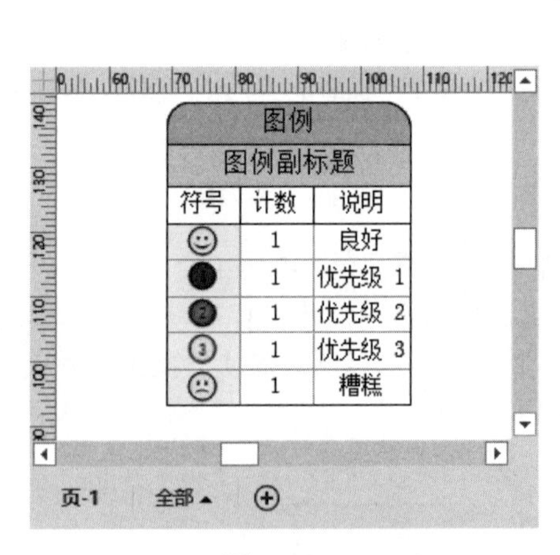

图 4-18

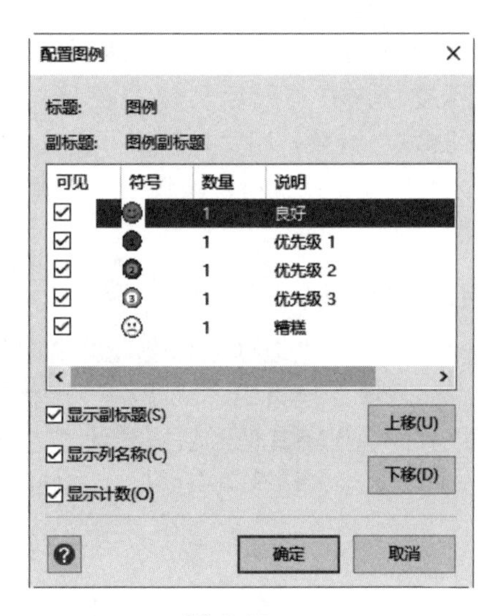

图 4-19

在该对话框中可以实现下列操作。

- 显示或隐藏副标题：可以通过启用或禁用“显示副标题”选项来实现。
- 显示或隐藏计数列：可以通过启用或禁用“显示计数”选项来实现。
- 显示或隐藏列名称：可以通过启用或禁用“显示列名称”选项来实现。
- 显示或隐藏符号：可以通过启用或禁用“可见”栏中的复选框来实现。
- 调整符号顺序：可以通过单击“上移”或“下移”按钮来实现。

4.3.4　使用标签和编号

在 Visio 2016 中，用户可以通过添加标签与编号的方法来标注绘图页中的元素。执行“视图”→“宏”→“加载项”→“其他 Visio 方案”→“给形状编号”命令，在弹出的“给形状编号”对话框的“常规”选项卡中，设置编号的基本格式即可，如图 4-20 所示。另外，用户可以在“高级”选项卡中，设置编号的位置、顺序等内容，如图 4-21 所示。

图 4-20

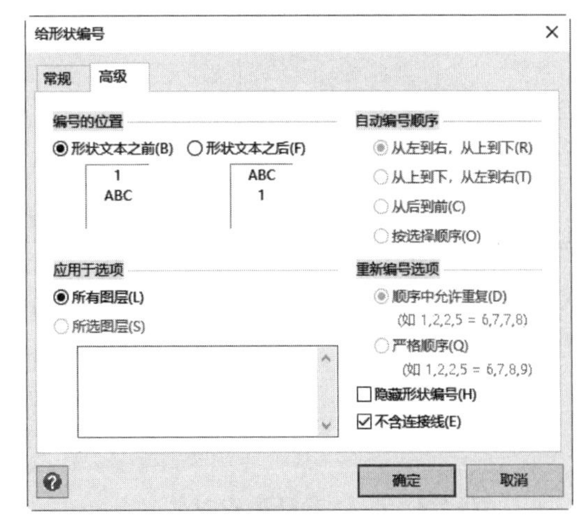

图 4-21

其中，“常规”选项卡中各选项的具体功能如表 4-3 所示。

表 4-3　“常规”选项卡

选项组	选　项	说　明
操作	单击以手动编号	表示使用“指针”工具单击页面上的形状来为形状添加编号
	自动编号	表示自动为页面上的形状编号，默认为从左到右，然后从上到下
	重新编号但保持顺序	表示将形状重新编号，但保持现有的编号顺序。默认情况下，重新编号允许顺序中出现重复
分配的编号	起始值	表示指定一个用于形状编号时的起始值，该值为整数
	间隔	表示指定两个形状编号之间的间隔。可以通过使用负值的方法，使形状编号递减
	前缀文字	表示需要在形状编号之前添加文字或数字
	预览	用于显示设置“起始值”“前缀文字”等选项后的效果
应用于	所有形状	表示为绘图页上的所有形状编号
	所选形状	表示为所选择的形状编号
	将形状放到页上时继续给形状编号	将形状拖放到绘图页上时继续给形状编号

“高级”选项卡中各选项的具体功能如表 4-4 所示。

表 4-4 “高级”选项卡

选项组	选　项	说　明
编号的位置	形状文本之前	表示在形状上的文本之前显示编号
	形状文本之后	表示在形状上的文本之后显示编号
应用于选项	所有图层	表示将形状编号应用于绘图页上的所有形状
	所选图层	表示形状编号只应用于从列表中选择的图层上的形状
自动编号顺序	从左到右，从上到下	表示根据形状在绘图页上的位置来为其编号，其顺序为从左到右，然后从上到下
	从上到下，从左到右	表示根据形状在绘图页上的位置来为其编号，其顺序为从上到下，然后从左到右
	从前到后	表示根据各个形状添加到绘图页的顺序为其编号
	按选择顺序	表示按照选择各个形状时依照的顺序为其编号
重新编号选项	顺序中允许重复	表示当为各个形状重新编号时，原来的顺序即使包含重复编号，也会被保留下来
	严格顺序	表示为各个形状重新编号时，所有重复编号都会按顺序替换为连续编号
	隐藏形状编号	表示在绘图页和打印页上隐藏形状编号
	不含连接线	表示为绘图中的连接线形状进行编号

4.4　设置文本和段落格式

为图表添加完文本之后，为了使文本块具有美观性与整齐性，需要设置文本的字体格式与段落格式。例如，设置文本的字体、字号、字形与效果等格式，设置段落的对齐方式、符号与编号等格式。

微视频

4.4.1　设置字体格式

设置字体格式，即设置文字的字体、字号与字形以及文字效果、字符间距等内容。用户可通过“开始”菜单下“字体”组中的命令，来设置文字的字体格式。

1. 设置字体、字号与字形

字体是指字母、标点、数字或符号所显示的外形效果；字形是字体的样式；字号代表字体的大小。用户可以通过以下两种方式来设置字体、字号与字形格式。

（1）选项组法

Visio 为用户提供的“字体”选项组命令包含字体格式的常用命令。通过该选项组，可以帮助用户完成字体格式的所有操作，如图 4-22 所示。

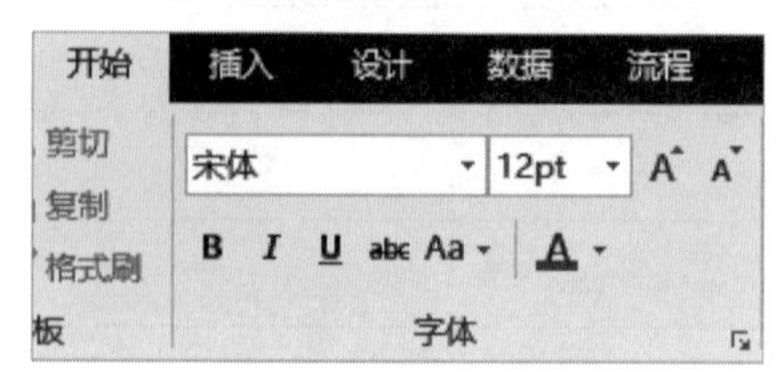

图 4-22

每种格式的设置操作如下所述。

- 设置“字体”格式：选中文本，在“字体”组中单击“字体”下拉按钮宋体，在弹出的下拉列表中选择字体即可。
- 设置“字形”格式：选中文本，在“字体”组中单击“加粗”**B**或“倾斜”*I*按钮，可以更改所选文本的字形。
- 设置“字号”格式：选中文本，在“字体”组中单击“字号”下拉按钮12pt，在弹出的下拉列表中选择字号即可。

（2）使用“文本”对话框

执行“开始”→“字体”→“对话框启动器”命令，弹出“文本”对话框，选择“字体”选项卡，在“西文”与“亚洲文字”选项中设置“字体”格式；在“字号”选项中设置“字号”格式；在“样式”选项中设置“字形”格式，如图 4-23 所示。

2. 设置文字效果

在 Visio 2016 中，用户还可以设置文本的效果，即设置文本的位置、颜色、透明度等内容。在“文本”对话框的“字体”选项卡中，设置“常规”组中的各选项即可，如图 4-24 所示。设置文字效果的各选项功能如下所述。

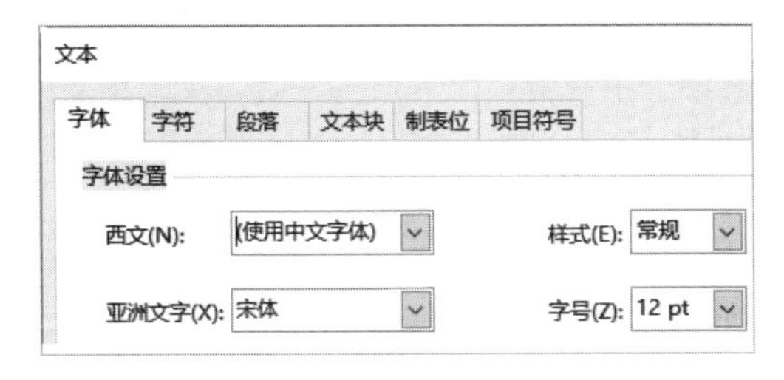

图 4-23

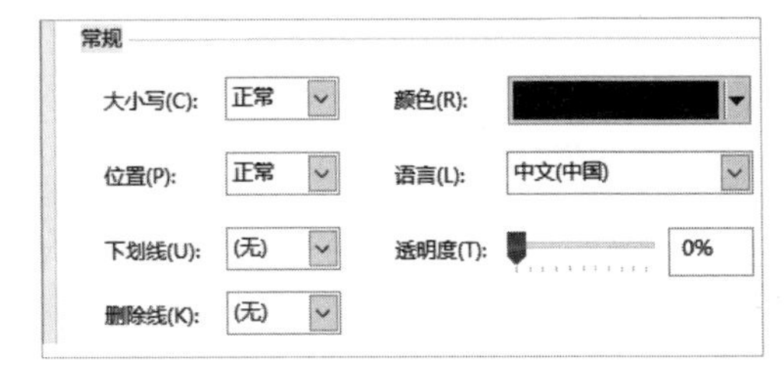

图 4-24

- “大小写”下拉按钮：指定文本的大小写格式，主要包括正常、全部大写、字母大写与小型大写字母 4 种选项。
- “位置”下拉按钮：指定文本位置。其中，“正常”表示在基准线上水平对齐所选文本，“上标”表示在基准线上方稍微升高所选文本并降低其磅值，“下标”表示在基准线下方稍微降低所选文本并降低其磅值。
- “下画线”下拉按钮：在所选文本的下面绘制一条线。其中，“单线”表示在所选文本下方绘制一条单线；“双线”表示在所选文本下方绘制一条双线。对于日语或韩语等竖排文本，下画线格式定位在文本右侧。
- “删除线”下拉按钮：绘制一条穿过文本中心的线。
- “颜色”下拉按钮：设置文本的颜色。
- “语言”下拉按钮：指定语言设置。指定的语言会影响复杂文种文字和亚洲文字的文本放置。
- “透明度”滑块：用于设置文本的透明程度，其值介于 0 ～ 100%。

3. 设置字符间距

用户可以通过设置字符间距的方法，使文本块具有可观性与整齐性。执行“开始”→“字体”→“对话框启动器”命令，打开“文本”对话框，选择“字符”选项卡，设置字符缩放比例与字符间距值即可，如图 4-25 所示。在该选项卡中主要包括下列几种选项。

- 缩放比例：用于设置字符的大小，其值介于 1% ～ 600%。当百分比值小于 100% 时，会使所选字符变窄；当百分比值大于 100% 时，会使所选字符变宽。
- 间距：用于设置字符之间的距离。默认设置为“标准”，而“加宽”则表示按照指定的磅值将字符拉开，“紧缩”则表示按照磅值移动字母使之紧凑。
- 磅值：设置间距以便加宽或紧缩所选字符。其取值介于 1584（加宽）～ -1584（紧缩）。磅是排版机

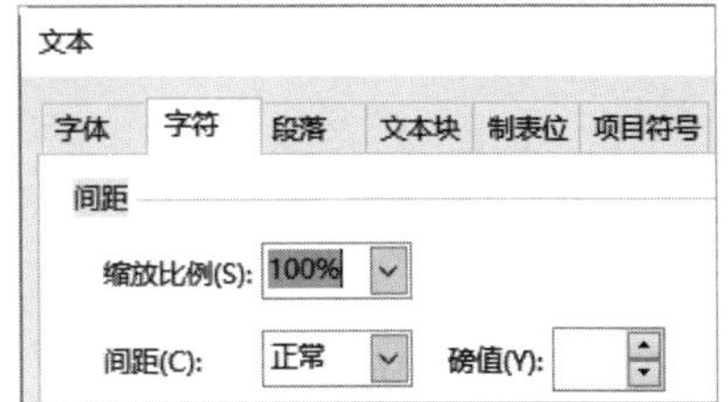

图 4-25

所用的传统度量衡，1 磅等于 1/72 英寸。

经验技巧：在设置字体时，用户还可以按 Ctrl+B 组合键来实现文本加粗效果；按 Ctrl+I 组合键则可以实现文本倾斜效果。

4.4.2 设置段落格式

在 Visio 2016 中，除了可以设置字体格式之外，用户还可以设置段落的对齐方式及段落之间的距离等段落格式。设置段落格式主要通过下列两种方法进行。

1．使用“文本”对话框

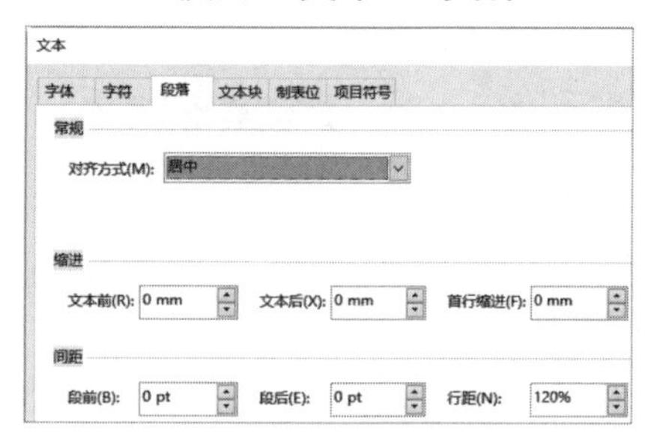

图 4-26

执行“开始”→“段落”→“对话框启动器”命令，在“段落”选项卡中设置段落的对齐方式、段间距及缩进格式，如图 4-26 所示。在该选项卡中主要可以设置以下三种格式。

（1）对齐方式

该选项用来设置文本相对于文本块边距的对齐方式，主要包括以下几种选项。

- 居中：表示每行文本在左右页边距间居中。
- 左对齐：表示每行文本都在左边距处开始对齐，而文本右侧不对齐。
- 右对齐：表示每行文本都在右边距处开始对齐，而文本左侧不对齐。
- 两端对齐：调整文字与字符之间的间距，以便除段落最后一行外的每行文本都填充左右页边距间的空间。
- 分散对齐：调整文字与字符之间的间距，以便包括段落最后一行在内的每行文本都填充左右页边距间的空间。

（2）缩进

- 该选项用来设置页边距到段落之间的距离。
- 文本前：表示从开始页边距处设置段落缩进。在从左向右段落中指左边距，在从右向左段落中指右边距。
- 文本后：表示从停止页边距处设置段落缩进。在从左向右段落中指右边距，在从右向左段落中指左边距。
- 首行缩进：表示设置文本首行相对于开始边距的缩进。

（3）间距

- 该选项用来显示所选段落的段落和行间距，如果未选择任何段落，则显示整个文本块的段落和行间距。
- 段前：用来设置在段落前插入的空间。默认情况下，垂直间距用磅表示。
- 段后：指定在段落后插入的空间（文本块的末段除外）。如果已经为“段前”指定了一个值，那么段落之间的空间量等于“段前”与“段后”值的总和。

行距：指定段落内的行间距。默认情况下，该值显示为 120%，该设置确保字符不会触及下一行。或者直接在文本块中输入绝对大小，其值介于 0 ～ 1584pt。

2．使用“格式”工具栏

在 Visio 中的“开始”选项卡下的“段落”组中，为用户提供了左对齐、右对齐、居中、两端对齐、顶端对齐等 7 种对齐方式。另外，还为用户提供了减少缩进量与增加缩进量两种缩进方式。每种命令的具体情况如表 4-5 所示。

表 4-5　段落对齐方式

按钮	名称	功　　能	快　捷　键
	左对齐	将文字左对齐	Shift+Ctrl+L
	居中	将文字居中对齐	Shift+Ctrl+C
	右对齐	将文字右对齐	Shift+Ctrl+R
	两端对齐	将文字左右两端同时对齐，并根据需要增加字间距	Shift+Ctrl+J
	顶端对齐	将文字靠文本框的顶部对齐	Shift+Ctrl+I
	中部对齐	对齐文本，使其在文本块的顶部和底部居中	Shift+Ctrl+M
	底端对齐	将文字靠文本块的底部对齐	Shift+Ctrl+V
	减少缩进量	靠近边距移动段落	无
	增加缩进量	增加段落的缩进级别	无

4.4.3　设置文本块与制表位

设置文本块即设置所选文本块的垂直对齐方式、页边距与背景色，而设置制表位则是为所选段落或所选形状的整个文本块添加、删除和调整制表位。

1．设置文本块

选择需要设置的文本块，执行“开始”→“字体”→“对话框启动器”命令，在弹出的“文本”对话框中，选择“文本块”选项卡，设置相关选项即可，如图 4-27 所示。在该选项卡中主要包括下列几种选项。

- 对齐：用于设置文本垂直对齐的方式。其中，“对齐方式”选项默认情况下包括中部、顶部和底部三种选项。当用户选择“竖排文字”选项时，文本块中的文字将从上到下，从右到左显示。另外，执行该选项时，“对齐方式”选项将自动改变为居中、靠左与靠右三种选项。
- 边距：主要用来设置文本距离文本块上、下、左、右边缘的距离。
- 文本背景：用于设置文本块的背景颜色。选择“纯色”选项并单击其下拉按钮可以选择多种纯色背景色。而“透明度”选项则用于设置背景色的透明显示，其值介于 0~100%。

2．设置制表位

制表位是指水平标尺上的位置，它指定了文字缩进的距离或一栏文字开始的位置，可以向左、向右或居中对齐文本行；或者将文本与小数字符或竖线字符对齐。在 Visio 2016 中最多可以设置 160 个制表位，而且制表位的方向会随着段落方向的改变而改变。

在“文本”对话框中选择“制表位”选项卡，在选项卡中可以为所选段落或所选形状的整个文本块，添加、删除与调整制表位，如图 4-28 所示。该选项卡中各选项的功能，如下所述。

- 制表位：显示当前制表位，左侧显示制表位位置，右侧显示制表位对齐方式。
- 添加：添加一个新的制表位。
- 修改：在“制表位”列表中选择制表位，再在“制表位位置”文本框中指定值。
- 删除：清除在“制表位”列表中选择的制表位。
- 全部删除：清除所选形状中的所有制表位。
- 制表位位置：指定在“制表位”表中选择的制表位位置。
- 对齐方式：用于设置制表位的对齐方式。其中，“对齐”表示文本与制表位的左侧对齐，“右对齐”表示文本与制表位的右侧对齐，“居中”表示文本位于制表位的中间，“小数点对齐”表示在制表位中小数点处对齐。
- 默认制表位：为所选形状设置默认制表位间的距离。

图 4-27

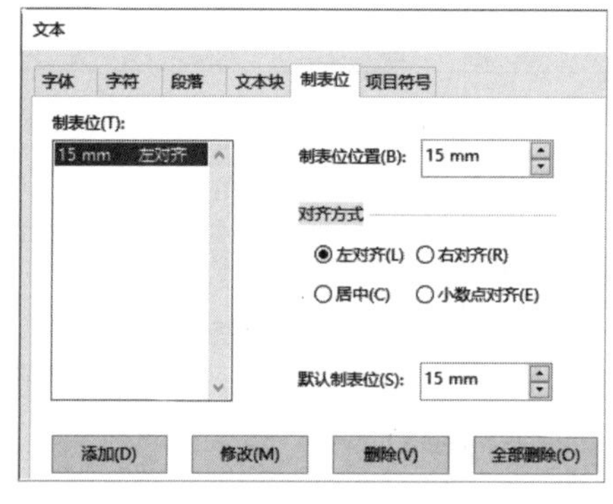

图 4-28

知识常识： 用户还可以通过执行“开始”→“段落”→“文字方向”命令，来改变文字方向。双击形状并右击形状，在弹出的快捷菜单中选择“文本标尺”选项，可以通过单击“文本标尺”中制表位的方法，来设置制表位。

4.4.4 为文本设置项目符号

项目符号是为文本块中的段落或形状添加强调效果的点或其他符号。在“文本”对话框中选择“项目符号”选项卡，在该选项卡中设置项目符号的样式、字号、文本位置等格式，如图 4-29 所示。在该选项卡中主要包括以下选项。

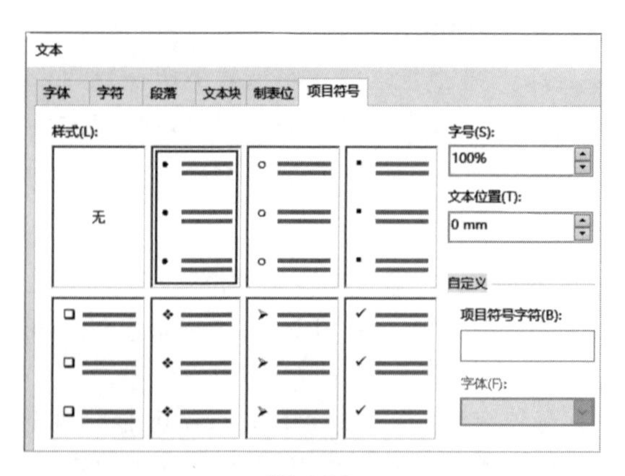

图 4-29

- 样式：用来显示项目符号的样式。
- 字号：指定项目符号的大小，但不影响其他文本。用户可以用磅值（如 4pt）或百分比（如 60%）为单位来标识符号的大小。
- 文本位置：指定项目符号与它的文本之间的空间量。
- 自定义：用于自定义项目符号的字符与字体样式。其中，“项目符号字符”表示自定义项目符号字符，“字体”表示指定自定义项目符号字符的字体。

4.5　课堂练习——制作质量管理监控系统图

质量管理监控系统是指企业在生产过程中对产品质量数据的输入、输出及内部通信等监控管理的工作流程。在本练习中，将使用“基本框图”模板及设置形状格式、添加形状文本等功能，来制作一个用于描述与记录质量管理监控系统的流程图。

Step01 启动 Visio 2016，进入“新建”界面，选择“基本框图”模板，如图 4-30 所示。

Step02 弹出“创建”对话框，单击“创建”按钮，如图 4-31 所示。

图 4-30

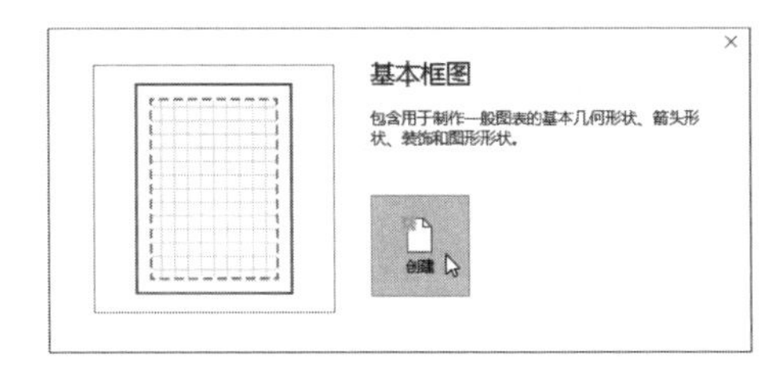

图 4-31

Step03 单击“设计”菜单，在“主题”组中选择“线性”主题样式，如图 4-32 所示。

Step04 将“基本形状”模具中的“矩形”形状拖至绘图页中，如图 4-33 所示。

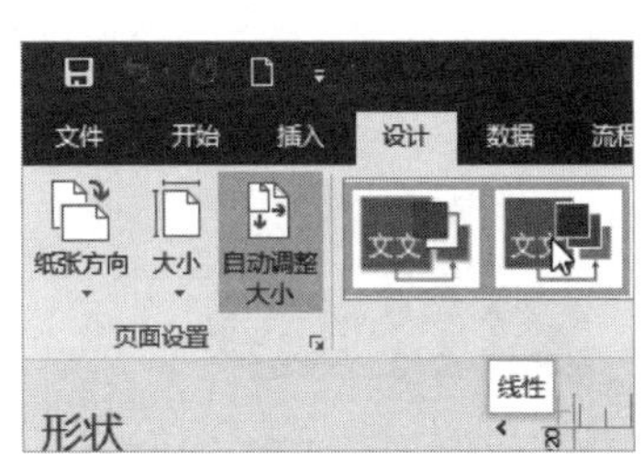

图 4-32

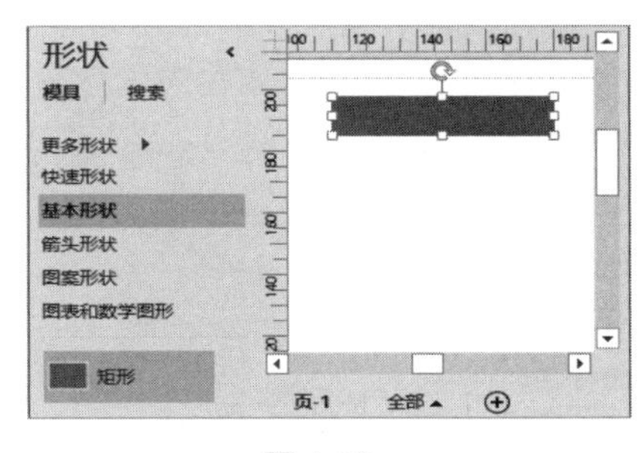

图 4-33

Step05 选中形状，执行“开始”→“形状样式”→“填充”→“紫色”命令，如图 4-34 所示。

Step06 执行“开始”→“形状样式”→“线条”→“无线条”命令，如图 4-35 所示。

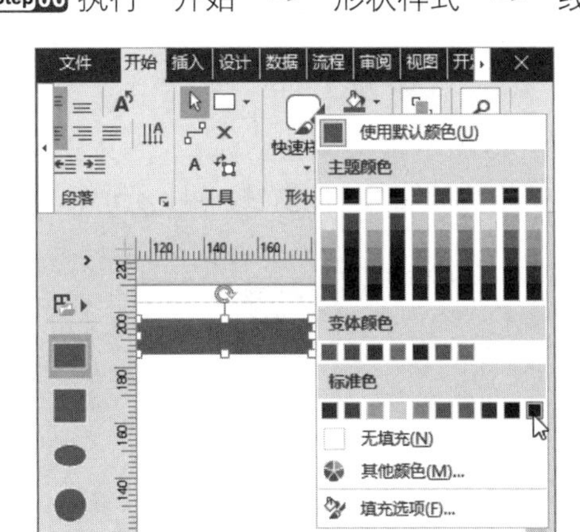

图 4-34

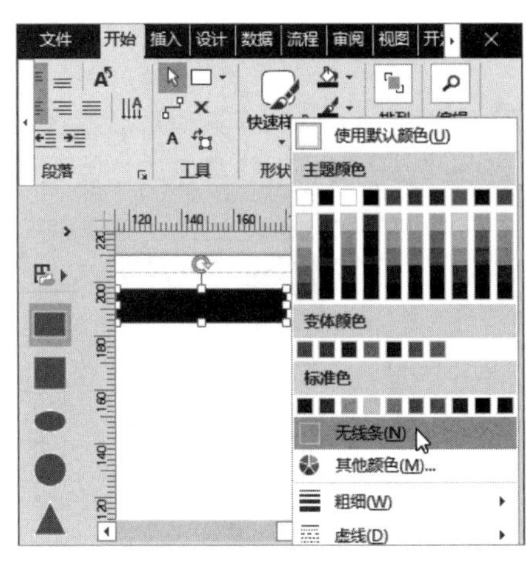

图 4-35

Step07 右击形状，在弹出的快捷菜单中选择“设置形状格式”菜单项，打开“设置形状格式”窗格，选择“效果”选项卡，展开“三维格式”选项，在“深度”区域下设置颜色为“紫色”，大小为 130 磅，如图 4-36 所示。

Step08 在“光源”区域下设置光源样式为“平衡”，如图 4-37 所示。

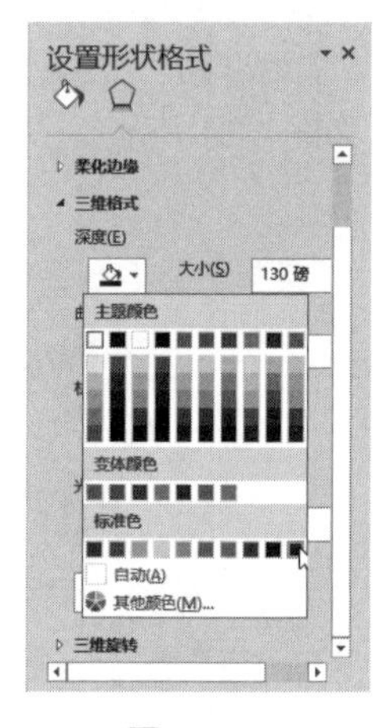

图 4-36

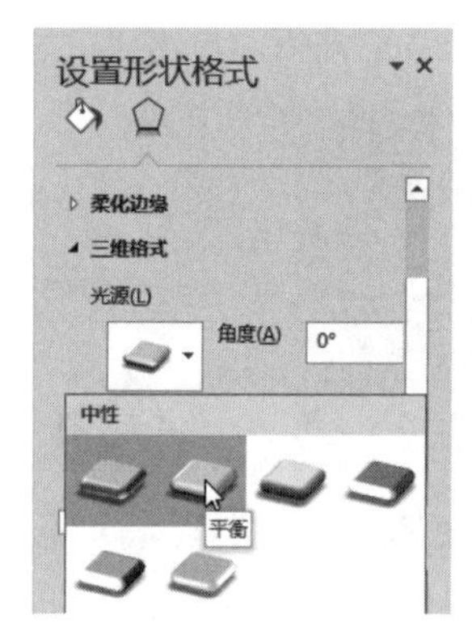

图 4-37

Step09 展开“三维旋转”选项，分别设置“X 旋转”“Y 旋转”和“透视”选项参数，如图 4-38 所示。

Step10 双击形状，输入文本，并设置字体为黑体，字号为 16pt，颜色为“白色”，如图 4-39 所示。

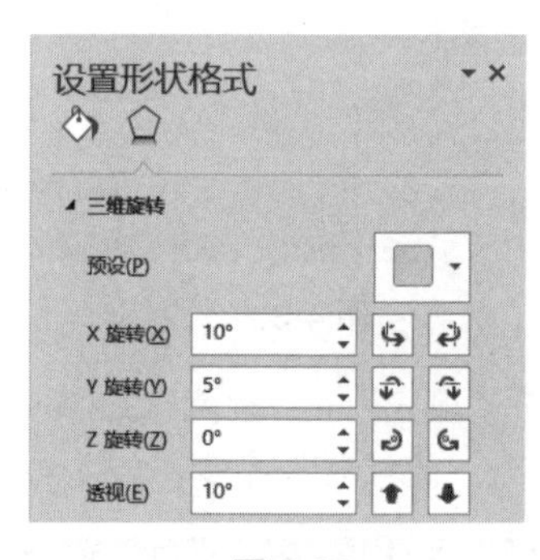

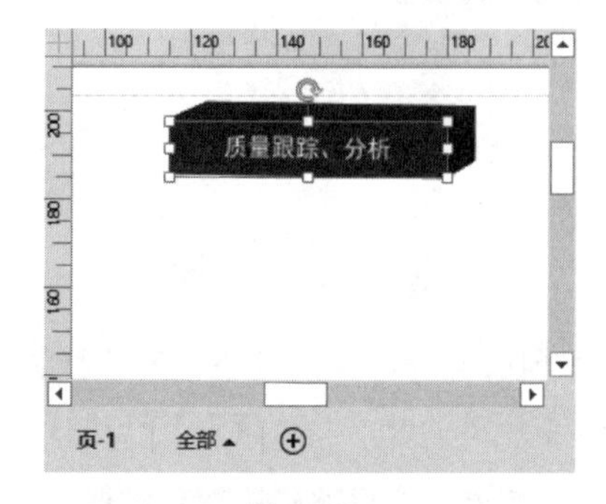

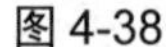

图 4-38　　图 4-39

Step11 使用相同方法制作其他矩形形状，如图 4-40 所示。

Step12 将“基本形状”模具中的“圆柱形”形状拖至绘图页中，如图 4-41 所示。

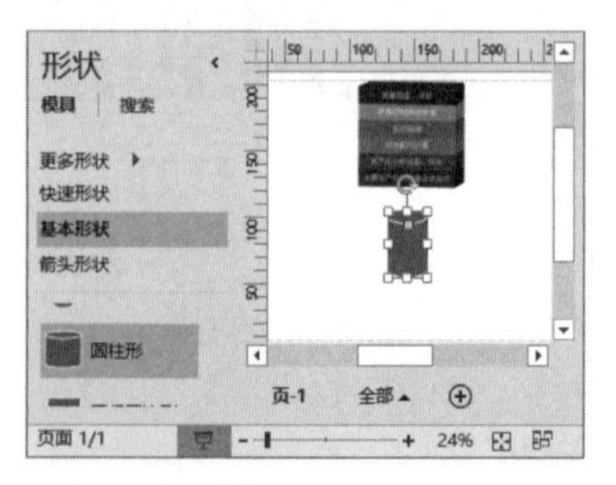

图 4-40　　图 4-41

Step13 选中圆柱形状，执行“开始”→“形状样式”→“填充”→“其他颜色”命令，弹出“颜色”对话框，在“标准”选项卡下选择一种颜色，如图 4-42 所示。

Step14 选中形状，执行“开始”→“形状样式”→“线条”→“黑色”命令，如图 4-43 所示。

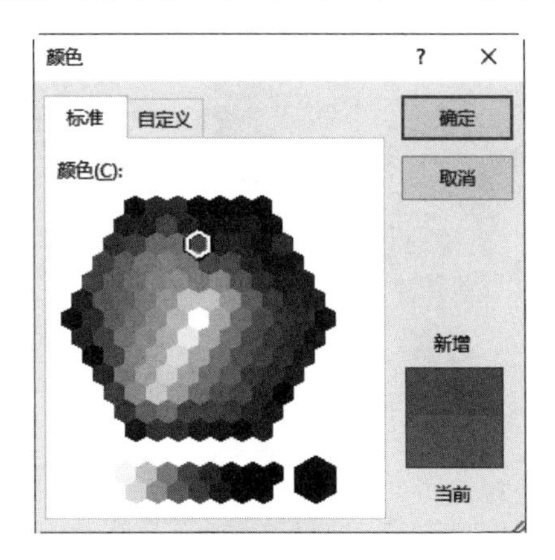

图 4-42

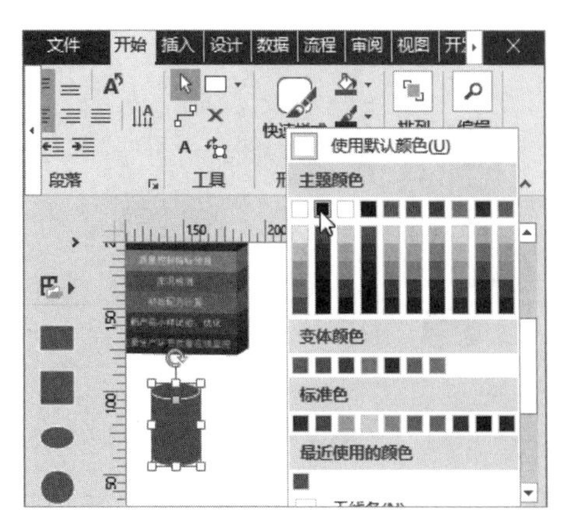

图 4-43

Step15 双击形状，输入文本，并设置字体为黑体，字号为 18pt，颜色为“白色”，如图 4-44 所示。

Step16 复制一个相同的圆柱体，修改大小和放置位置，输入文本，如图 4-45 所示。

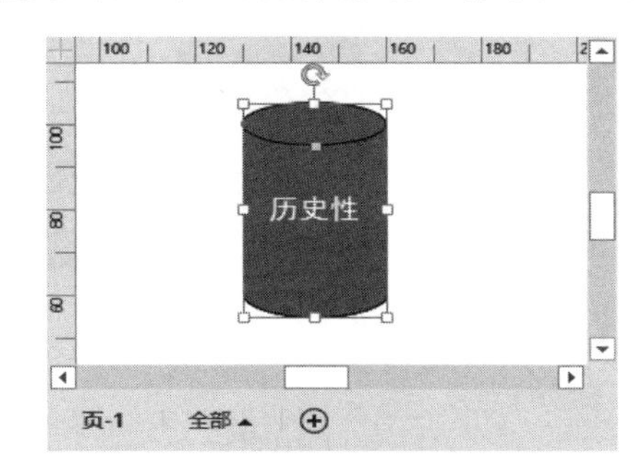

图 4-44

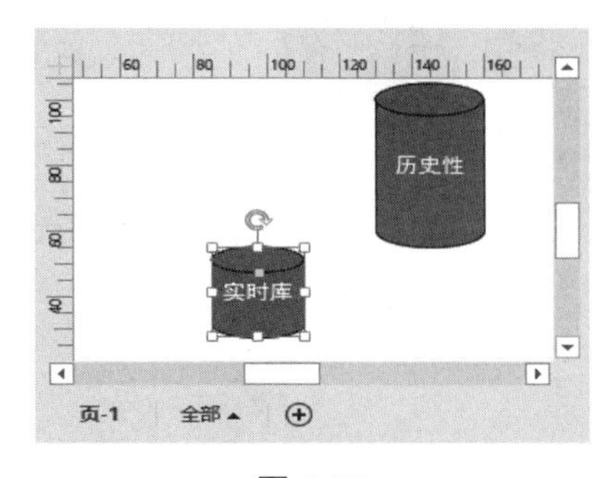

图 4-45

Step17 按照之前制作矩形的方法添加其他立体矩形形状，如图 4-46 所示。

Step18 将“基本形状”模具中的“矩形”形状拖至绘图页中，覆盖在已经绘制的两个矩形上方，设置填充效果为“无填充”选项，设置线条为“黑色”，并设置线条为“虚线”，如图 4-47 所示。

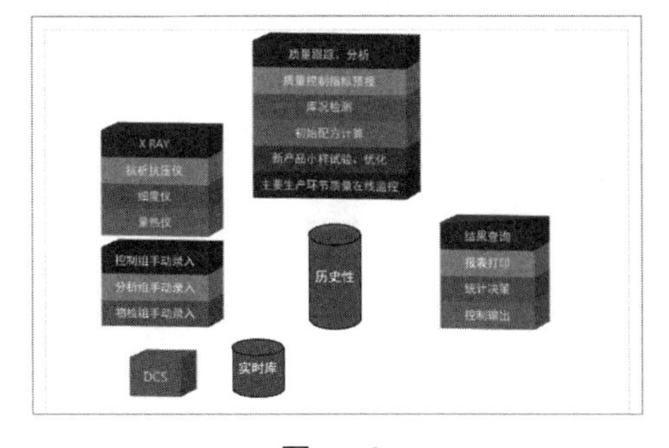

图 4-46

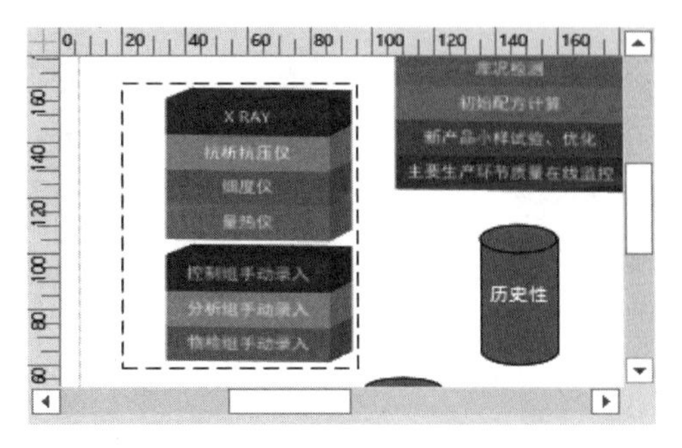

图 4-47

Step19 使用相同方法制作其他虚线矩形形状，如图 4-48 所示。

Step20 添加“连接符”模具，将“直线 - 弧线连接线”添加到绘图页中，并设置线条颜色为黑色，再将“一维双向箭头”和“肘形 1”形状拖至绘图页中，并为其设置填充颜色为“蓝色，着色 1，深色 50%”，如图 4-49 所示。

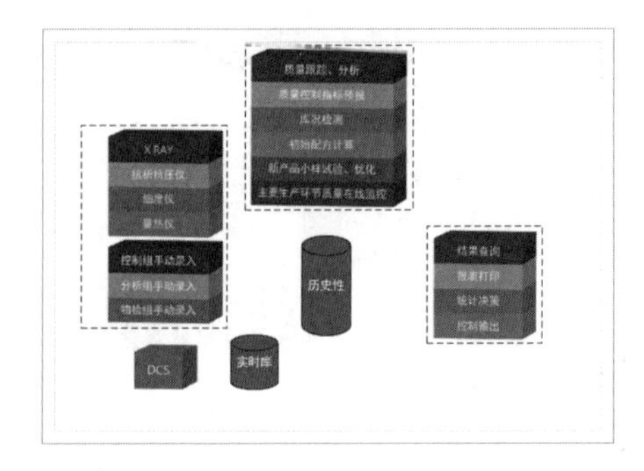

图 4-48

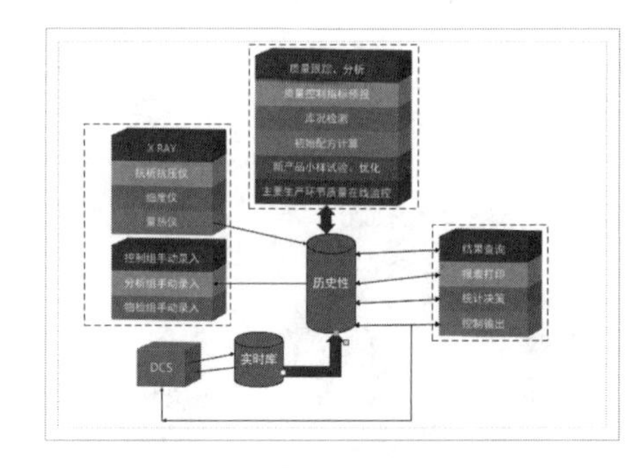

图 4-49

Step21 执行“开始”→“工具”→“文本”命令，在绘图页汇总绘制的文本块，输入文本内容并设置字体为黑体，字号为 16pt，颜色为“黑色”，如图 4-50 所示。

Step22 执行“设计”→“背景”→“背景”→“货币”命令，如图 4-51 所示。

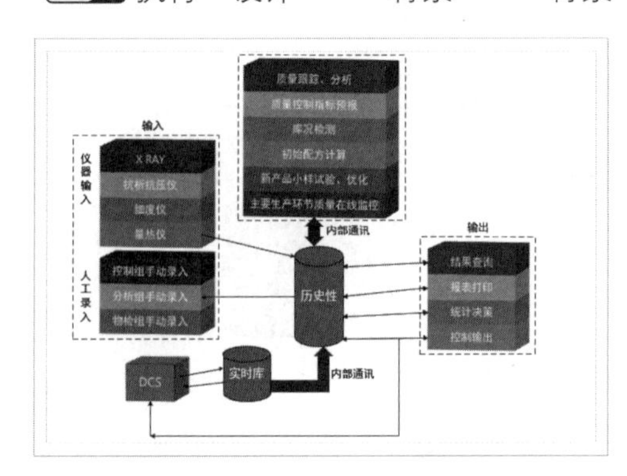

图 4-50

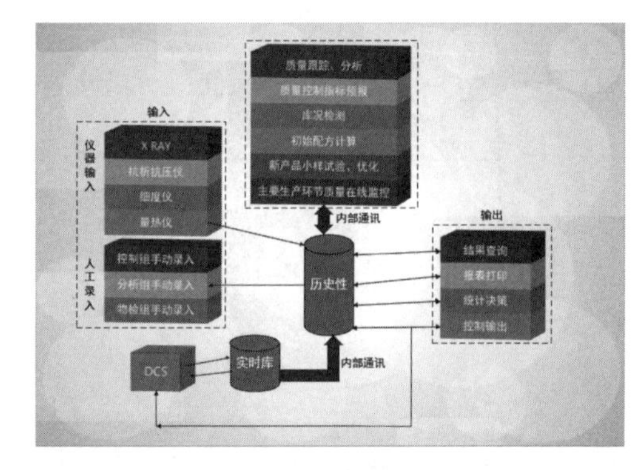

图 4-51

Step23 执行“设计”→“背景”→“边框和标题”→“凸窗”命令，输入标题文本，如图 4-52 所示。

Step24 最终效果如图 4-53 所示。

图 4-52

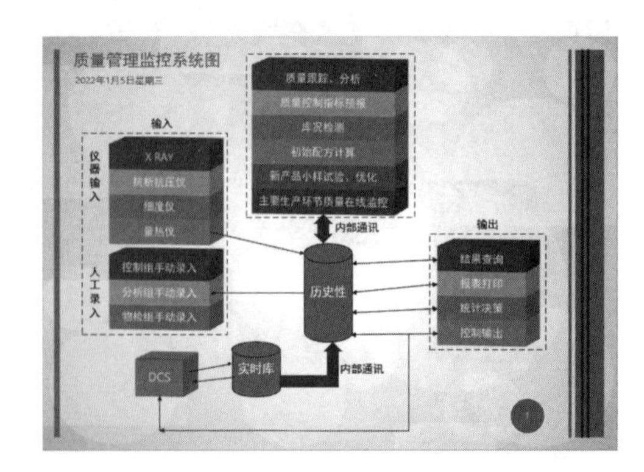

图 4-53

4.6　课后习题

一、填空题

1. 在绘图页中________需要添加文本的形状，系统会自动进入文字编辑状态（此时绘图页面的显示比例为 100%），在显示的文本框中直接输入相应的文字，按________键或单击其他区域即可完成文本的输入。

2. 用户可通过执行________命令，在形状中绘制文本框并输入文本。

3. 在绘图页中，执行________命令，拖动鼠标即可绘制一个水平方向的文本框，在该文本框中输入文字即可。

4. Visio 2016 为用户提供了显示系统日期、时间、几何图形等字段信息，默认情况下该字段信息为________状态。

5. 选择需要复制的文本，按________组合键复制文本，选择放置位置，按________组合键粘贴文本即可。

6. 选择需要删除的文本，按________键删除文本。

7. 用户也可以通过按________组合键的方法，来打开“查找”对话框。

8. Visio 2016 中的标注形状包括________、标注、________等，用户可通过执行相应的命令添加与粘贴标注。

二、选择题

1. 用户可以通过选择形状后按________组合键的方法，来为形状添加文本。

A. Ctrl+A

B. Ctrl+F2

C. F2

D. F4

2. 当复制与移动文本时，可以按________组合键移动文本。

A. Ctrl+A

B. Ctrl+C

C. Ctrl+Z

D. Ctrl+X

3. 在 Visio 2016 中，可以通过________组合键来打开“查找”对话框。

A. Ctrl+F

B. Ctrl+F1

C. Ctrl+F2

D. Ctrl+A

4. Visio 2016 中“开始”选项卡下“字体”组中的“居中”命令的快捷键为________。

A. Shift+Ctrl+L

B. Shift+Ctrl+C

C. Shift+Ctrl+R

D. Shift+Ctrl+J

5. 在“文本”对话框下的“文本框”选项卡中，“竖排文字”选项是用来调整________。

A. 文字颜色
B. 文字透明度
C. 文字间距
D. 文字方向

6. 当用户在“文本”对话框下的“段落”选项卡中，执行________选项时，可在文字中间添加线条。

A. 下画线
B. 删除线
C. 样式
D. 大小写

三、简答题

1. 如何设置制表位？
2. 如何创建图例？
3. 如何为文本设置项目符号？

第 5 章 使用图像和图表

本章要点

本章学习素材

- 插入图片
- 编辑图片
- 调整图片格式和效果
- 创建与编辑图表
- 图表布局

本章主要内容

微视频

本章主要介绍插入图片、编辑图片、调整图片格式和效果以及创建与编辑图表方面的知识与技巧，同时还讲解如何设置图表布局，在本章的最后还针对实际的工作需求，讲解绘制招标流程甘特图的方法。通过本章的学习，读者可以掌握使用图像和图表方面的知识，为深入学习 Visio 2016 知识奠定基础。

5.1 插入图片

Visio 除了可以通过各种模具中的形状展示绘图外，还可以通过插入图片的方法来增强绘图页的展现力。插入图片文件又可以理解为嵌入对象，在 Visio 2016 中，用户可以通过插入图片、照片或联机图片等方法，来增加绘图的整体美观性。

5.1.1 插入本地图片

插入本地图片是指插入本地硬盘中保存的图片，以及连接到本地计算机中的照相机或移动硬盘等设备中的图片。在绘图页中，执行“插入”→“插图”→“图片”命令，在弹出的“插入图片”对话框中选择图片文件，单击“打开”按钮即可插入图片，如图 5-1 所示。

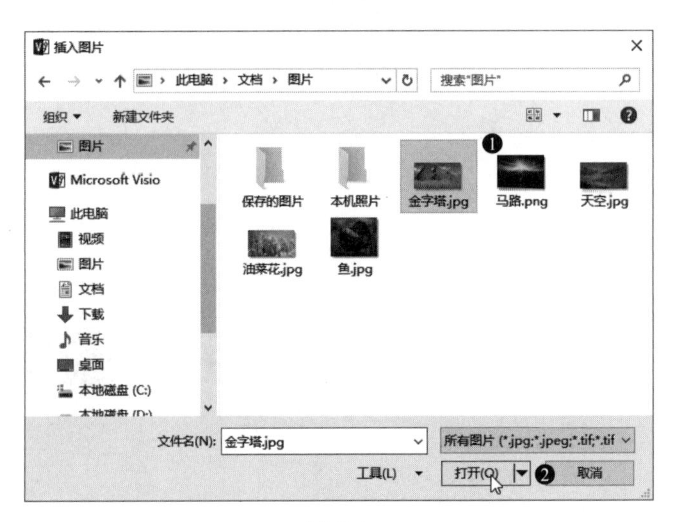

图 5-1

经验技巧：在“插入图片”对话框中，单击“打开”下拉按钮，在其列表中选择“以只读方式打开”选项，则表示以只读的方式插入图片。

5.1.2 插入联机图片

在 Visio 2016 中，系统将“联机图片”功能代替了“剪贴画”功能。通过“联机图片”功能可以在网络中搜索图片。

执行“插入”→“插图”→“联机图片”命令，在“必应图像搜索”搜索框中输入搜索内容，单击“搜索”按钮搜索联机图片，然后在搜索到的图片列表中选择需要插入的图片，单击“插入”按钮，如图 5-2 和图 5-3 所示。

图 5-2

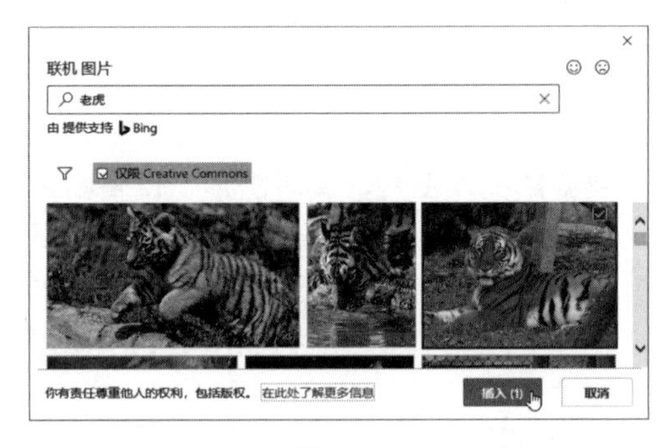

图 5-3

经验技巧：如果用户没有登录微软账户，在“插入图片”对话框中，将会只显示“必应图像搜索”这一项搜索内容。

5.2 编辑图片

为绘图页插入图片后，为了使图文更易于融合到形状中，也为了使图片更加美观，我们还需要对图片进行一系列的编辑操作，包括调整图片的大小和位置、旋转和裁剪图片以及调整图片的显示层次等。

微视频

5.2.1　调整大小和位置

为绘图页插入图片之后，用户会发现其插入的图片大小和位置是根据图片自身大小所显示的，为了使图片大小和位置适用于绘图页，用户需要调整图片的大小和位置。

1．调整图片大小

选择图片，此时图片四周将会出现 8 个控制点，将鼠标光标置于控制点上，当光标变成双向箭头形状时，拖动鼠标即可放大或缩小图片，如图 5-4 所示。

2．调整图片位置

选择图片，将光标放置于图片中，当光标变成四向箭头时拖动图片至合适位置，释放鼠标即可调整图片的位置，如图 5-5 所示。

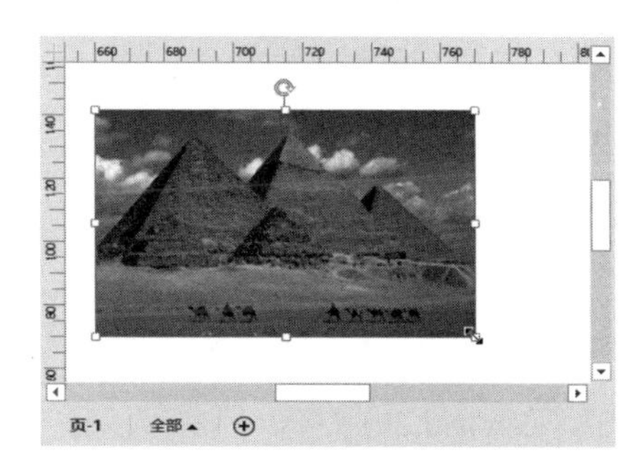

图 5-4

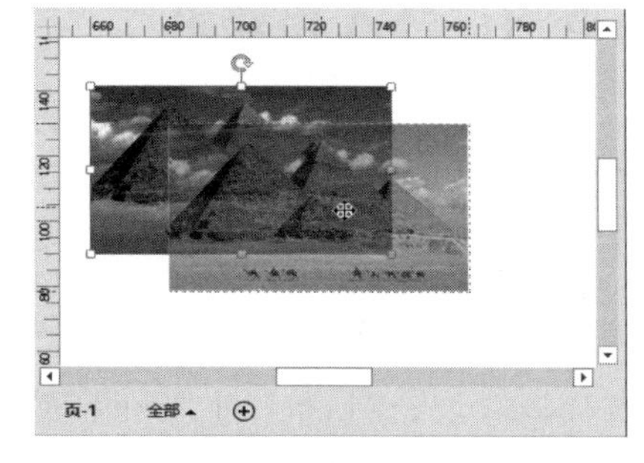

图 5-5

5.2.2　旋转和裁剪图片

调整完图片大小和位置之后，还需要对图片进行旋转、裁剪以及调整显示层次的操作。

1．旋转图片

选择图片，将光标移至图片上方的旋转点处，当光标变成形状时，按住鼠标左键拖动光标即可旋转图片，如图 5-6 所示。

2．裁剪图片

为了达到美化图片的实用性和美观性，还需要对图片进行裁剪，或将图片裁剪成各种形状。选择图片，执行“格式”→“排列”→“裁剪工具”命令，将光标移至图片四周，当光标变成双向箭头时，拖动鼠标即可裁剪图片，如图 5-7 所示。

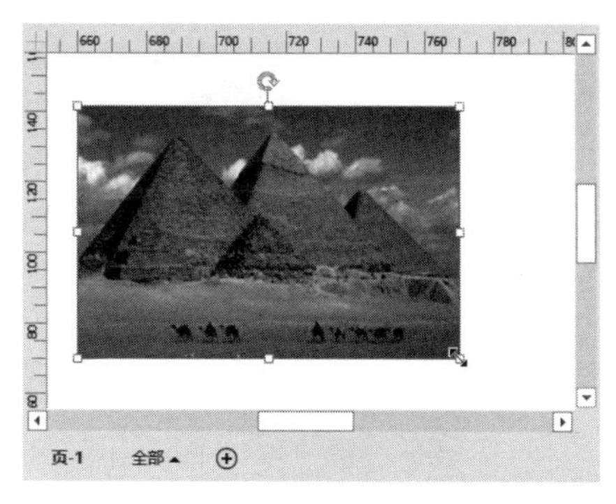

图 5-6

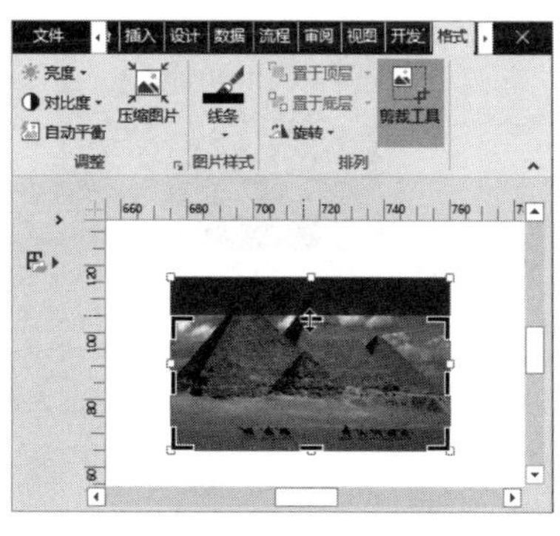

图 5-7

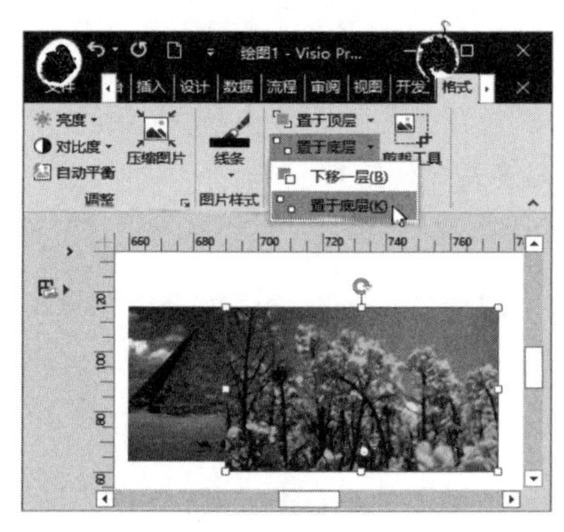

图 5-8

5.2.3 调整显示层次

当绘图页中存在多个对象时，为了突出显示图片对象的完整性，还需要设置图片的显示层次。选择图片，执行“格式”→“排列”→“置于底层”→“置于底层”命令，将图片放置于所有对象的最上层，如图 5-8 所示。

用户也可以选择图片，执行“格式”→“排列”→“置于顶层”→“上移一层”命令，将图片放置于对象的上层。

经验技巧：用户可以右击图片，执行“设置形状格式”命令，将图片以对象的方式设置格式。

5.3 调整图片格式和效果

在 Visio 2016 中，除了可以通过调整图片大小、位置和层次等来美化图片外，还可以通过设置图片的亮度、对比度，以及图片的线条样式和阴影、映像等操作，来增加图片的亮度和色彩等。

微视频

5.3.1 调整图片的色彩

好的图片色彩可以增加图片的艺术性和美观性，在 Visio 2016 中，用户可以通过调整图片的亮度、对比度和自动平衡性效果等，来增加图片的色彩。

1. 调整图片的亮度

Visio 2016 内置了 9 种图片亮度效果，选择图片后执行“格式”→“调整”→“亮度”命令，在其级联菜单中选择一种选项即可，如图 5-9 所示。

2. 调整图片的对比度

Visio 2016 内置了 9 种图片对比效果，选择图片后执行“格式”→“调整”→“对比度”命令，在其级联菜单中选择一种选项即可，如图 5-10 所示。

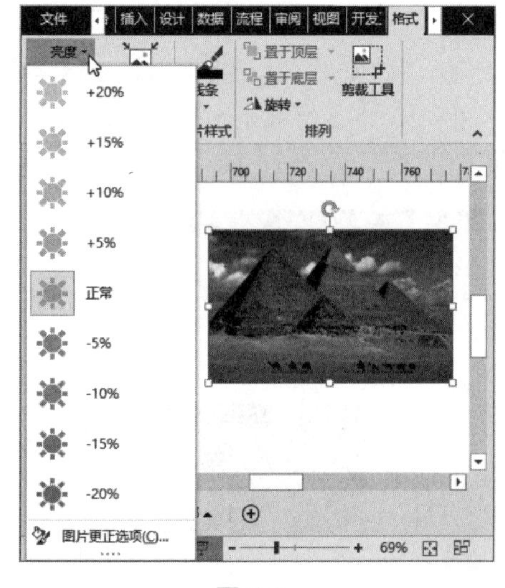

图 5-9

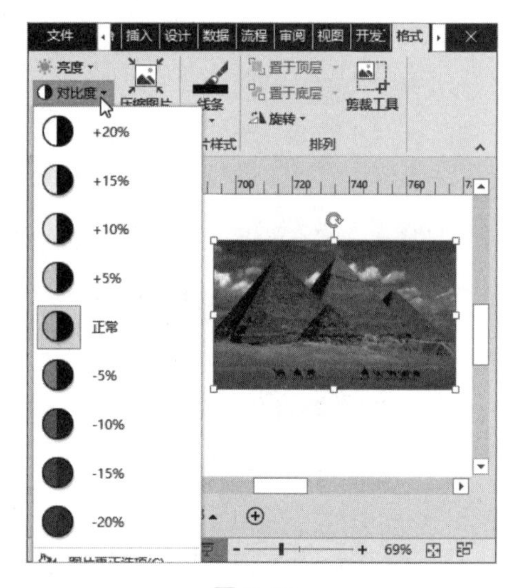

图 5-10

3. 调整图片的自动平衡效果

自动平衡效果可以自动调整图片的亮度、对比度和灰度系数。选择图片后执行“格式”→“调整”→“自动平衡”命令即可，如图 5-11 所示。

4. 调整图片的综合效果

单击“调整”选项组中的“对话框启动器”按钮，在弹出的“设置图片格式”对话框中自定义图片的亮度、对比度、灰度系数，以及透明度、虚化等图片效果，如图 5-12 所示。

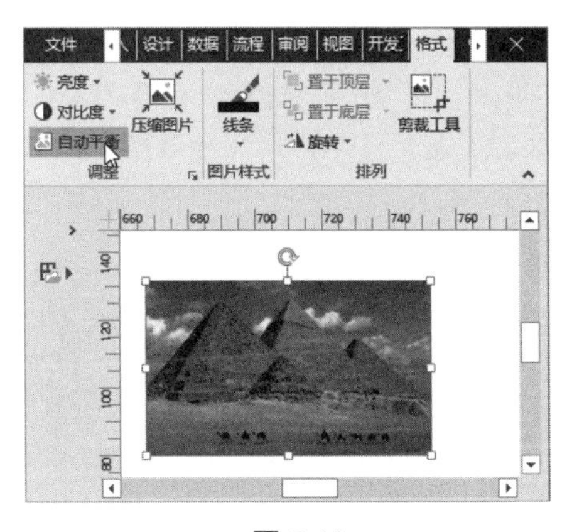

图 5-11

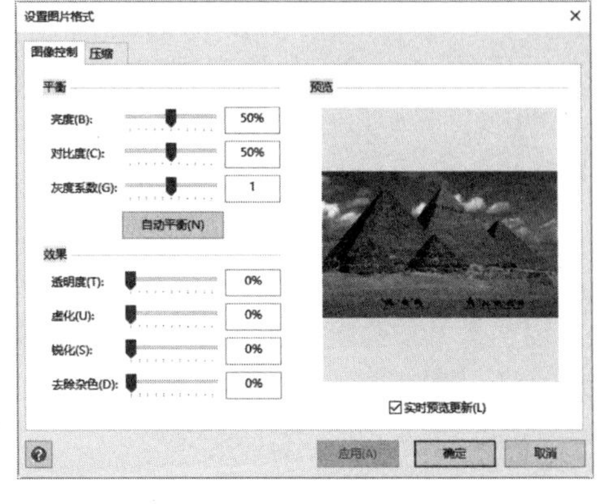

图 5-12

在“图片控制”选项卡中，各选项的功能如下。

- 亮度：用来设置图片的亮度，即调整颜色的黑色或白色百分比值。百分比越高，图片中的颜色越浅（越白）；百分比越低，图片中的颜色越深（越黑）。
- 对比度：用来设置图片的对比度，以及调整图片的最浅和最深部分之间的差异程度。百分比越高，图片中的颜色对比越强烈；百分比越低，颜色越相似。
- 灰度系数：用来调整图片的灰度级别（中间色调）。数字越高，中间色调越浅。
- 自动平衡：自动调整所选图片的亮度、对比度和灰度系数设置。
- 透明度：用来设置图片的透明度。0 表示完全不透明，100% 表示完全透明。
- 虚化：使轮廓鲜明的边线或区域变模糊以减少细节。百分比越高，图片越模糊。
- 锐化：使模糊的边线变得轮廓鲜明以提高清晰度或突出焦点。百分比越高，图片轮廓越鲜明。
- 去除杂质：去除杂色（斑点）。百分比越高，图片中的杂色越少。使用此选项可减少扫描的图像或通过无线传输收到的图像中可能出现的杂色。
- 实时预览更新：根据各选项的调整，及时更新预览图像。

5. 压缩图片

压缩图片是通过压缩图片来减小图片的大小。选择图片，执行“格式”→“调整”→“压缩图片”命令，在弹出的“设置图片格式”对话框的“压缩”选项卡中，设置参数，如图 5-13 所示。

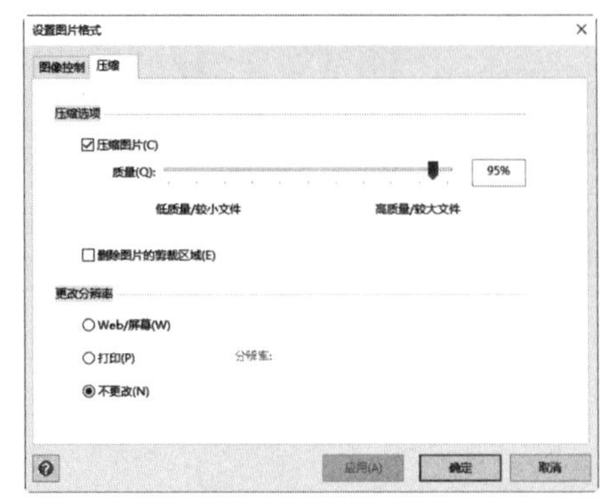

图 5-13

“压缩”选项卡中各选项的功能如下。

- “压缩图片”复选框：表示将 JPEG 压缩应用到图像，从而减小增强色图片的文件大小，但也可能导致图像质量下降。
- “删除图片的剪裁区域”复选框：通过放弃图像的剪裁区域来减小图像大小。
- “Web/ 屏幕”单选按钮：表示将输出分辨率更改为每英寸 96 点（dpi）。
- “打印”单选按钮：表示将输出分辨率更改为每英寸 200 点（dpi）。“分辨率”表示以每英寸点数（dpi）为单位显示分辨率。分辨率越高，提供的内容越详细，文件也会越大。
- “不更改”单选按钮：保留当前图像分辨率。

知识常识：选择图片，执行“格式”→“调整”→“亮度”→“图片更正选项”命令，用户可以在弹出的“设置图片格式”对话框中，自定义图片的亮度值。选择图片，执行“格式”→“调整”→“对比度”→“图片更正选项”命令，在弹出的“设置图片格式”对话框中，用户可以自定义图片的亮度值。

5.3.2 设置线条格式

除了调整图片的亮度、对比度和灰度系数之外，还可以通过设置图片线条样式的方法，来增加图片的整体美观度。

1. 设置纯色填充

选择图片，执行“格式”→“图片样式”→“线条”命令，在其列表中选择一种线条颜色，如图 5-14 所示。

2. 设置线条样式

选择图片，执行“格式”→“图片样式”→“线条”→“粗细”和“虚线”命令，在其列表中选择一种选项，即可设置图片线条的粗细度和虚线类型。

选择图片，执行“格式”→“图片样式”→“线条”→“线条选项”命令，在弹出的“设置形状格式”任务窗格中，展开“线条”选项，通过设置其宽度、复合类型、短画线等选项，来自定义线条的样式，如图 5-15 所示。

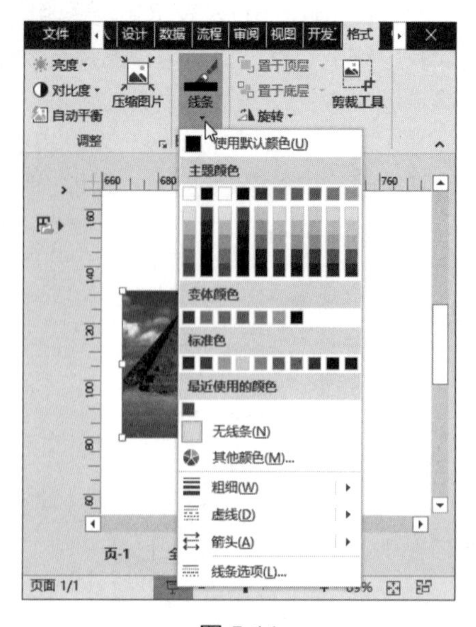

图 5-14

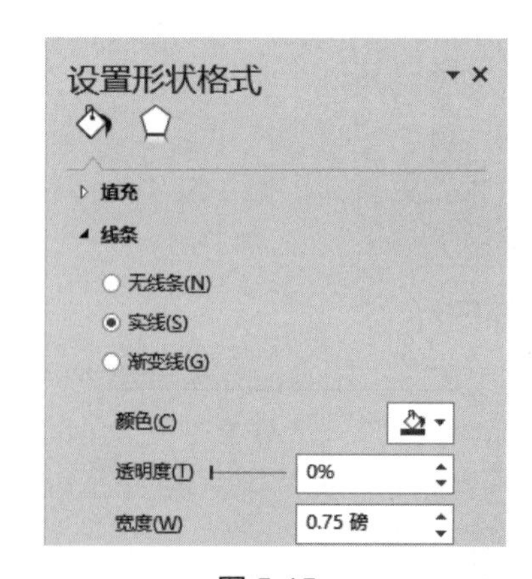

图 5-15

3．设置渐变填充

选择图片，执行“格式”→“图片样式”→“线条”→“线条选项”命令，在弹出的“设置形状格式”窗格中，展开“线条”选项，选中“渐变线”单选按钮，在其列表中设置渐变选项即可，如图 5-16 所示。

经验技巧：用户可通过执行“格式”→“图片样式”→“线条”→“其他颜色”命令，来自定义纯色填充。为图片设置线条样式后，执行“格式”→“图片样式”→“线条”→“无线条”命令，可取消线条样式。

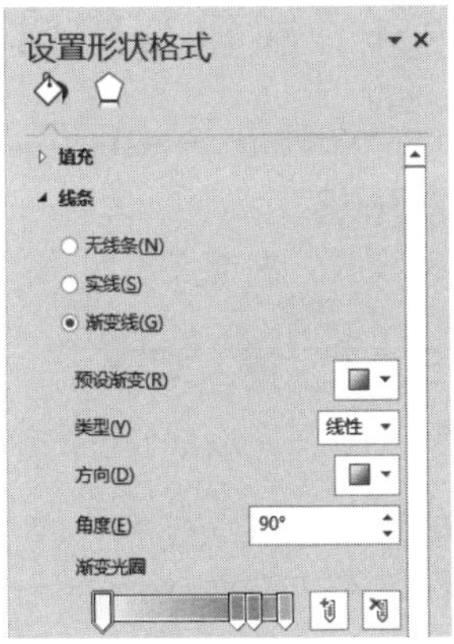

图 5-16

5.3.3 设置图片的艺术效果

在 Visio 2016 中，用户可以像设置形状那样设置图片的阴影、映像、发光、柔化边缘、三维格式等显示效果，以增强图片的整体美观度。

1．设置阴影效果

选择图片后右击，在弹出的快捷菜单中选择“设置形状格式”菜单项，在弹出的“设置形状格式”窗格中选择“效果”选项卡，展开“阴影”选项，设置阴影的透明度、颜色、大小等选项，如图 5-17 所示。

2．设置映像效果

选择图片后右击，在弹出的快捷菜单中选择“设置形状格式”菜单项，在弹出的“设置形状格式”窗格中选择“效果”选项卡，展开“映像”选项，设置映像的透明度、颜色、大小等选项即可，如图 5-18 所示。

3．设置发光效果

选择图片后右击，在弹出的快捷菜单中选择“设置形状格式”菜单项，在弹出的“设置形状格式”窗格中选择“效果”选项卡，展开“发光”选项，设置发光的颜色、大小和透明度选项，如图 5-19 所示。

图 5-17

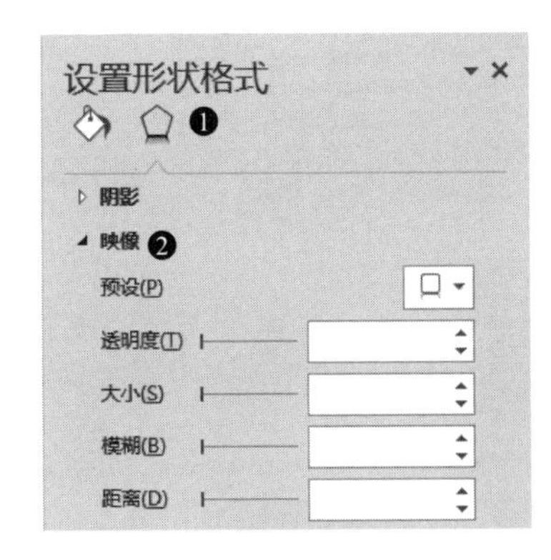

图 5-18

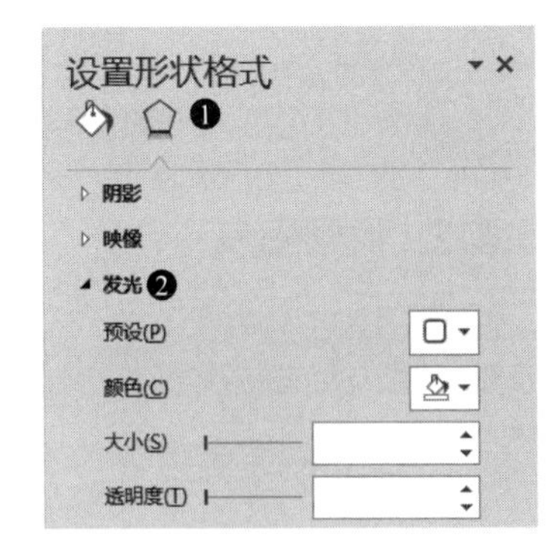

图 5-19

经验技巧：在“阴彩”列表中单击“预设”下拉按钮，在下拉列表中选择一种选项，即可快速应用内置的阴影效果。在“映像”列表中单击“预设”下拉按钮，在其下拉列表中选择“无映像”选项，即可取消所设置的映像效果。

5.4 创建与编辑图表

图表是一种描述数据的方式，可以将表中的数据转换为各种图形信息。在 Visio 2016 中，用户可以插入图表来分析表格中的数据，从而使表格数据更具有层次性与条理性，并能及时反映数据之间的关系与变化趋势。

微视频

5.4.1 插入图表

Visio 2016 为用户提供了图表功能，该功能是利用 Excel 提供的一些高级绘图功能。一般情况下，用户可以通过下列两种方法为绘图页插入图表。

1. 创建图表

在 Visio 2016 中创建图表时，其实是在 Excel 中编辑图表数据，并将图表数据与 Visio 保存在一起。执行“插入”→“插图”→“图表”命令，系统会自动启动 Excel 显示图表，如图 5-20 所示。此时在 Excel 工作表中包含图表与图表数据两个工作表。

2. 粘贴图表

在 Visio 2016 中，用户还可以将已保存的 Excel 图表直接粘贴到 Visio 图表中，并使被粘贴图表与 Excel 文件保持链接。此时用户只能在 Excel 中修改图表数据，并在 Visio 中刷新数据。

打开 Excel 工作表，创建图表并保存工作表，复制 Excel 图表，切换到 Visio 中，执行“开始”→“剪贴板”→“粘贴”命令，即可将 Excel 中的图表粘贴到 Visio 中，如图 5-21 所示。

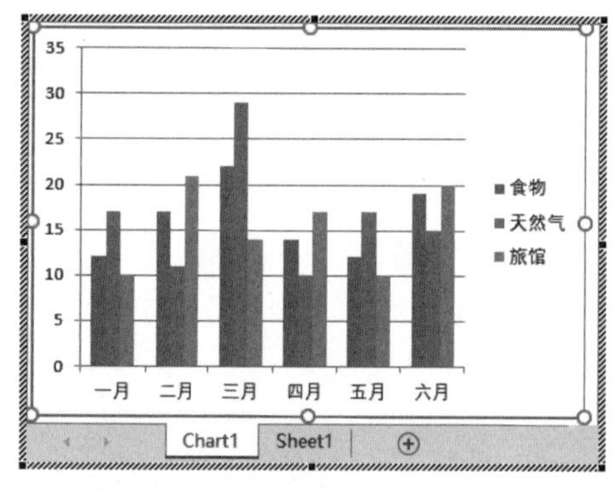

图 5-20

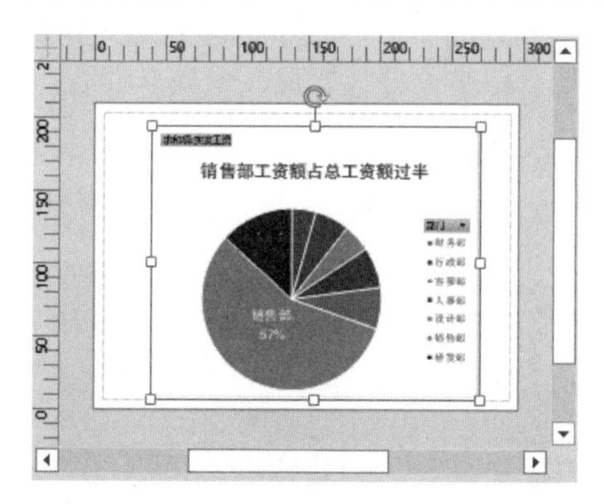

图 5-21

5.4.2 调整图表

在绘图页中创建完图表后，需要通过调整图表的位置、大小与类型等操作，来使图表符合绘图页的布局与数据要求。

1. 调整图表的位置

默认情况下，插入的 Excel 图表被放置在单独的工作表中，此时用户可以将该工作表调整为嵌入式图表，即将图表移动至数据工作表中。选择图表，在 Excel 中执行“设计”→“位置”→“移动图表”命令，在弹出的“移动图表”对话框中选择图表放置位置即可，如图 5-22 所示。

2. 调整图表的大小

将图表移动到数据工作表中，即可像在 Excel 工作表中那样调整图表的大小了。一般情况下主要包括以下三种方法。

- 使用“大小”选项组：选择图表，在“格式”选项卡下的“大小”选项组中，在“高度”与“宽度”微调框中分别输入调整数值即可。
- 使用“设置图表区格式”窗格：执行“格式”→“大小”→“对话框启动器”命令，在弹出的“设置图表区格式”对话框中，设置“高度”与“宽度”选项值即可，如图 5-23 所示。

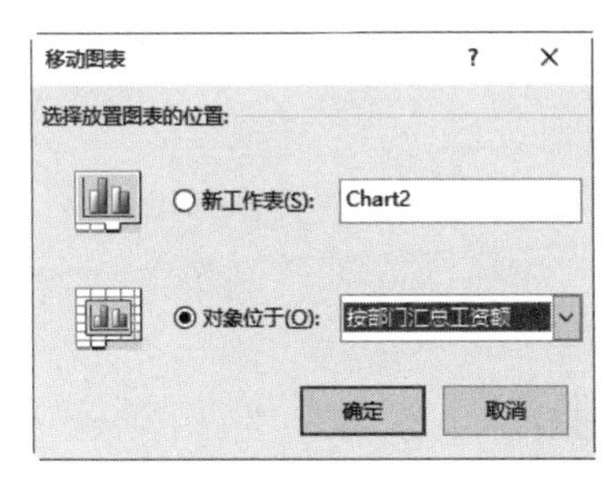

图 5-22

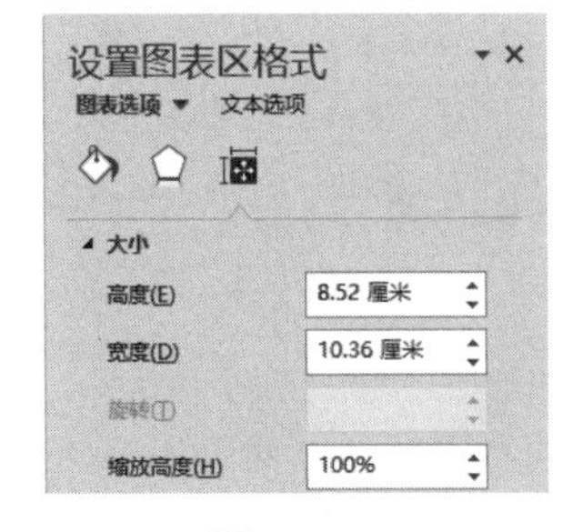

图 5-23

- 手动调整：选择图表，将光标置于图表区边界中的控制点上，当光标变成双向箭头时拖动鼠标即可调整大小。

3. 更改图表类型

更改图表类型是将图表由当前的类型更改为另外一种类型，通常用于多方位分析数据。选中图表，执行“设计”→“类型”→“更改图表类型”命令，在弹出的“更改图表类型”对话框中选择一种图表类型即可，如图 5-24 所示。

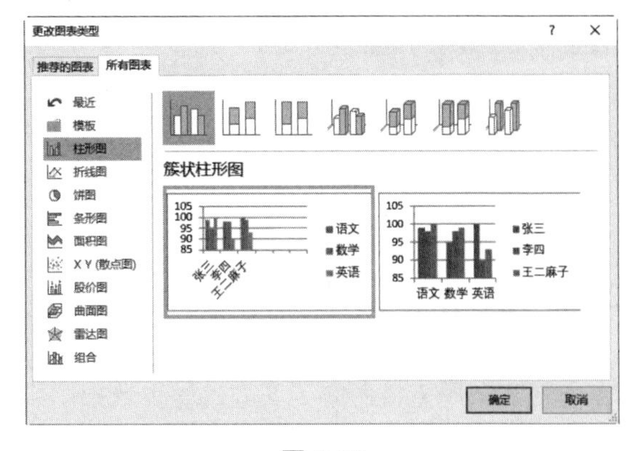

图 5-24

5.4.3　编辑图表数据

创建图表之后，为了达到详细分析图表数据的目的，用户还需要对图表中的数据进行选择、添加与删除操作，以满足分析各类数据的要求。

1. 编辑现有数据

双击图表对象，此时系统会自动切换到 Excel 界面中，选择图表数据工作表，在该工作表中编辑图表数据即可，如图 5-25 所示。

2. 添加数据区域

选择图表，执行“数据”→“选择数据”命令，单击“添加”按钮，在弹出的“编辑数据系列”对话框中分别设置“系列名称”和“系列值”选项，如图 5-26 所示。

3. 删除数据区域

对于图表中多余的数据，也可以对其进行删除。选择表格中需要删除的数据区域，按 Delete 键即可删除工作表和图表中的数据。若用户选择图表中的数据，按 Delete 键，只会删除图表中的数据，不能删除工作表中的数据。

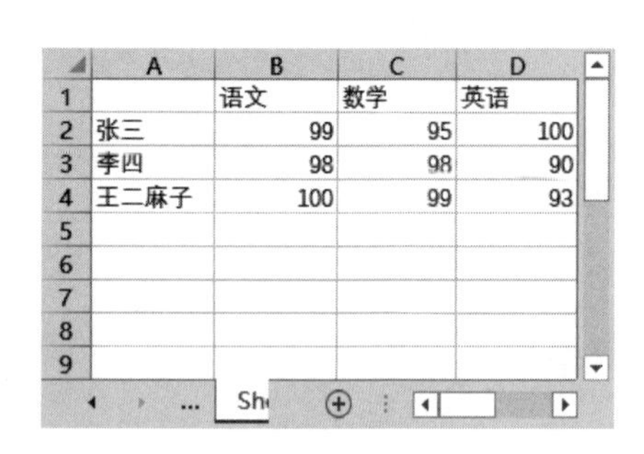

	A	B	C	D
1		语文	数学	英语
2	张三	99	95	100
3	李四	98	98	90
4	王二麻子	100	99	93
5				
6				
7				
8				
9				

图 5-25

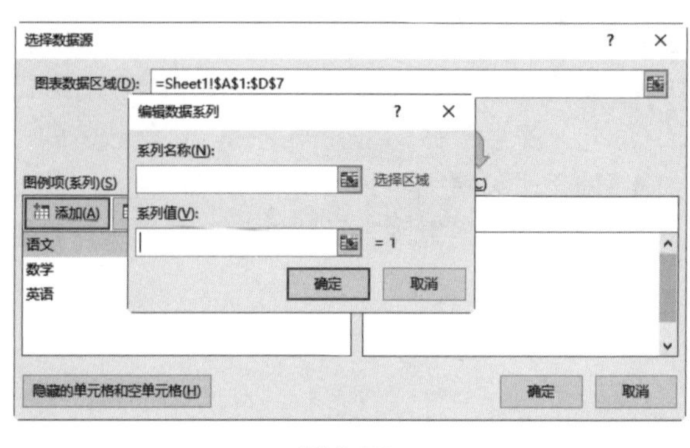

图 5-26

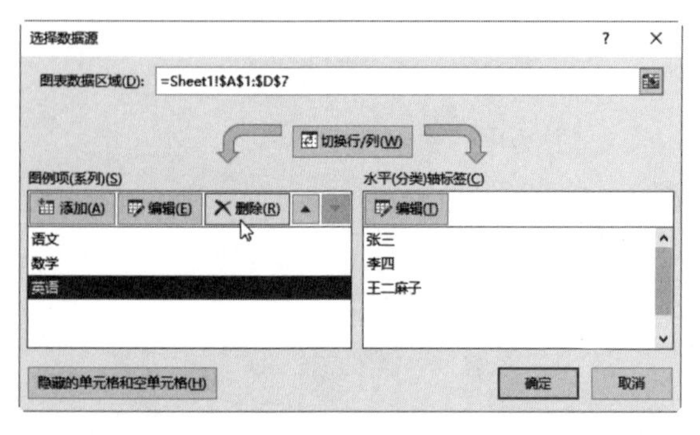

图 5-27

选择图表，执行“图表工具”→“数据”→“选择数据”命令，在弹出的“选择数据源”对话框的“图例项（系列）”列表框中，选择需要删除的系列名称，并单击“删除”按钮即可，如图 5-27 所示。

知识常识：在“编辑数据系列”对话框的“系列名称”和“系列值”文本框中直接输入数据区域，也可以选择相应的数据区域。用户也可以选择图表，通过在图表中拖动数据区域的边框，来删除图表数据。

5.5 图表布局

图表布局直接影响到图表的整体效果，用户可以根据工作习惯设置图表的布局以及图表样式，从而达到美化图表的目的。本节将详细介绍使用预定义图表布局以及自定义图表布局等内容。

微视频

5.5.1 使用预定义图表布局

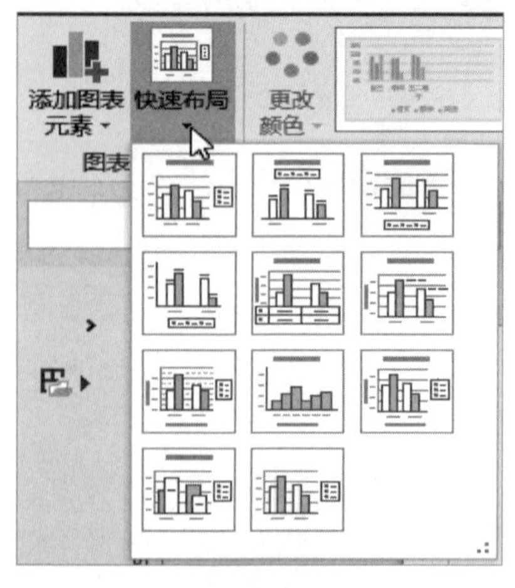

图 5-28

用户可以使用 Excel 提供的内置图表布局样式来设置图表布局。选择图表，执行“设计”→“图表布局”→“快速布局”命令，在其级联菜单中选择相应的布局，如图 5-28 所示。

5.5.2 自定义图表布局

除了使用预定义图表布局之外，用户还可以通过手动设置来调整图表元素的显示方式。

1. 设置图表标题

选择图表，执行“设计”→“图表布局”→“添加图表元素”→“图表标题”命令，在其级联菜单中选择相应的布局，如图 5-29 所示。

2. 设置数据表

选择图表，执行“设计”→“图表布局”→“添加图表元素”→“数据表”命令，在其级联菜单中选择相应的选项即可，如图 5-30 所示。

3. 设置数据标签

选择图表，执行“设计”→“图表布局”→“添加图表元素”→“数据标签”命令，在其级联菜单中选择相应的选项即可，如图 5-31 所示。

经验技巧：“图表标题”级联菜单中的“居中覆盖”选项表示在不调整图表大小的基础上，将标题以居中的方式覆盖在图表上。

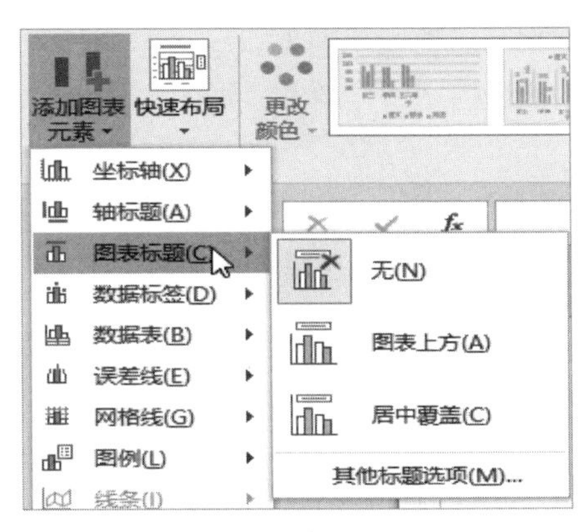

图 5-29

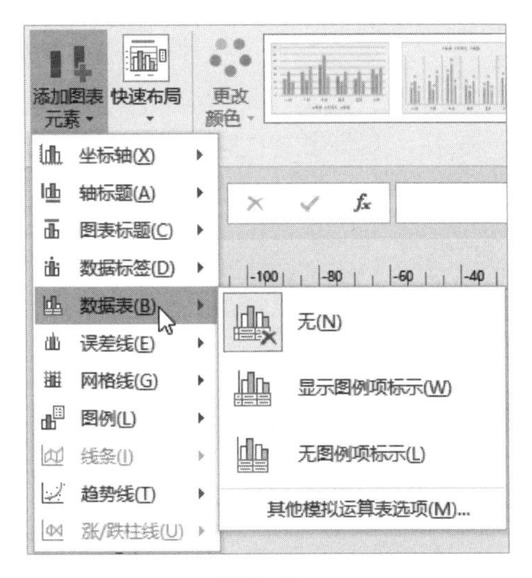

图 5-30

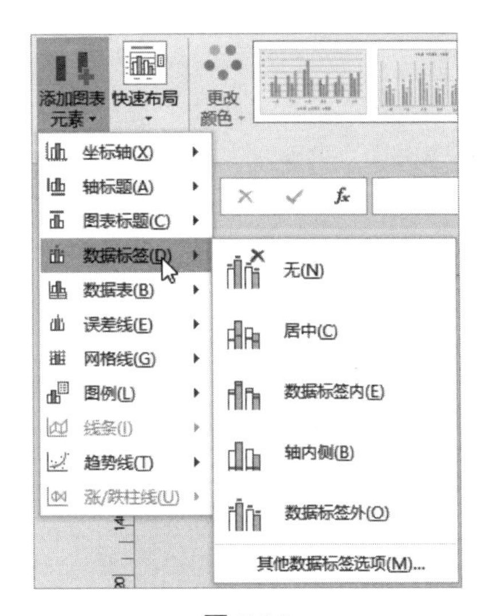

图 5-31

5.6　课堂练习——制作招标流程甘特图

甘特图是一个水平条形图，常用于项目管理，其作用类似于 Visio 中的“项目管理”类型的“甘特图”模板。本练习将运用 Visio 中的插入图表功能，来制作一份显示招标流程任务进度的甘特图。

微视频

实例文件保存路径：配套素材\效果文件\第 5 章
实例效果文件名称：招标流程甘特图 .vsdx

Step01 启动 Visio 2016，新建空白文档，将纸张方向设置为横向，执行“插入”→“插图”→“图表”命令，如图 5-32 所示。

Step02 在 Excel 组件中，单击状态栏中的 Sheet1 标签，切换到该工作表内，输入图表基础数据，如图 5-33 所示。

图 5-32

Step03 选中图表，执行“设计”→“类型”→“更改图表类型”命令，在弹出的“更改图表类型”对话框中选择“堆积条形图”图表，如图 5-34 所示。

	A	B	C	D
1	任务名称	开始时间	工期	
2	获取招标号	2022/6/29	3	
3	发布公告	2022/7/2	4	
4	联系设计单位	2022/7/8	3	
5	准备资格预审申请书	2022/7/13	7	
6	收取资格预审通知书	2022/7/22	4	
7	资格审查	2022/7/28	3	
8	符合性审查	2022/7/31	2	
9	强制性审查	2022/8/4	3	
10	确定投标单位名称	2022/8/8	3	
11	确定招标主要条件	2022/8/12	3	

图 5-33

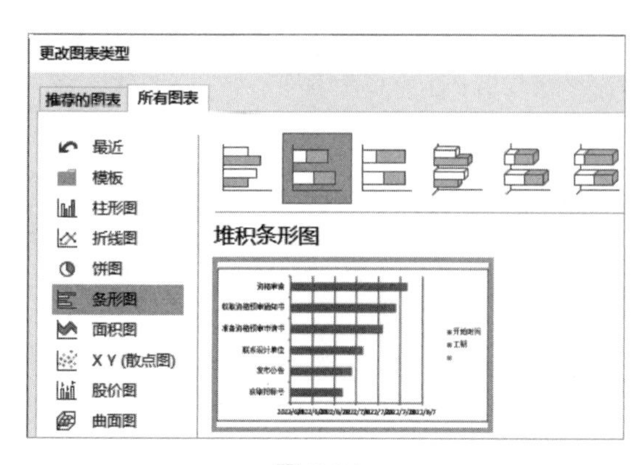

图 5-34

Step04 执行“设计”→“数据”→“选择数据”命令，在弹出的“选择数据源”对话框中，选中“空白系列”选项，单击“删除”按钮，如图 5-35 所示。

Step05 选中“开始时间”选项，单击“编辑”按钮，在弹出的“编辑数据系列”对话框中编辑系列值，如图 5-36 所示。使用同样的方法编辑“工期”系列值。

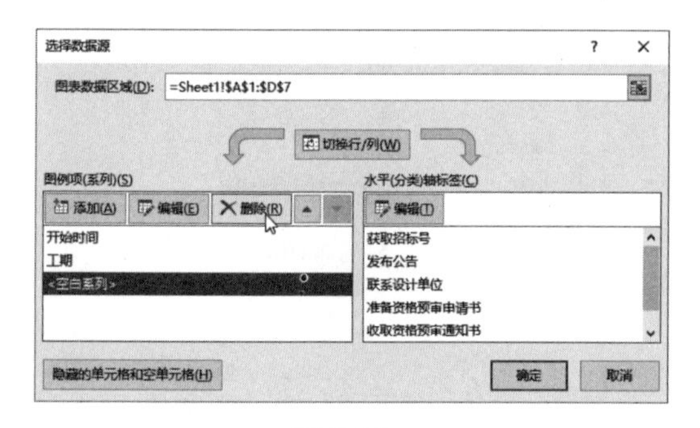

图 5-35

图 5-36

Step06 在“水平（分类）轴标签”列表框中单击“编辑”按钮，弹出“轴标签”对话框，编辑轴标签区域，如图 5-37 所示。

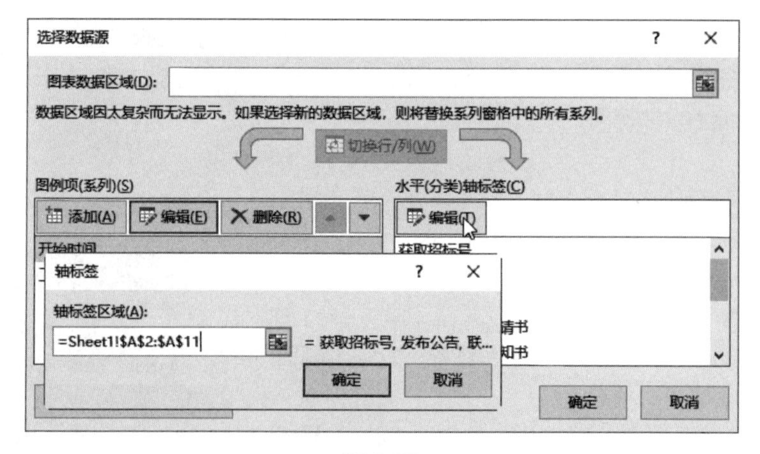

图 5-37

Step07 删除图例，双击“垂直（类别）轴”数据，打开“设置坐标轴格式”窗格，选中“横坐标轴交叉”区域下的“最大分类”单选按钮，勾选“逆序类别”复选框，如图 5-38 所示。

Step08 双击“开始时间”数据系列，在“填充”选项卡中选中“无填充”单选按钮，如图 5-39 所示。

图 5-38

图 5-39

Step09 双击“垂直（类别）轴”数据，在“数字”选项中将日期格式设置为“3 月 14 日”，如图 5-40 所示。

Step10 执行“设计”→“主题”→“线性”命令，为图表添加主题效果，如图 5-41 所示。

图 5-40

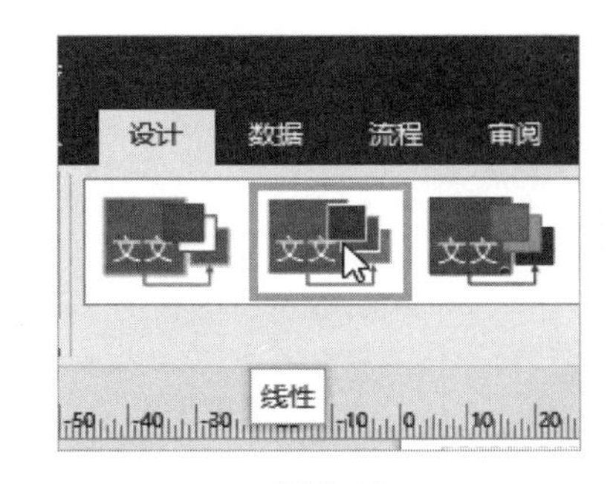

图 5-41

Step11 执行“设计”→“背景”→“背景”→“货币”命令，为图表添加背景，如图 5-42 所示。

Step12 执行“设计”→“背景”→“边框和标题”→“凸窗”命令，如图 5-43 所示。

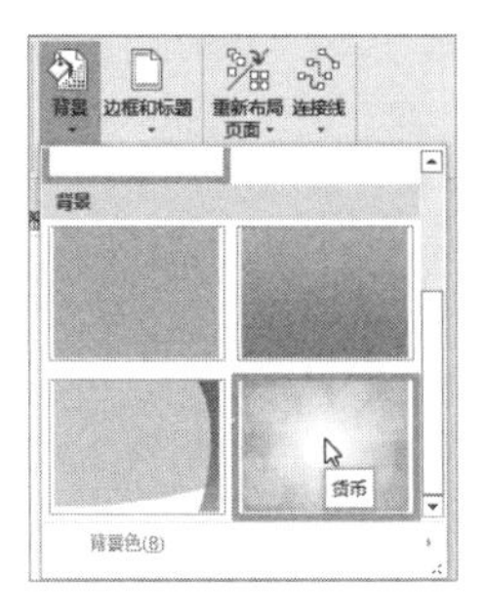

图 5-42

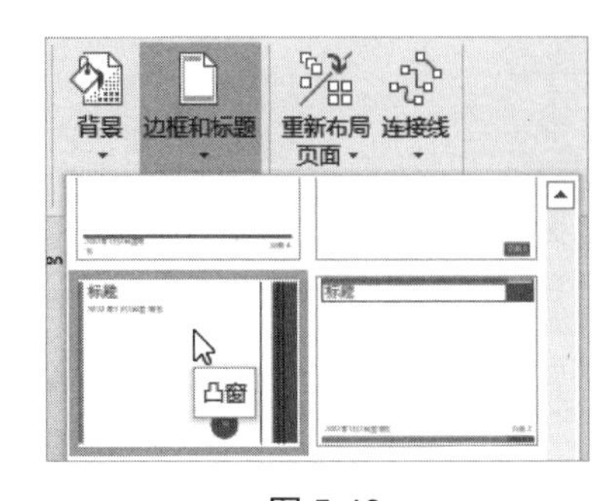

图 5-43

Step13 选中“背景 -1”标签页，双击标题输入文本，如图 5-44 所示。

Step14 选中形状，执行“开始”→“形状样式”→“线条”→“黑色”命令，如图 5-45 所示。

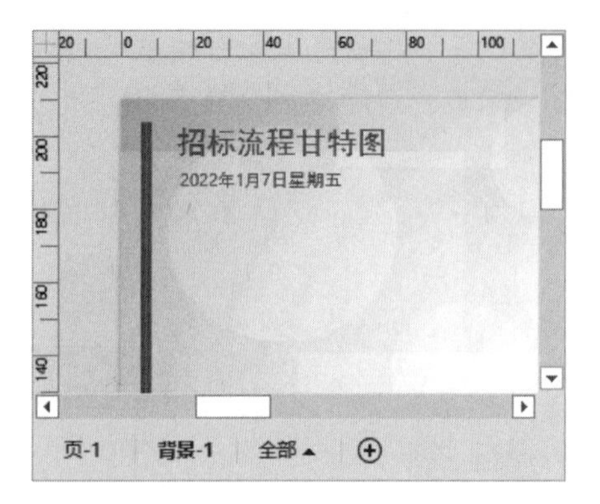

图 5-44

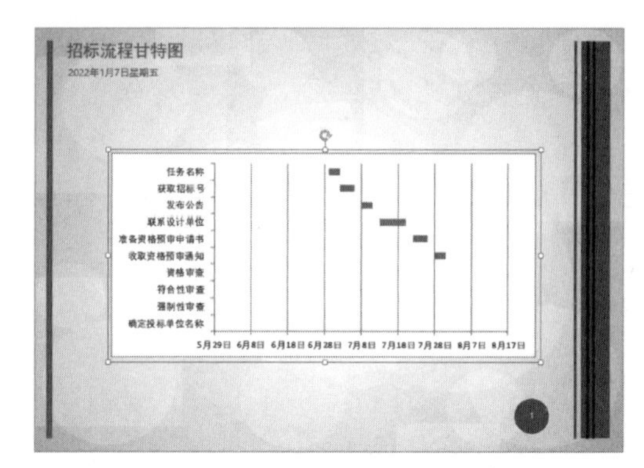

图 5-45

5.7　课后习题

一、填空题

1. 在 Visio 2016 中，系统将________功能代替了“剪贴画”功能。

2. 在 Visio 2016 中，用户可以像设置形状那样设置图片的阴影、________、发光、柔化边缘、________等显示效果。

二、选择题

1. 在美化图片时，其自动平衡效果是自动调整图片亮度、对比度和________。

A. 更正

B. 饱和度

C. 色差

D. 灰度系数

2. 选择图片，此时图片四周将会出现________个控制点，将光标置于控制点上，当光标变成双向箭头形状时，拖动鼠标即可放大或缩小图片。

A. 8

B. 6

C. 4

D. 12

三、简答题

1. 如何插入图表？

2. 如何调整图片的显示层次？

第 6 章 使用主题和样式美化绘图效果

本章要点

本章学习素材

- 自定义主题效果
- 应用样式
- 自定义图案样式

本章主要内容

本章主要介绍自定义主题效果和应用样式方面的知识与技巧，同时还讲解如何自定义图案样式，在本章的最后还针对实际的工作需求，讲解绘制因果分析图的方法。通过本章的学习，读者可以掌握使用主题和样式美化绘图效果方面的知识，为深入学习 Visio 2016 知识奠定基础。

6.1 自定义主题效果

Visio 2016 为用户提供了一系列的主题和变体效果，通过该主题和变体效果可以设置图表原色的格式，从而帮助用户为图表创建各种艺术效果。如果用户认为自带的主题效果不能满足绘制需要，还可以创建并使用自定义主题。

微视频

6.1.1 新建主题颜色

除了 Visio 2016 内置的 26 种主题颜色之外，用户还可以新建主题颜色。

Step01 在绘图文档中应用一个内置的主题效果，执行“设计”→“变体”→“颜色”→“新建主题颜色”命令，如图 6-1 所示。

Step02 打开“新建主题颜色”对话框，在其中自定义主题颜色，单击“确定”按钮即可完成新建主题颜色的操作，如图 6-2 所示。

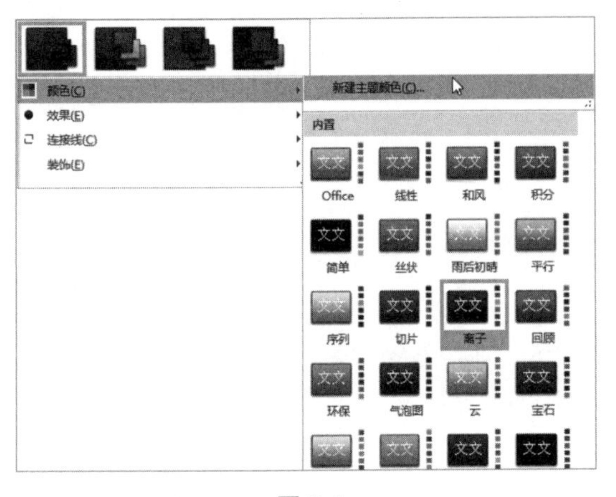

图 6-1

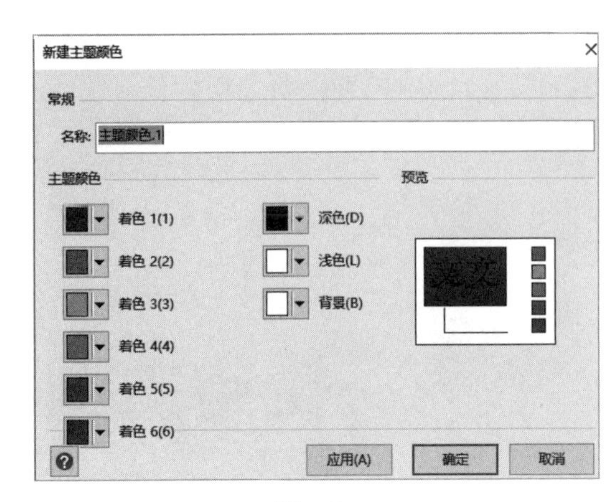

图 6-2

知识与技巧：新建主题颜色后，执行“设计”→“变体”→“颜色”→“自定义”命令，在列表中选择刚刚创建的主题，即可应用新建的主题颜色。右击刚创建的主题颜色，在弹出的快捷菜单中选择“删除”菜单项，即可删除新建的主题颜色。

6.1.2 自定义效果

Visio 2016 也为用户提供了 26 种主题效果。执行“设计”→“变体”→“效果”命令，在其级联菜单中选择相应的选项，即可更改主题效果，如图 6-3 所示。

6.1.3 自定义连接线

Visio 2016 为用户提供了 26 种连接线效果。执行“设计”→“变体”→“连接线”命令，在其级联菜单中选择相应的选项，即可更改主题的连接线效果，如图 6-4 所示。

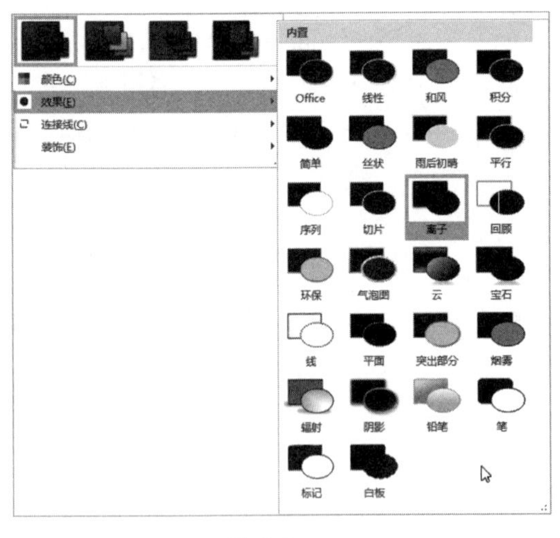

图 6-3

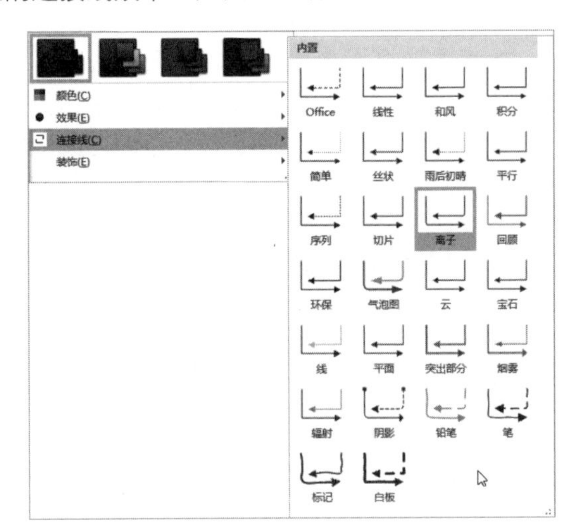

图 6-4

6.1.4 自定义装饰

除了主题颜色、效果和连接线之外，Visio 2016 还为用户提供了高、中、低和自动 4 种类型的装饰效果。执行“设计”→“变体”→“其他”→“装饰”命令，在其级联菜单中选择相应的选项即可，如图 6-5 所示。

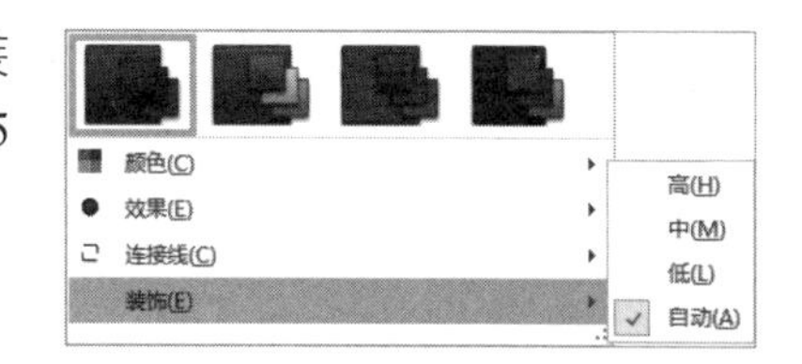

图 6-5

6.1.5　复制主题

在绘图文档中，选择任意一个应用自定义主题的形状，当将该形状复制到其他绘图文档中时，用于此形状的自定义主题将被自动添加到其他文件的“颜色”列表中。

另外，用户也可以执行“设计”→“变体”→“颜色”命令，在列表中右击准备复制的主题，在弹出的快捷菜单中选择“复制”菜单项，即可将主题颜色复制到本文件中，如图 6-6 所示。

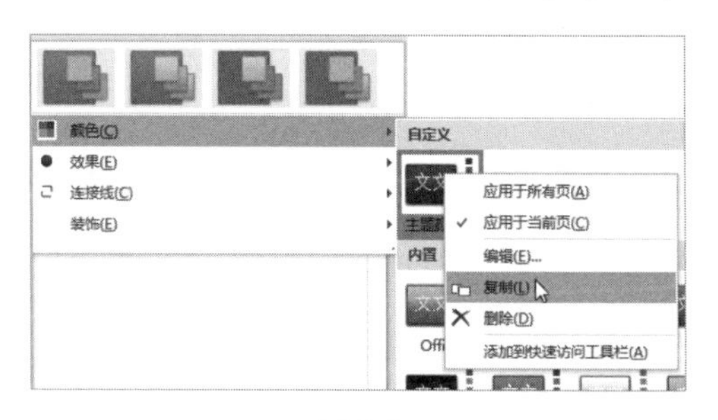

图 6-6

经验技巧： *右击自定义主题，在弹出的快捷菜单中选择“编辑”菜单项，即可在弹出的“编辑主题颜色”对话框中编辑主题颜色。*

6.2　应用样式

在 Visio 2016 中，除了可以使用主题来改变形状的颜色与效果之外，还可以使用样式来定制形状格式。定制形状格式，即将文本、线条与填充格式汇集到一个格式包中，从而达到一次性使用多种格式的快速操作。

微视频

6.2.1　添加样式命令

由于 Visio 没有将样式功能放置在选项组中，所以在使用样式之前，还需要添加该命令。

Step01 执行“文件”→“选项”命令，打开“Visio 选项”对话框。选择“自定义功能区”选项卡，在“主选项卡”列表框中选择一个选项卡，单击“新建组”按钮，如图 6-7 所示。

Step02 选择新建组，单击“重命名”按钮，如图 6-8 所示。

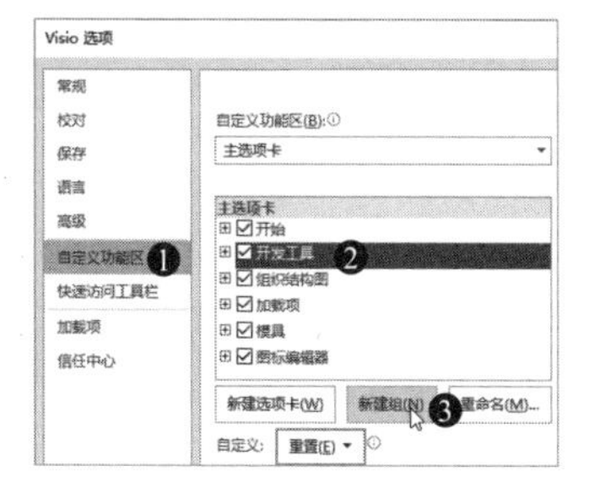

图 6-7

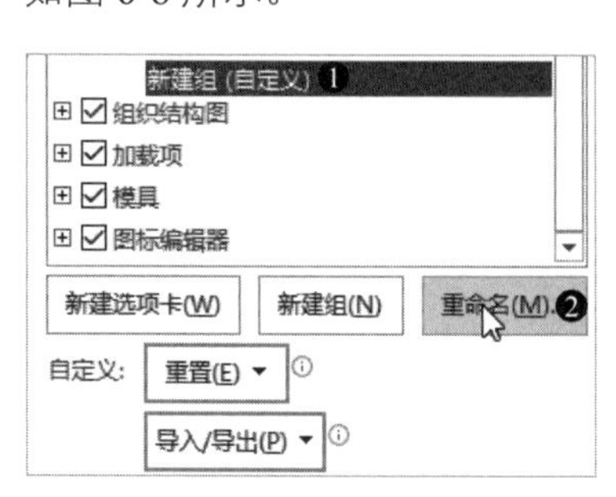

图 6-8

Step03 弹出“重命名”对话框，选择一个符号，在“显示名称”文本框中输入名称，单击“确定”按钮，如图 6-9 所示。

Step04 将“从下列位置选择命令”选项设置为“所有命令”，在列表中选择“样式”选项，单击“添加”按钮，即可完成添加样式命令的操作，如图 6-10 所示。

图 6-9

图 6-10

6.2.2 使用样式命令

添加完“样式”命令之后，执行“开发工具”→“样式”→“样式”命令，在弹出的“样式”对话框中设置文字、线条与填充样式即可，如图 6-11 所示。单击“文字样式”下拉按钮，弹出样式列表，用户可以在其中进行选择，其他几个下拉按钮的选项大致相同，如图 6-12 所示。其中，“保留局部格式设置”复选框表示在使用 Visio 对选定形状应用该样式时，将保留已经应用的格式。

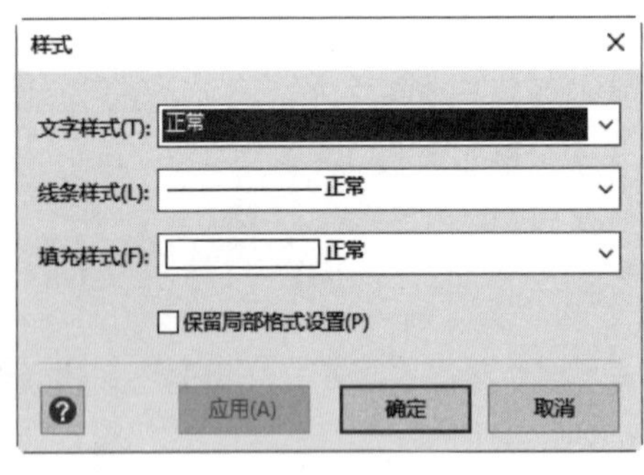

图 6-11

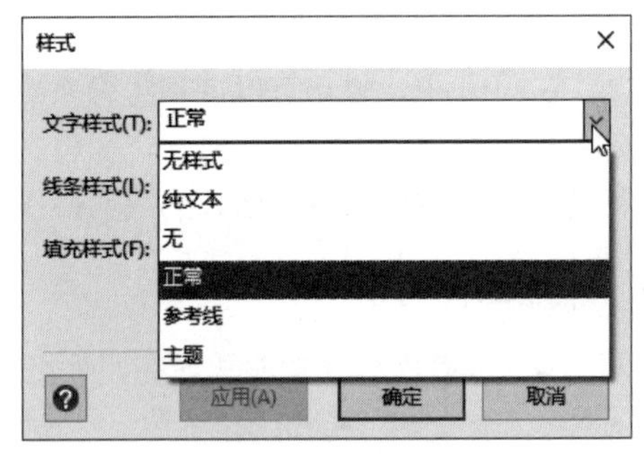

图 6-12

该对话框的文字、线条与填充样式中，包含下列几种样式。

- 无样式：该样式中的“文字样式”为无空白、文本块居中与 Arail 12 磅黑色格式，“线条样式”为黑色实线格式，“填充样式”为实心白色格式。
- 纯文本：该样式与“无”样式具有相同的格式。
- 无：无线条与无填充且透明的格式，“文字样式”为 Arail 12 磅黑色格式。
- 正常：该样式与“无样式”具有相同的格式，但该样式中的文本是从左上方开始排列。
- 参考线：该样式中的“文字样式”为 Arail 9 磅蓝色格式，“线条样式”为蓝色虚线格式，“填充样式”为不带任何填充色、背景色且只显示形状边框格式。
- 主题：该样式表示与主题中默认的样式一致。

6.2.3　定义样式

当 Visio 中自带的样式无法满足绘图需要时，用户可通过执行“开发工具”→“显示/隐藏”→“绘图资源管理器”命令，打开“绘图资源管理器”窗格，在窗格中右击“样式”选项，在弹出的快捷菜单中选择“定义样式”菜单项，在弹出的“定义样式”对话框中重新设置线条、文本与填充格式，如图 6-13 和图 6-14 所示。

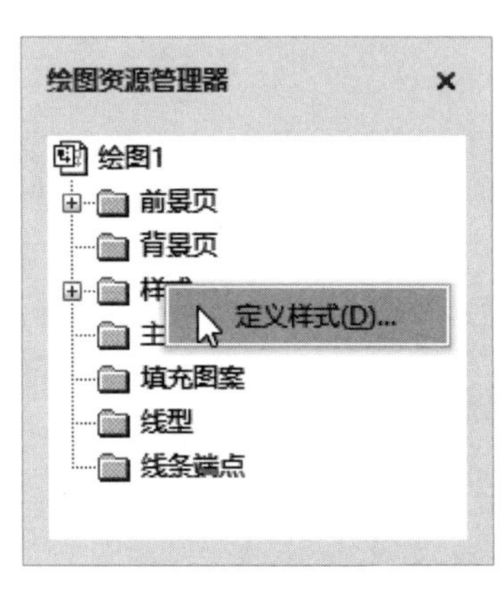

图 6-13

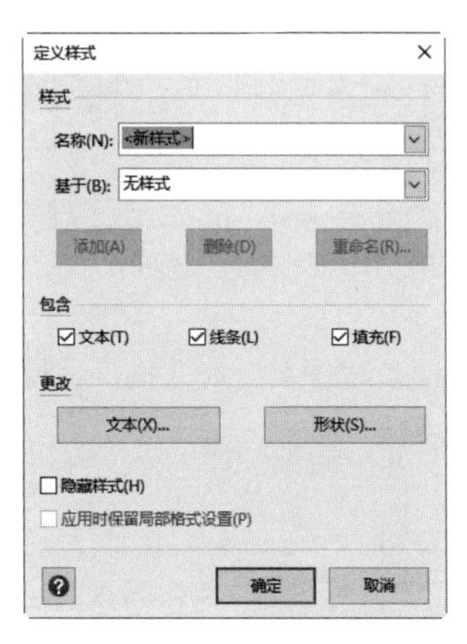

图 6-14

“定义样式”对话框中各选项的功能介绍，如表 6-1 所示。

表 6-1　“定义样式”选项

选项组	选项	说　明
样式	名称	用于设置现有样式以及新建样式。如果在绘图页中选择了一个形状，则该形状样式将会显示在该选项列表中
	基于	用于设置所选样式基于的样式
	添加	用于添加新样式或修订样式并保持此对话框处于打开状态
	删除	用于删除在“名称”列表中选中的样式
	重命名	启用该选项，在弹出的“重命名样式”对话框中设置样式名称
包含	文本	表示所选样式是否包含文本属性
	线条	表示所选样式是否包含线条属性
	填充	表示所选样式是否包含填充属性
更改	文本	启用该选项，在弹出的“文本”对话框中定义样式的文本属性
	形状	启用该选项，在弹出的“设置形状格式”对话框中定义样式的形状格式
隐藏样式		启用该选项，将隐藏所选样式。“样式”对话框中不再显示样式名称，并且该选项只有在“定义样式”对话框与“绘图资源管理器”窗格中可用
应用时保留局部格式设置		表示在使用 Visio 对选定形状应用该样式时，将保留已经应用的格式

6.3 自定义图案样式

在使用 Visio 2016 绘制图表的过程中，用户还可以根据工作的需要自定义图案样式，包括填充图案、线条图案和线条端点图案 3 种图案样式。本节将详细介绍自定义图案样式的操作方法。

微视频

6.3.1 自定义填充图案样式

自定义填充图案样式是一个相对复杂的操作过程，包括新建图案、编辑图案形状和应用图案，其具体操作方法如下。

Step01 执行“开发工具”→“显示 / 隐藏”→“绘图资源管理器”命令，打开“绘图资源管理器”窗格，右击“填充图案”选项，在弹出的快捷菜单中选择“新建图案”菜单项，如图 6-15 所示。

Step02 弹出“新建图案”对话框，保持默认设置，单击“确定”按钮，如图 6-16 所示。

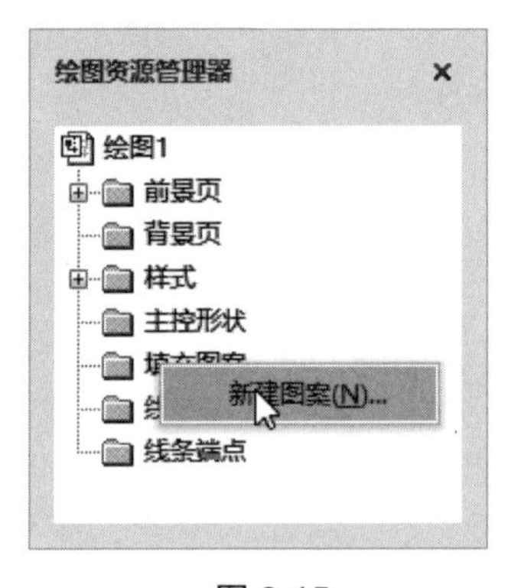

图 6-15

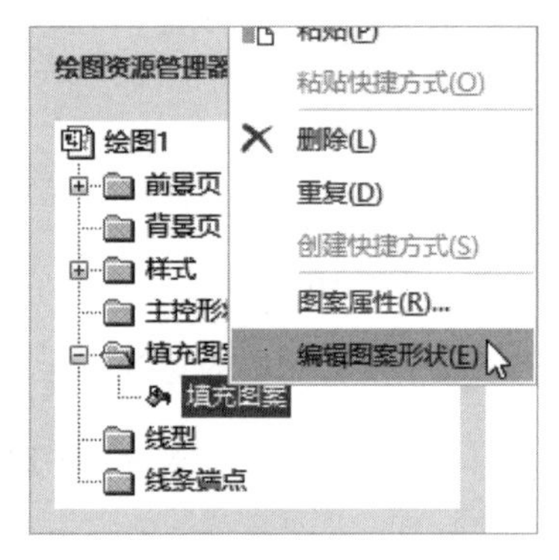

图 6-16

Step03 系统会自动弹出一个空白文档，使用绘图工具如“铅笔”工具绘制一个形状，关闭该窗口会弹出对话框，单击“是”按钮，如图 6-17 所示。

Step04 在绘图页右击一个形状，在弹出的快捷菜单中选择“设置形状格式”菜单项，弹出“设置形状格式”窗格，展开“填充”选项，选中“图案填充”单选按钮，单击“模式”下拉按钮，选择新建的图案样式即可完成自定义图案样式并应用的操作，如图 6-18 所示。

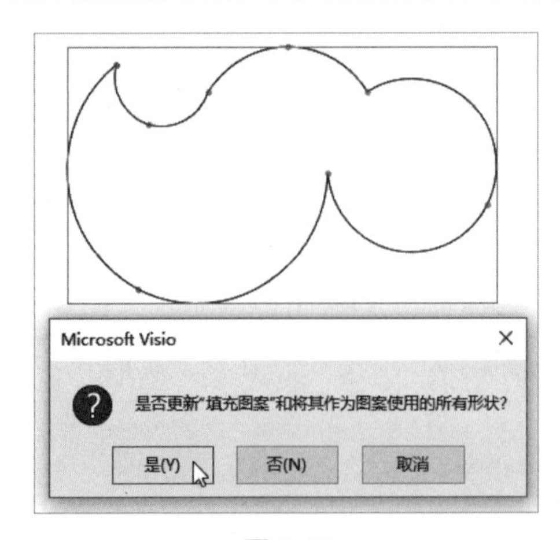

图 6-17

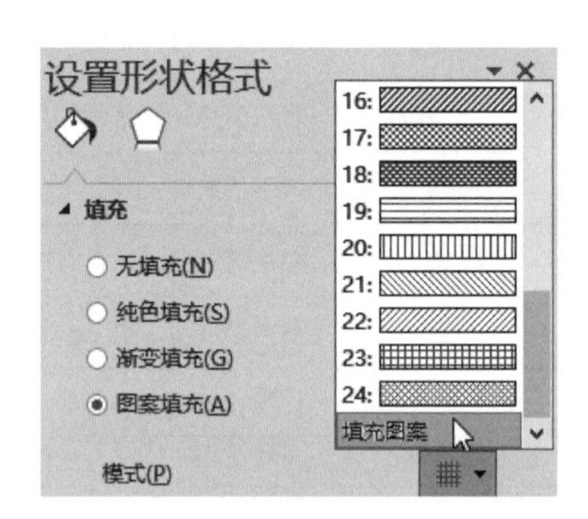

图 6-18

6.3.2　自定义线条图案样式

自定义线条图案样式也包括新建图案、编辑图案形状和应用图案。

Step01 执行“开发工具”→“显示 / 隐藏”→“绘图资源管理器”命令，打开“绘图资源管理器”窗格，右击“线型”选项，在弹出的快捷菜单中选择“新建图案”菜单项，如图 6-19 所示。

Step02 弹出“新建图案”对话框，在“名称”文本框中输入“线样式 1”，单击“确定”按钮，如图 6-20 所示。

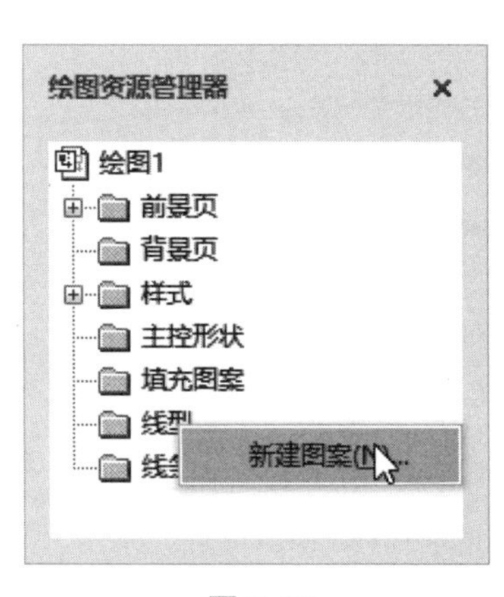

图 6-19

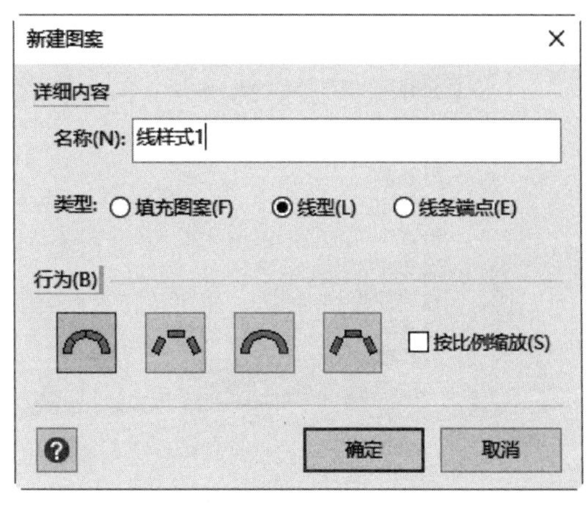

图 6-20

Step03 系统会自动弹出一个空白文档，使用绘图工具如“椭圆”工具绘制一个形状，关闭该窗口会弹出对话框，单击“是”按钮，如图 6-21 所示。

Step04 在绘图页右击一个形状，在弹出的快捷菜单中选择“设置形状格式”菜单项，弹出“设置形状格式”窗格，展开“线条”选项，单击“短画线类型”下拉按钮，选择新建的图案样式即可完成自定义线条图案样式并应用的操作，如图 6-22 所示。

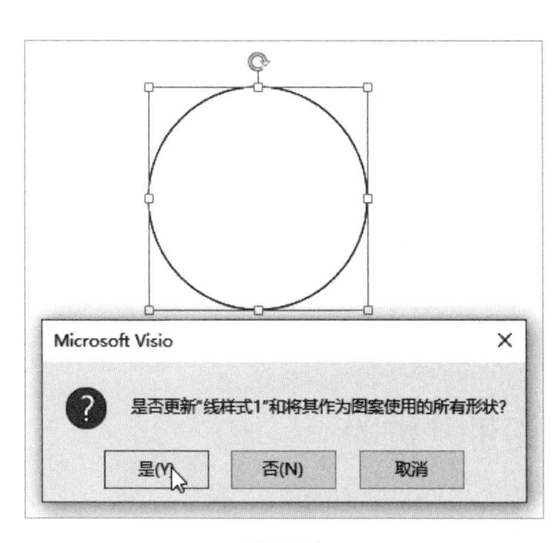

图 6-21

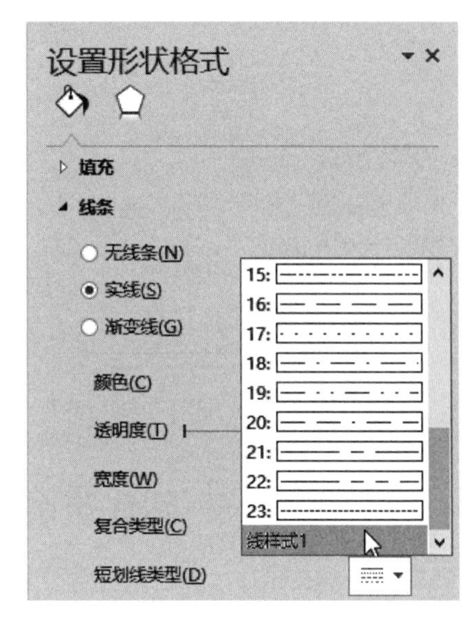

图 6-22

6.3.3 自定义线条端点图案样式

自定义线条端点图案与自定义填充图案的方法一样，也包括新建图案、编辑图案形状和应用图案。

Step01 执行“开发工具”→“显示 / 隐藏”→“绘图资源管理器”命令，打开“绘图资源管理器”窗格，右击“线条端点”选项，在弹出的快捷菜单中选择“新建图案”菜单项，如图 6-23 所示。

Step02 弹出“新建图案”对话框，设置“名称”和“行为”选项，单击“确定”按钮，如图 6-24 所示。

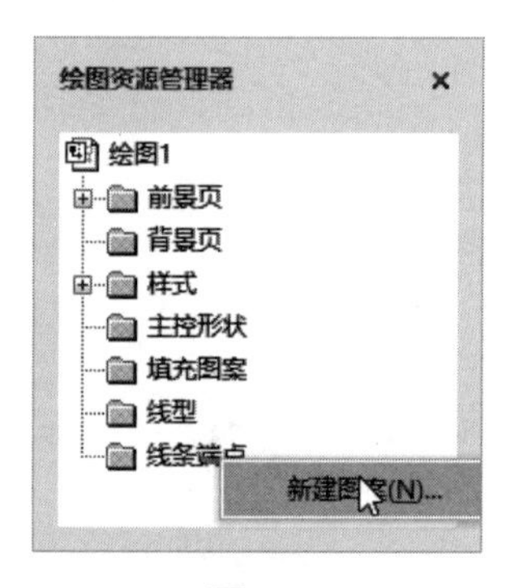

图 6-23

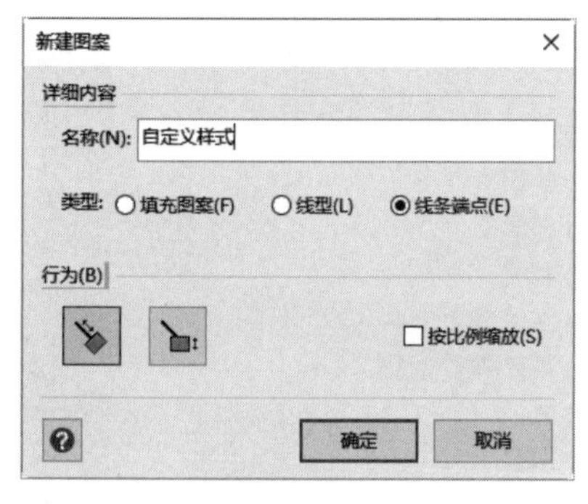

图 6-24

Step03 系统会自动弹出一个空白文档，使用绘图工具如“任意多边形”工具绘制一个形状，关闭该窗口会弹出对话框，单击“是”按钮，如图 6-25 所示。

Step04 在绘图页右击一个形状，在弹出的快捷菜单中选择“设置形状格式”菜单项，弹出“设置形状格式”窗格，展开“线条”选项，单击“箭头前端类型”下拉按钮，选择新建的图案样式即可完成自定义线条端点图案样式并应用的操作，如图 6-26 所示。

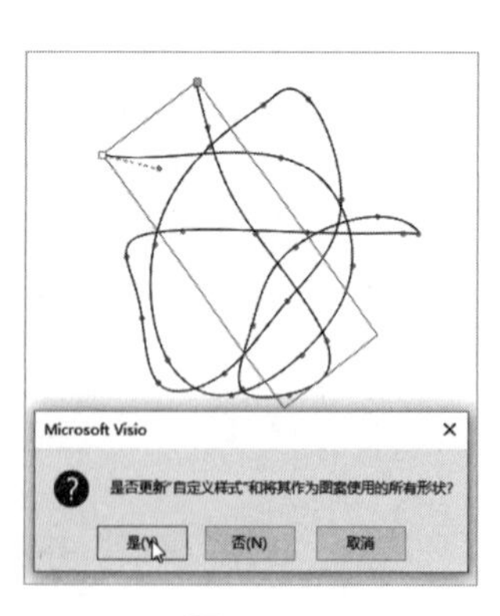

图 6-25

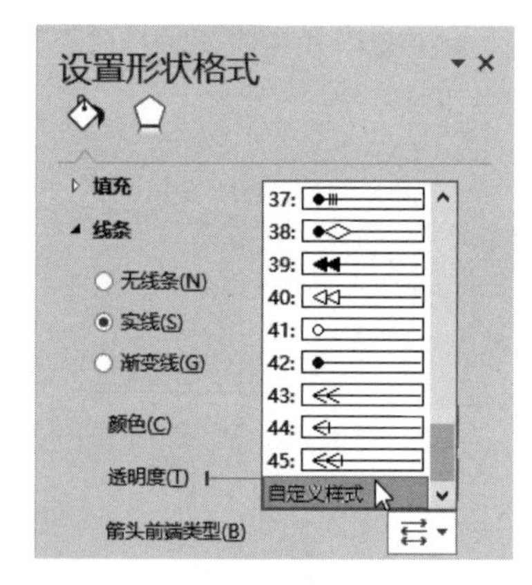

图 6-26

6.4 课堂练习——制作货品延误因果分析图

在货品交易过程中，延迟交货有时是不可避免的。Visio 2016 可以以图形、图表的形式表现出货品延误的因果关系。在本节练习中，将使用“因果图”模板，来制作一份货品延误因果分析图。

微视频

实例文件保存路径：配套素材 \ 效果文件 \ 第 6 章
实例效果文件名称：因果分析图 .vsdx

Step01 执行“文件”→“新建”命令，选择“类别”选项，在展开的列表中选择“商务”选项，如图 6-27 所示。

Step02 在弹出的“商务”列表中双击“因果图”模板，如图 6-28 所示。

图 6-27

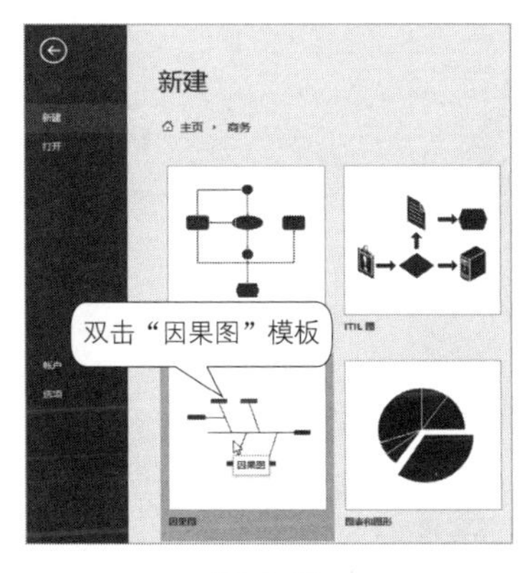

图 6-28

Step03 系统创建了一个“因果图”模板，将“因果形状”模具中的“类别 1”形状添加到绘图页中，并调整形状的大小和位置，如图 6-29 所示。

Step04 双击“类别 1”形状，依次输入相应的说明性文本，如图 6-30 所示。

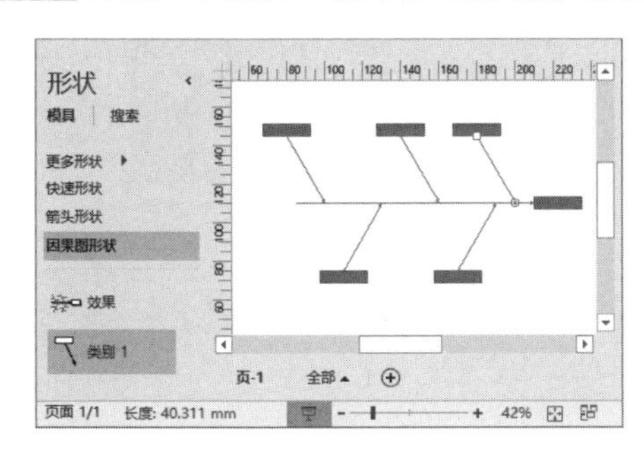

图 6-29

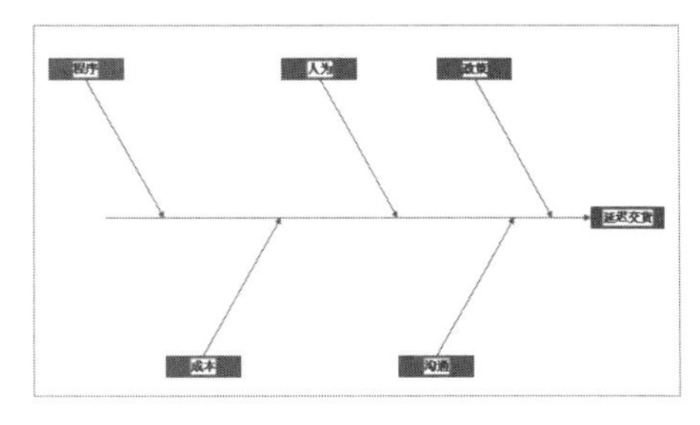

图 6-30

Step05 将“因果形状”模具中的“主要原因 1”形状添加到绘图页中，并输入说明性文本，如图 6-31 所示。

Step06 使用同样的方法，分别为每个“类别 1”形状添加“主要原因 1”形状，并输入说明性文本，再将“主要原因 2”形状添加到“沟通”类别中，并输入说明性文本，如图 6-32 所示。

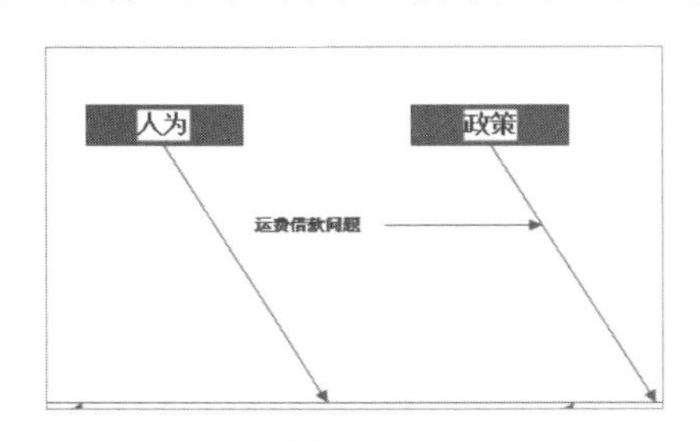

图 6-31

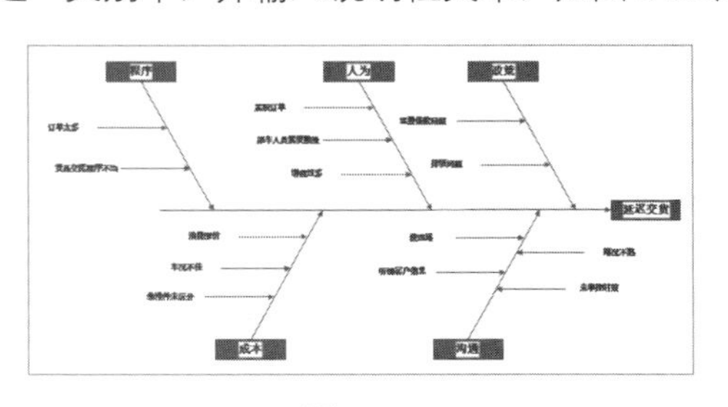

图 6-32

Step 07 将“因果形状”模具中的“鱼骨框架”形状添加到绘图页中，并调整形状的大小和位置，如图 6-33 所示。

Step 08 执行“设计”→“主题”→“离子”命令，如图 6-34 所示。

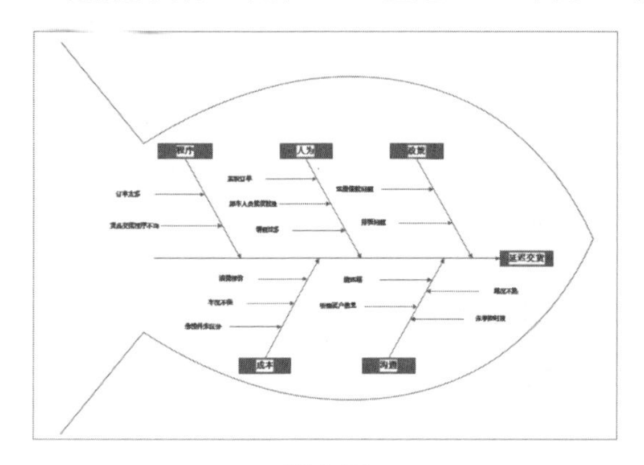

图 6-33

图 6-34

Step 09 执行“设计”→“变体”→“离子，变量 4”命令，如图 6-35 所示。

Step 10 执行“设计”→“背景”→“背景”→“活力”命令，如图 6-36 所示。

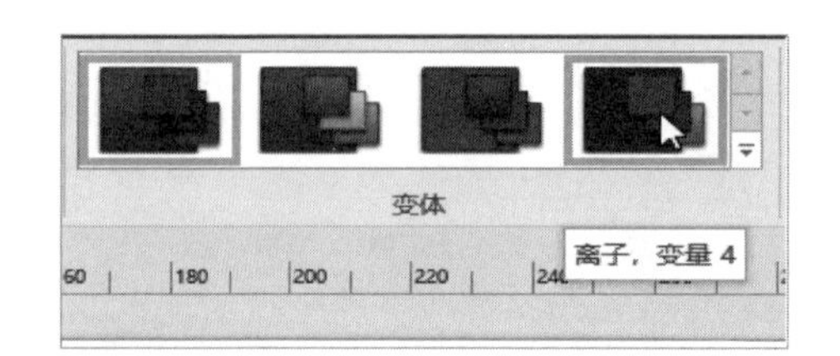

图 6-35

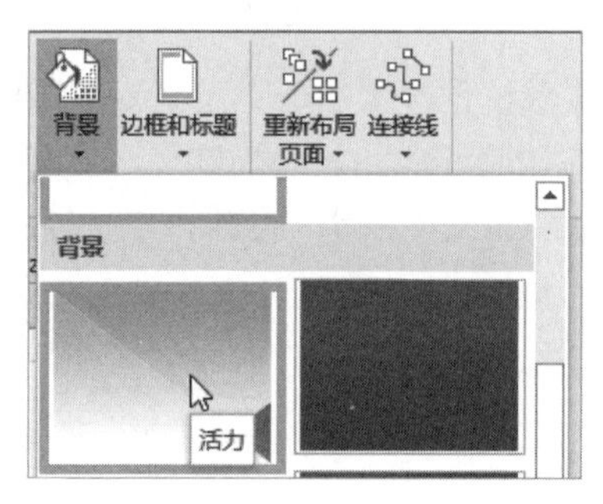

图 6-36

Step 11 执行“设计”→“背景”→“边框和标题”→“方块”命令，为图标添加边框和标题样式，并修改标题名称，如图 6-37 所示。

Step 12 最终效果如图 6-38 所示。

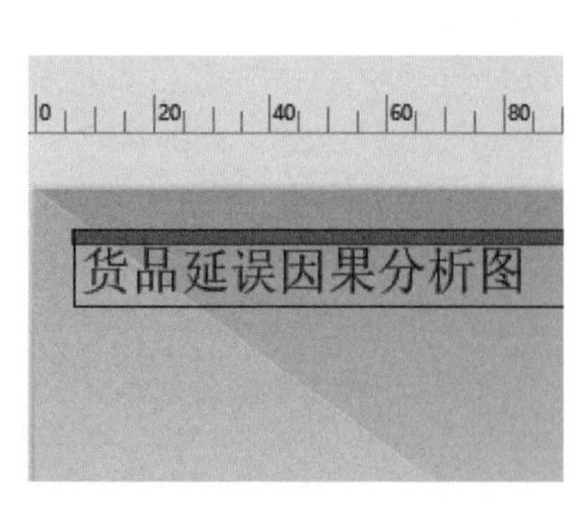

图 6-37

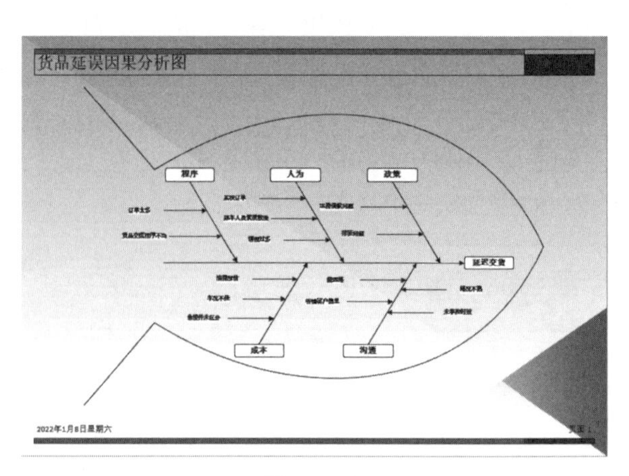

图 6-38

6.5　课后习题

一、填空题

1. Visio 2016 为用户提供了专业型、________、新潮和________三大类型二十几种内置主题样式，供用户进行选择使用。

2. Visio 2016 为用户提供了________样式，该样式会随着主题的更改而自动更换。

3. 除了主题颜色、效果和连接线之外，Visio 还为用户提供了________、________、自动和 4 种类型的装饰效果。

4. 在自定义主题时________，即可删除自定义主题。

5. Visio 2016 中的样式是一组集________、________、________格式于一体的命令体。

6. 在使用 Visio 绘制图表时，还可以根据工作需要自定义图案样式，包括________、线条端点图案和________3 种图案样式。

二、选择题

1. 在自定义主题时，右击自定义主题，在弹出的快捷菜单中选择________菜单项，可以编辑主题。

A. “删除”

B. “添加”

C. “隐藏”

D. “编辑”

2. 在使用样式时，对“样式”对话框中各选项，描述错误的是________。

A. “纯文本”选项表示与“无”选项具有相同的格式

B. “正常”选项表示与“无”样式具有相同的格式

C. “参考线”选项表示应用参考线中的格式

D. “无”选项表示无线条、无填充且透明的格式

3. Visio 2016 中的主题不仅可以应用到当前绘图页中，而且还可以应用到________中。

A. 模板

B. 其他文档

C. 所有绘图页

D. 其他 Office 组件

三、简答题

1. 如何复制主题？

2. 如何自定义线条图案样式？

第 7 章 应用部件和文本对象

本章要点

- 使用超链接
- 应用容器
- 标注与批注
- 使用文本对象

本章学习素材

本章主要内容

本章主要介绍使用超链接、应用容器和标注与批注的知识与技巧，同时还讲解如何使用文本对象，在本章的最后还针对实际的工作需求，讲解绘制分层数据流程图的方法。通过本章的学习，读者可以掌握应用部件和文本对象方面的知识，为深入学习 Visio 2016 知识奠定基础。

7.1 使用超链接

在 Visio 2016 中，超链接是最简单和最便捷的导航手段，不仅可以链接绘图页与其他 Office 组件，而且还可以从其他 Office 组件链接到 Visio 绘图中。链接后的对象将以下画线文本、图表等标识来显示导航目的地。

微视频

7.1.1 插入超链接

插入超链接是将本地、网络或其他绘图页中的内容链接到当前绘图页中，主要包括超链接形状、图表形状与绘图相关联的超链接。

实例文件保存路径：配套素材 \ 效果文件 \ 第 7 章
实例效果文件名称：插入超链接 .vsdx

Step01 新建空白文档，设置纸张方向为横向，绘制一个矩形，执行“插入”→“超链接”命令，如图 7-1 所示。

Step02 打开“超链接”对话框，单击“地址”文本框右侧的“浏览”按钮，在弹出的“链接到文件”对话框中选择准备链接的文件，设置好后单击“确定”按钮即可完成为形状添加超链接的操作，如图 7-2 所示。

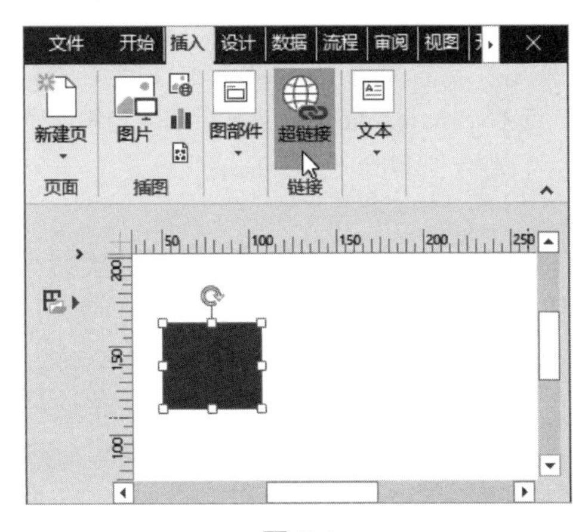

图 7-1

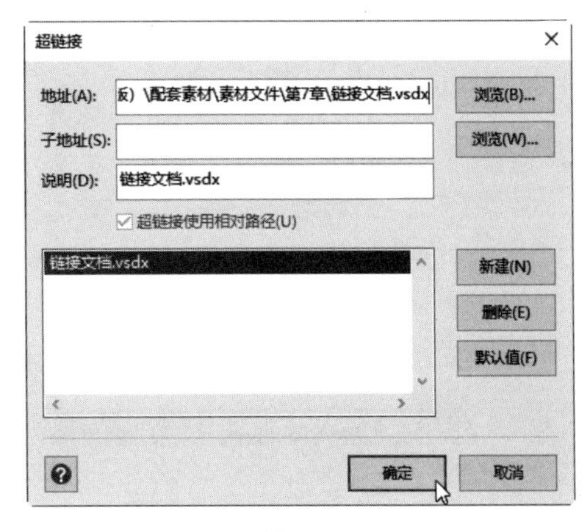

图 7-2

在“超链接”对话框中主要包括下列几种选项。

- 地址：该选项用于输入要链接到的网站 URL（以协议开头，如 http://）或者本地文件（本地计算机或网络上的文件）的路径。单击“浏览”按钮可以定位本地文件或网站地址。
- 子地址：该选项用于链接到另一个 Visio 绘图中的网站锚点、页面或形状。单击“浏览”按钮，可以在弹出的“超链接”对话框中指定需要链接的绘图页、绘图页中的形状以及缩放比例。
- 说明：用于显示链接的说明，在绘图页中将鼠标指针暂停在该链接上会显示此文本。
- 超链接使用相对路径：用于指定描述链接的文件相对于 Visio 绘图位置的相对路径。
- 超链接列表：列出在当前选择中提供的所有超链接。
- 新建：将新的超链接添加到当前选择。
- 删除：删除所选的超链接。
- 默认值：指定在选择包含多个超链接的网页中，选择形状时激活的超链接。

7.1.2　链接其他程序文件

在绘图过程中，如果需要使用其他文件中的信息或在使用其他文件时需要使用 Visio 绘图信息，用户可以通过使用 Visio 中的超链接功能来实现。

1．将绘图链接到其他文档

将绘图链接到其他文件，在其他应用程序中打开并显示 Visio 中的图表内容，例如在 Word、Excel 或 PowerPoint 文件中打开 Visio 绘图文件，这里以将 Visio 文件链接到 Word 文档中为例进行讲解。

实例文件保存路径：配套素材 \ 效果文件 \ 第 7 章
实例效果文件名称：将绘图链接到其他文档 .vsdx

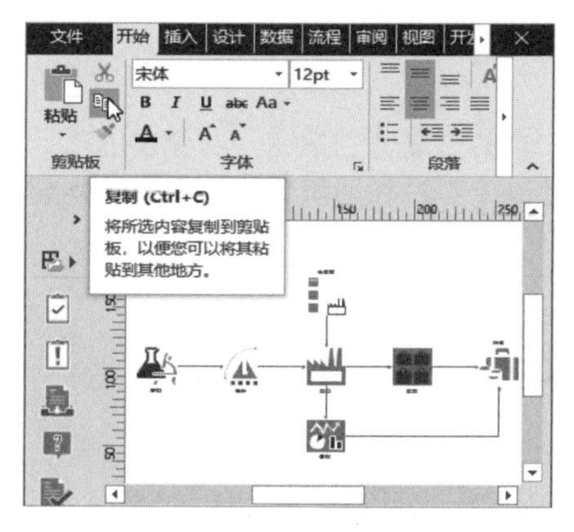
图 7-3

Step01 打开名为“将绘图链接到其他文档 .vsdx”的文件，同时新建一个空白 Word 文档，在绘图页中确保没有选择任何形状的情况下，执行“开始”→“剪贴板”→“复制”命令，如图 7-3 所示。

Step02 切换到 Word 文档中，执行“开始”→“剪贴板”→“粘贴”→“选择性粘贴”命令，如图 7-4 所示。

Step03 弹出“选择性粘贴”对话框，选中“粘贴”单选按钮，选择“Microsoft Visio 绘图对象”选项，勾选“显示为图标”复选框，单击“确定”按钮，如图 7-5 所示。

Step04 通过以上步骤即可完成将绘图链接到其他文档的操作，如图 7-6 所示。双击该链接图标，被链接的文件会在单独的窗口中会打开。

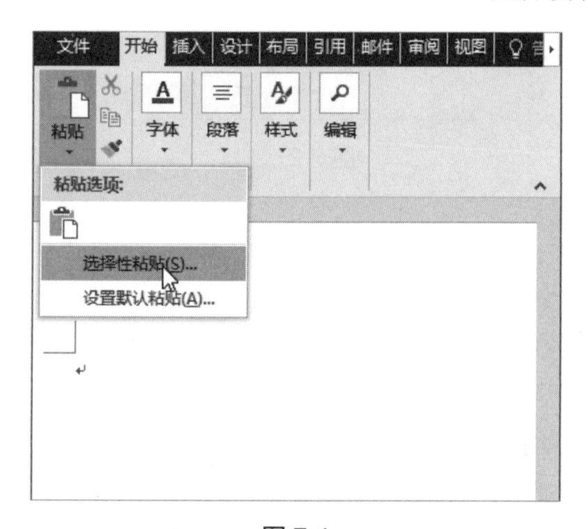
图 7-4

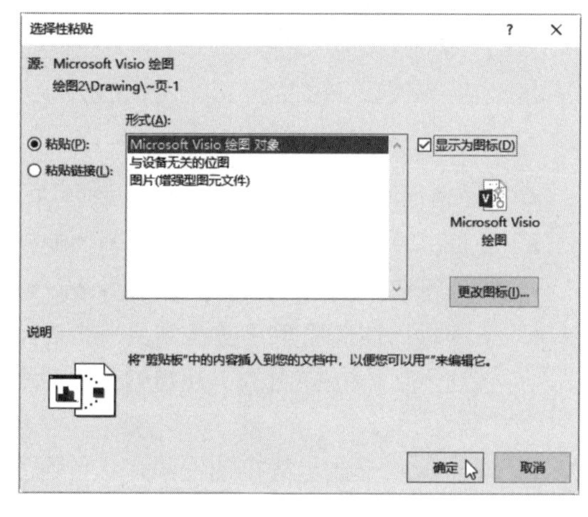
图 7-5

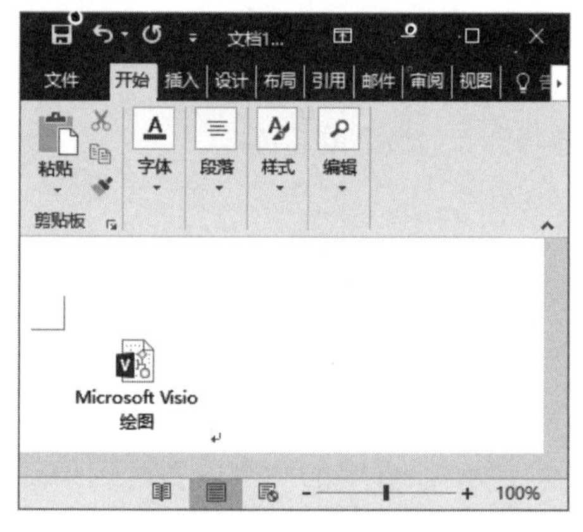
图 7-6

2. 将其他文档链接到绘图

将其他文档链接到绘图，是在 Visio 绘图中打开其他文档，例如打开 Word、Excel、PowerPoint 或者 TXT 文件，这里以将 .txt 文件链接到 Visio 绘图中为例进行讲解。

实例文件保存路径：配套素材\效果文件\第 7 章

实例效果文件名称：将其他文档链接到绘图 .vsdx

Step01 创建一个空白绘图文件，同时打开名为“静夜思 .txt”的文档，在绘图页中执行“插入”→“文本”→“对象”命令，如图 7-7 所示。

Step02 弹出“插入对象”对话框，选中“根据文件创建”单选按钮，再单击“浏览”按钮插入 .txt 文档，单击“确定”按钮，如图 7-8 所示。

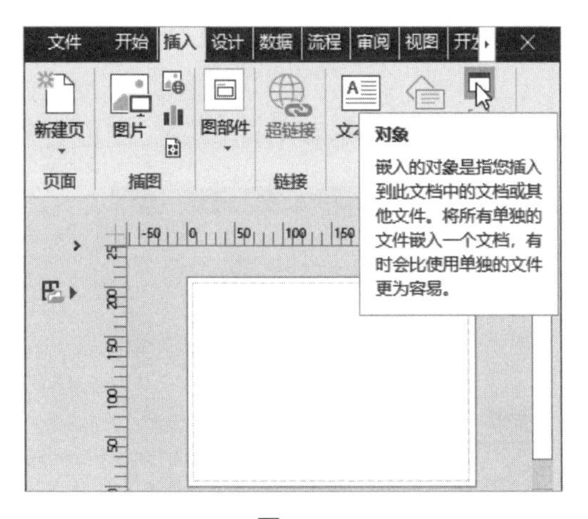

图 7-7

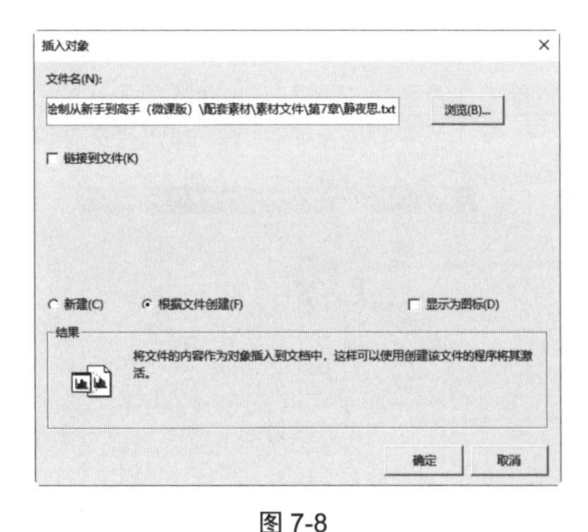

图 7-8

Step03 通过以上步骤即可完成将其他文档链接到绘图的操作，如图 7-9 所示。

图 7-9

在“插入对象”文本框中主要设置以下选项。

- 文件名：用户输入或显示插入的文件地址与名称，单击“浏览”按钮，可在弹出的“浏览”对话框中选择链接文件。
- 链接到文件：该选项用于链接插入的对象，取消勾选该复选框则表示在绘图页中嵌入对象。
- 显示为图标：将链接的对象或嵌入的对象显示为图标而不是插入内容。
- 更改图标：该选项只有在勾选“显示为图标”复选框时才可用，执行该选项后可在弹出的“更改图标”对话框中设置图标样式。

知识常识：在其他文档中，双击链接图表即可在单独的窗口中打开绘图文件。用户可以复制其他文件到绘图页中，并执行“选择性粘贴”命令来嵌入部分对象。

7.2　应用容器

容器是一种特殊的形状，是由预置的多种形状组合而成。通过容器，可以将绘图文档中的局部内容与周围内容分割开。另外，使用包含形状的容器可以移动、复制与删除形状。本节将详细介绍应用容器的知识。

微视频

7.2.1　插入容器

默认情况下，Visio 2016 为用户提供了 14 种容器风格，每种容器风格都包含容器的内容区域和标题区域，以帮助用户快速使用容器对象。

1. 创建单个容器

新建绘图文档，执行“插入”→“图部件”→“容器”命令，在级联菜单中选择一种容器风格即可，如图 7-10 所示。

2．创建嵌套容器

首先在绘图页中插入一个容器对象，然后选择该容器对象，执行“插入”→“图部件”→“容器”命令，在级联菜单中选择一种容器风格，即可创建嵌套容器，如图 7-11 所示。

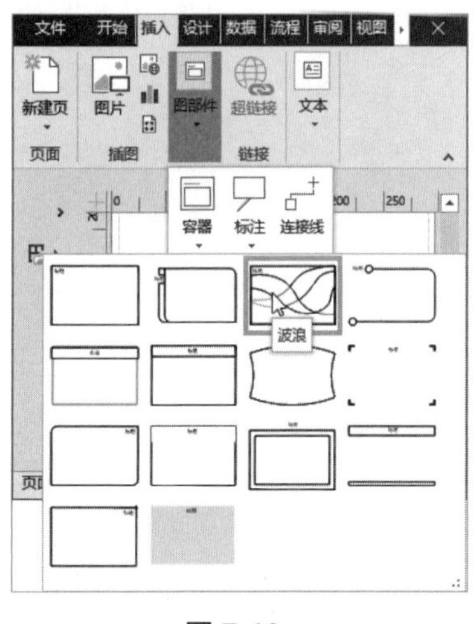

图 7-10

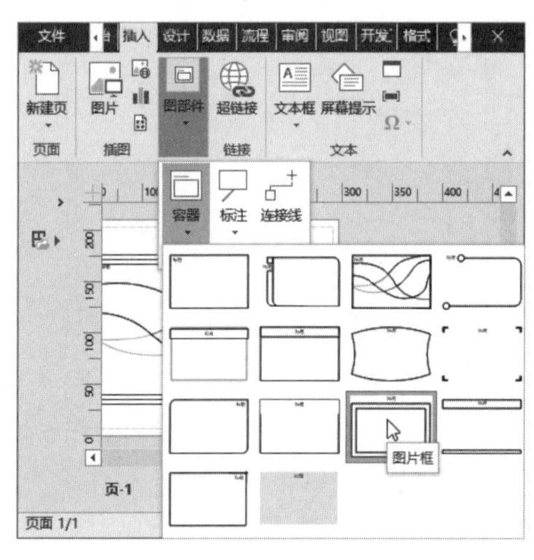

图 7-11

知识常识：选择形状，执行“插入”→“图部件”→“容器”命令，即可将所选形状添加到容器中；或者创建容器之后直接将形状拖到容器内部。右击容器，在弹出的快捷菜单中选择“容器”→“添加到新容器”命令，也可创建嵌套容器。

7.2.2 编辑容器尺寸

在 Visio 2016 中，用户可根据容器所包含的具体内容来设置容器的大小和边距，以达到可以容纳更多对象的目的。

1．调整容器大小

插入容器之后，将光标移至容器四周的控制点上，拖动鼠标即可调整容器的大小，如图 7-12 所示。另外，选择容器，执行“格式”→“大小”→“自动调整大小”命令，在其级联菜单中选择相应的选项即可，如图 7-13 所示。

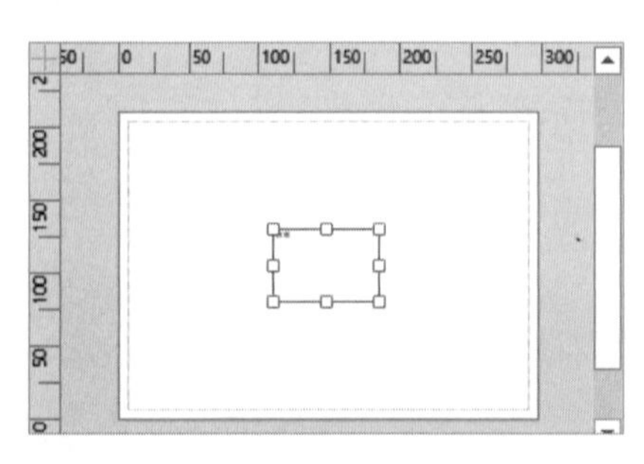

图 7-12

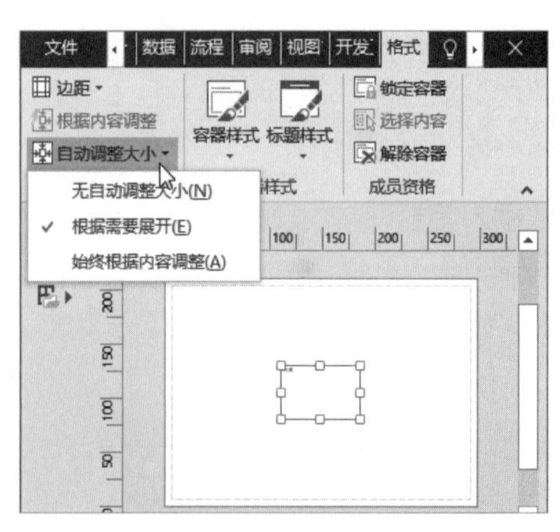

图 7-13

“自动调整大小”命令中包括下列三种选项。

- 无自动调整大小：选择该选项，表示容器只能以用户定义的尺寸进行显示。
- 根据需要展开：该选项为默认选项，表示容器在内容未超出容器尺寸时显示原始尺寸，而当内容超出容器尺寸时则会自动展开容器。
- 始终根据内容调整：选择该选项，表示容器的尺寸将随时根据内容的数量进行扩展或缩小。

2. 设置容器边距

容器边距是指容器形状的边界以及内容的间距。Visio 2016 为用户提供了 9 种边距样式，用户只需选择容器，执行“格式”→“大小”→“边距”命令，在其级联菜单中选择相应的选项即可，如图 7-14 所示。

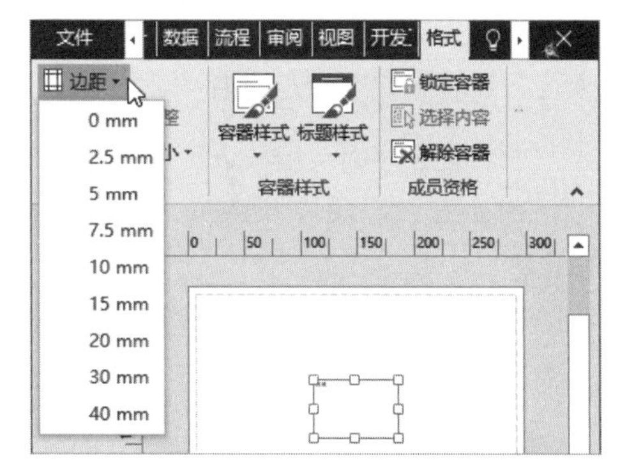

图 7-14

7.2.3　设置容器样式

Visio 2016 为用户提供了 14 种容器样式，以及相应的标题样式。创建容器对象之后，用户还可以根据绘图页的整体风格，设置容器对象的样式与标题样式。

1. 设置容器样式

Visio 内置的容器样式类似于“插入”选项卡中的“容器”类型。选择插入的容器，执行“格式”→“容器样式”→“容器样式”命令，在其级联菜单中选择一种样式即可，如图 7-15 所示。

2. 设置标题样式

标题样式主要是设置容器标题的样式和显示位置，其标题样式并不是一成不变的，会根据容器样式的改变而自动改变。

选择容器，执行“格式”→“容器样式”→“标题样式”命令，在其级联菜单中选择一种样式即可，如图 7-16 所示。

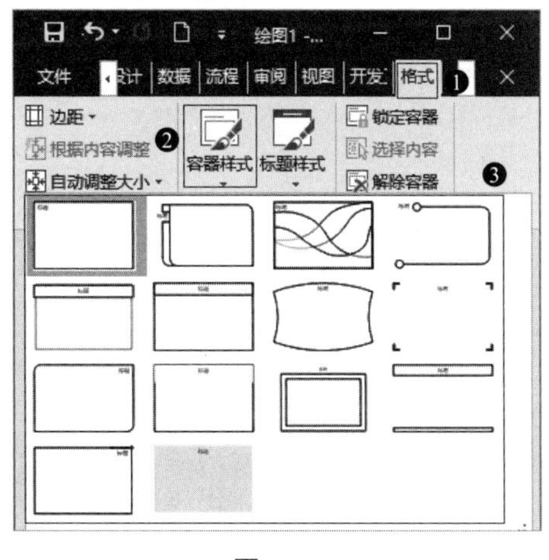

图 7-15

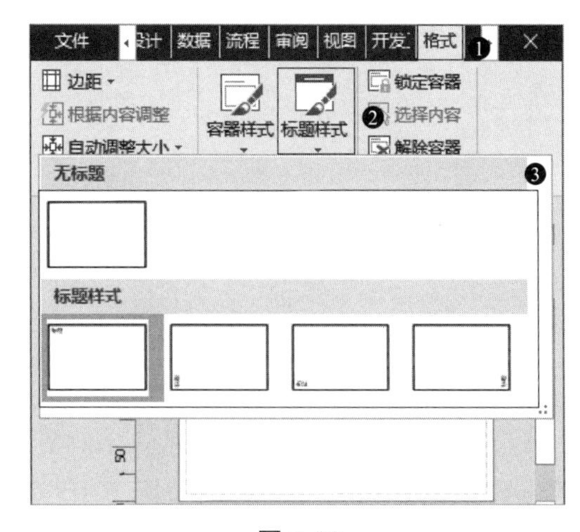

图 7-16

经验技巧：在用户为容器设置标题样式后，可通过执行“格式”→“容器样式”→“标题样式”→“无标题”命令，来隐藏容器中的标题。

7.2.4 定义成员资格

在 Visio 2016 中，用户可以使用成员资格的各种属性设置来编辑容器的内容。成员资格主要包括锁定容器、解除容器与选择内容三个方面。

1．锁定容器

锁定容器是阻止在容器中添加或删除形状。选择容器，执行“格式”→“成员资格”→“锁定容器”命令，即可锁定该容器禁止添加或删除形状，如图 7-17 所示。

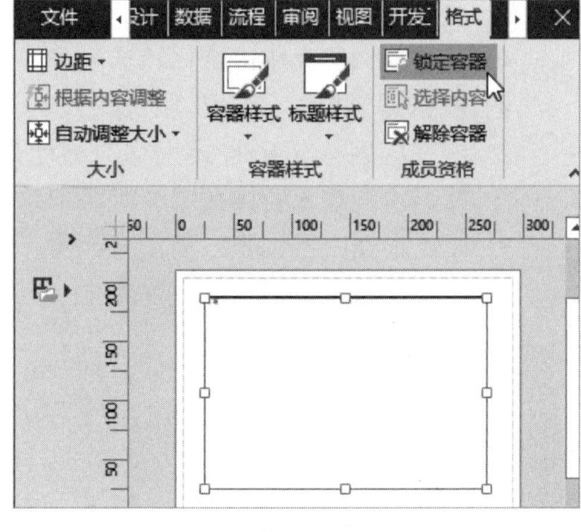

图 7-17

2．解除容器

解除容器是删除容器而不删除容器中的形状。在使用“解除容器”功能之前，用户还需要先禁用“锁定容器”功能，否则无法使用该功能。

选择容器，执行“格式”→“成员资格”→“解除容器”命令即可删除容器对象，如图 7-18 所示。

3．选择内容

选择内容表示可以选择容器中的形状。选择容器，执行“格式”→“成员资格”→“选择内容”命令即可选择容器中的所有成员，如图 7-19 所示。

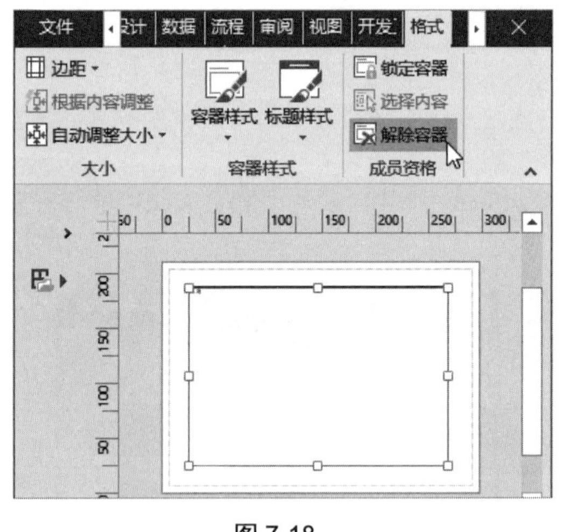

图 7-18

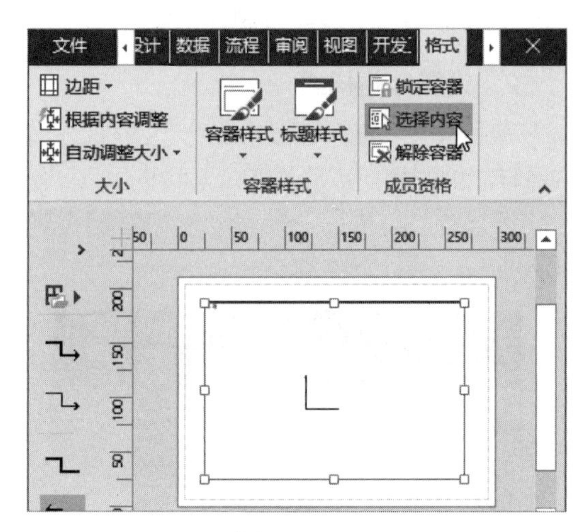

图 7-19

7.3 标注与批注

标注是 Visio 2016 中一种特殊的显示对象，包括为形状提供外部文字说明，以及连接形状和文字的连接线。使用标注可将批注添加到图表中的形状上，标注会随其附加的形状移动、复制与删除。

微视频

7.3.1 插入与编辑标注

Visio 2016 内置了 14 种标注，用户只需执行“插入”→“图部件”→“标注”命令，在其级联菜单中选择一种选项即可，如图 7-20 所示。选择标注，用户可以像移动形状那样移动标注以调整标注的显示位置。

插入标注之后，用户可以通过双击标注，或者右击标注执行“编辑文本”命令，来为标注添加文本，如图 7-21 所示。

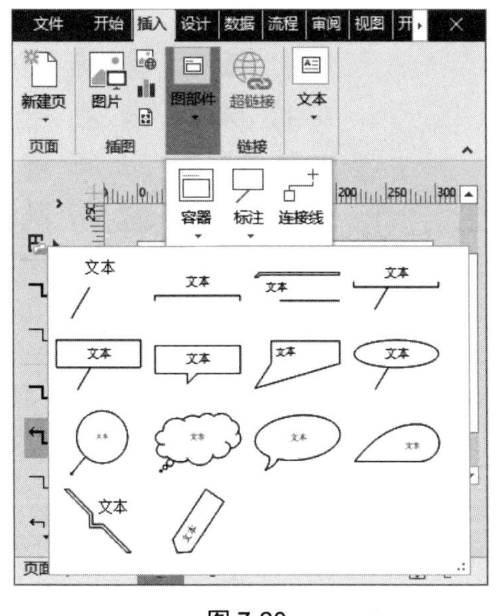

图 7-20

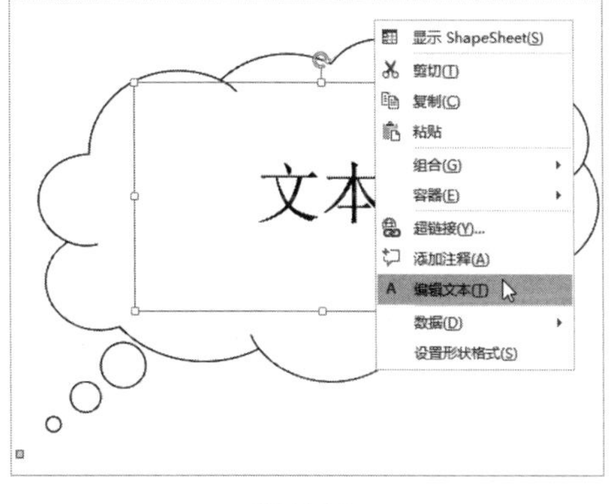

图 7-21

插入标注之后，为适应整体绘图页的布局及应用，还需要用户设置标注的形状和样式以及将标注关联到形状中等。

1．关联到形状

标注可以作为单独的对象进行显示，也可以将其关联到形状中，与形状一起移动或删除。首先，在绘图页中添加一个形状，然后拖动标注对象中的黄色控制点，将其连接到形状上，即可将标注关联到形状中，如图 7-22 所示。

2．更改标注形状

当用户感觉所插入的标注对象与绘图页或形状搭配不合理时，可以右击标注，在弹出的快捷菜单中单击“更改形状”下拉按钮，在其级联菜单中选择一种形状样式即可，如图 7-23 所示。

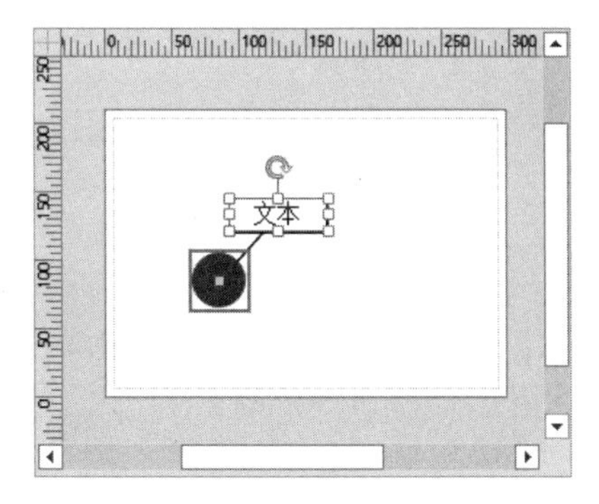

图 7-22

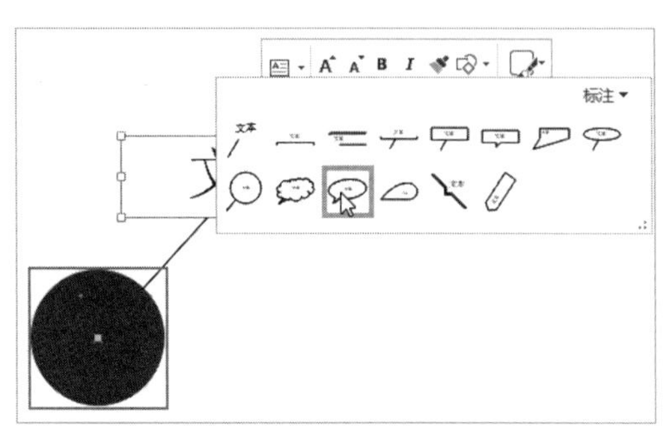

图 7-23

3. 设置标注样式

标注属于形状的一种，用户可以像设置形状那样设置标注的样式。选择标注，执行“开始”→“形状样式”→“快速样式”命令，在其级联菜单中选择一种样式即可，如图 7-24 所示。同样方法，用户还可以执行“开始”→“形状样式”→“填充（线条或效果）”命令，来自定义标注的样式。

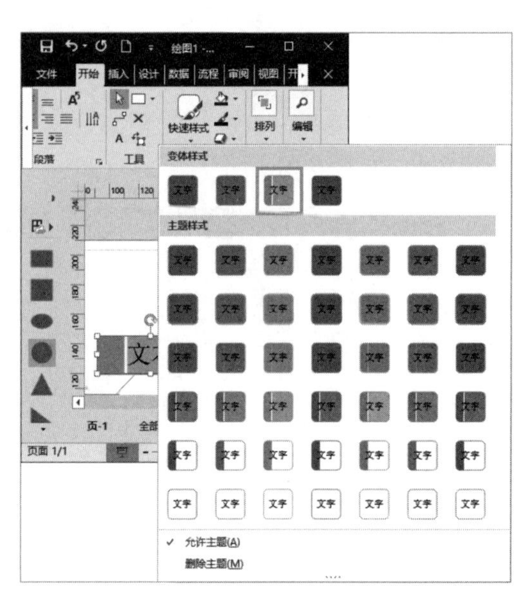

图 7-24

7.3.2 创建与编辑批注

批注是一种特殊的显示对象，当用户在查看绘制完成的文档后，可通过批注写下对绘图文档的意见，当原作者用 Visio 2016 打开文档时，即可根据批注内容进行修改。

实例文件保存路径：配套素材\效果文件\第 7 章
实例效果文件名称：创建与编辑批注 .vsdx

Step01 选中需要添加批注的形状，执行“审阅”→“批注”→“新建批注”命令，如图 7-25 所示。

Step02 弹出批注框，在其中输入内容，如图 7-26 所示。

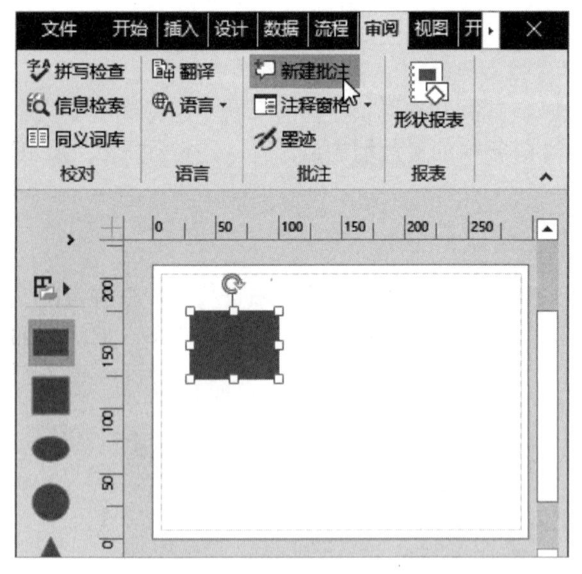

图 7-25

图 7-26

Step03 添加批注后，系统会在形状右上角显示批注标记，单击标记，如图 7-27 所示。

Step04 弹出批注框，输入答复内容，如图 7-28 所示。

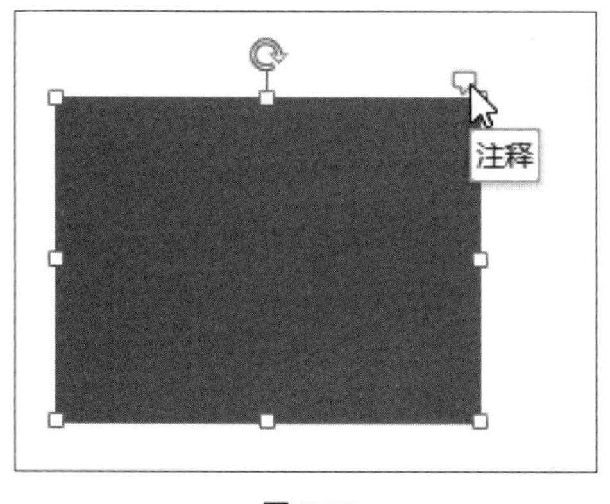

图 7-27

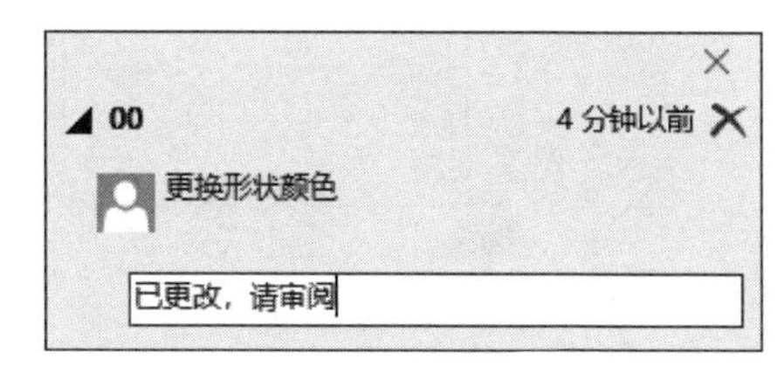

图 7-28

1．查看批注

用户可以执行“审阅”→“批注”→“注释窗格”→“注释窗格”命令，在打开的“注释”窗格中查看所有批注，如图 7-29 所示。在“注释”窗格中，用户还可以通过单击“上一条”和“下一条”按钮来查看不同的批注。

2．隐藏批注

如果用户不想在窗口中显示批注标记，则需要执行“审阅”→“批注”→“注释窗格”→“显示标记”命令，隐藏批注标记，如图 7-30 所示。再次执行该命令则可以显示批注标记。

图 7-29

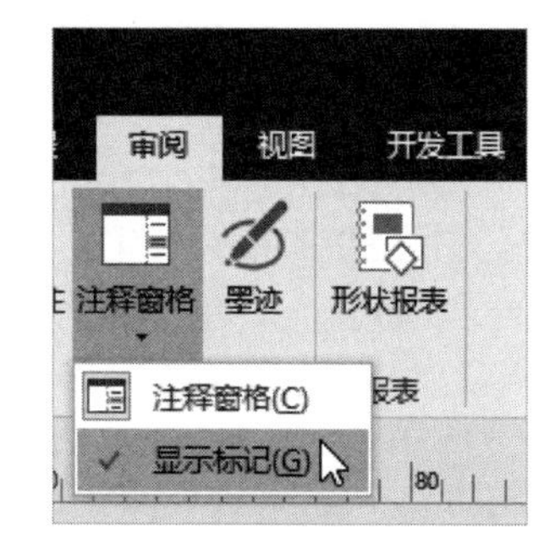

图 7-30

3．筛选批注

当绘图文档中有多个批注时，用户可在“注释”窗格中单击“筛选依据”下拉按钮，在其下拉列表中选择相应的选项，即可按照所选内容筛选所需查看的批注，如图 7-31 所示。

4．删除批注

当用户想要删除批注时，可单击批注标记，在弹出的“批注”窗格中单击“删除”按钮即可删除当前批注，如图 7-32 所示。

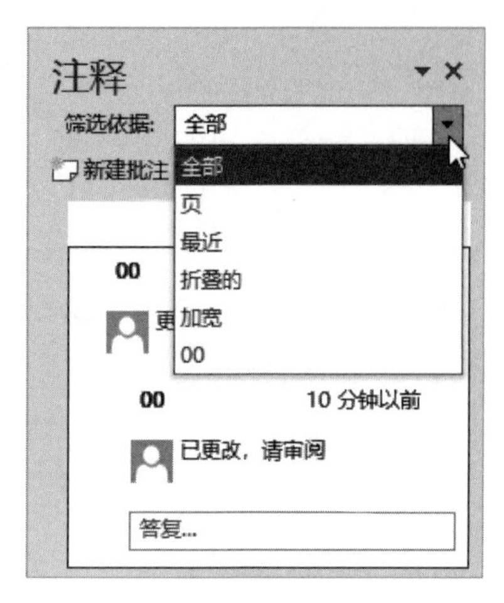

图 7-31

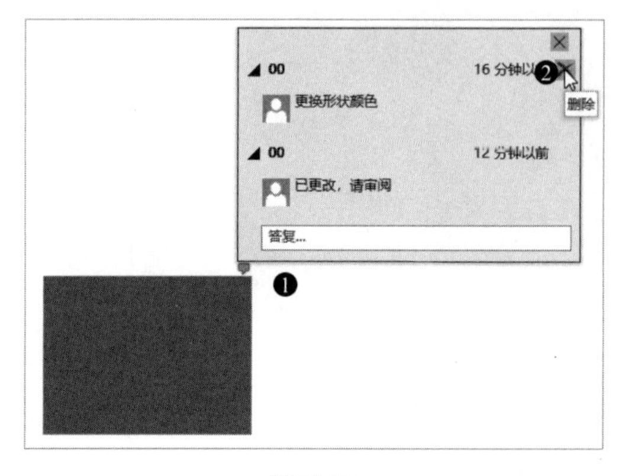

图 7-32

7.4　使用文本对象

文本对象是 Visio 2016 中的一种嵌入对象，是指插入到绘图页中的文档或其他文件。文本对象包括文本符号、公式、屏幕提示以及 Excel 图表等其他对象。本节将详细介绍使用公式、添加屏幕提示的操作方法。

微视频

7.4.1　插入公式

实例文件保存路径：配套素材\效果文件\第 7 章

实例效果文件名称：插入公式 .vsdx

公式是一个等式，是一个包含数据和运算符的数学方程式。在绘图页可以运用公式功能，来表达一些物理、数学或化学方程式，以充实绘图内容。

Step01 新建空白文档，设置纸张方向为横向，执行“插入”→“文本”→“对象”命令，弹出“插入对象”对话框，选择“Microsoft 公式 3.0”选项，单击“确定”按钮，如图 7-33 所示。

Step02 打开公式编辑器，输入“S=”，单击“分式和根式模板”按钮，插入分号，并输入分子和分母，单击“关闭”按钮即可完成插入公式的操作，如图 7-34 所示。

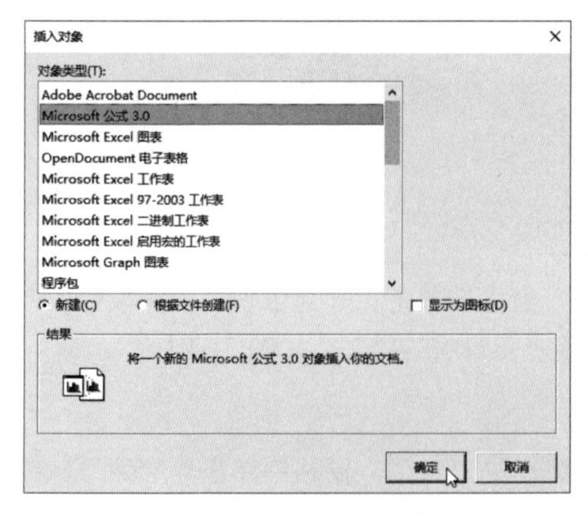

图 7-33

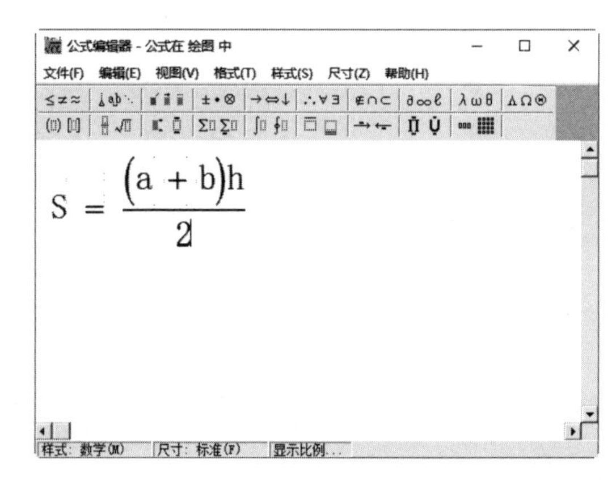

图 7-34

1. 编辑公式的字符间距

字符间距是表达式中各种字符之间的距离，以磅为单位。在 Visio 2016 绘图页中插入公式后，为了美化公式还需要编辑公式的字符间距。

双击绘图页中的公式对象，进入公式编辑器，选择公式，执行“格式”→“间距”命令，在弹出的“间距”对话框中设置“行距”值，单击“确定”按钮，如图 7-35 和图 7-36 所示。

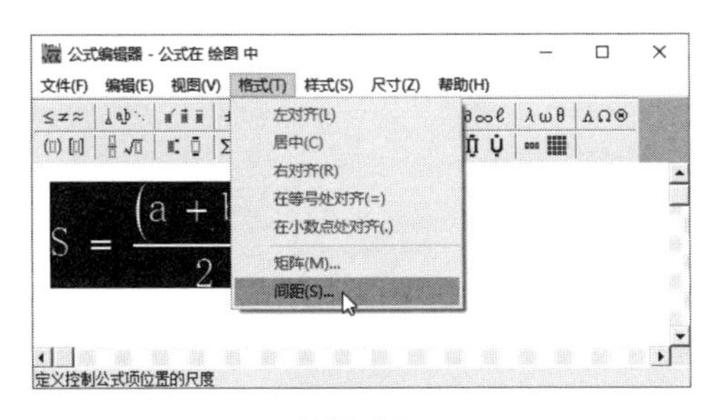

图 7-35

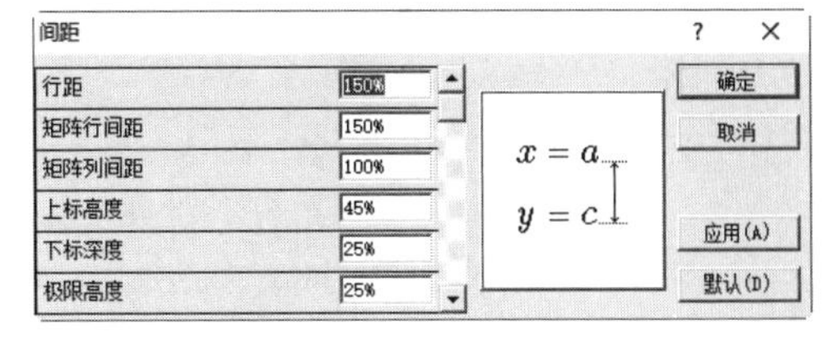

图 7-36

2. 编辑字符样式

在公式编写过程中，用户还可以设置字符的字体、粗体、斜体等字符样式。在公式编辑器中执行“样式”→“定义”命令，在弹出的“样式”对话框中设置“函数”字符格式，单击“确定”按钮，如图 7-37 和图 7-38 所示。然后选择公式，使用新定义的字符样式即可。

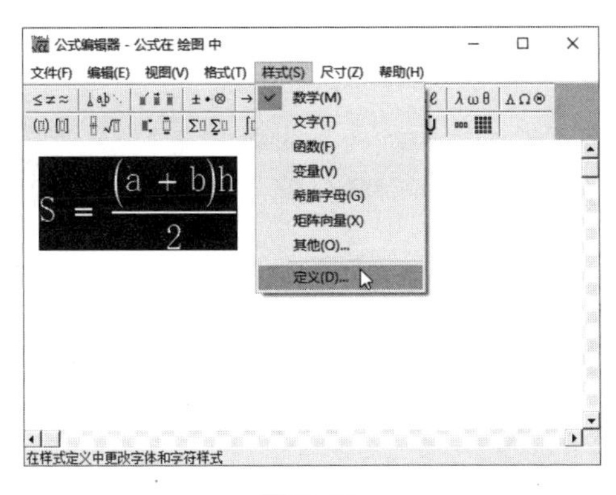

图 7-37

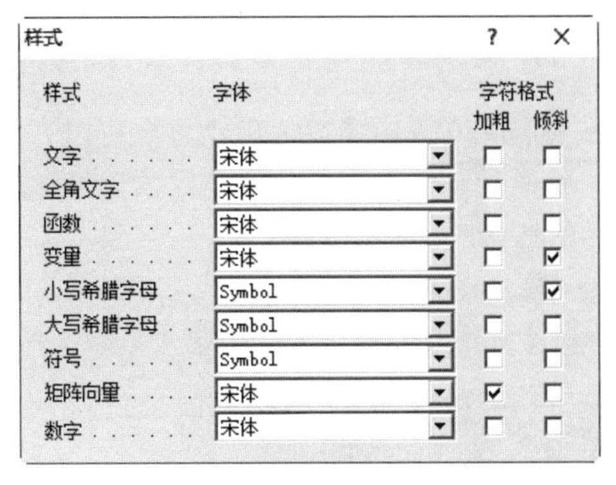

图 7-38

3. 编辑字符尺寸

在公式编辑器中执行“尺寸”→“定义”命令，在弹出的“尺寸”对话框中自定义“标准”磅值，单击“确定”按钮，如图 7-39 和图 7-40 所示。然后选择公式，使用新定义的尺寸选项即可。

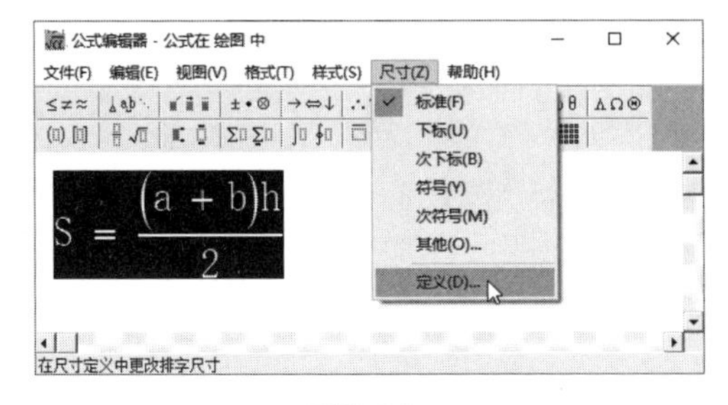

图 7-39

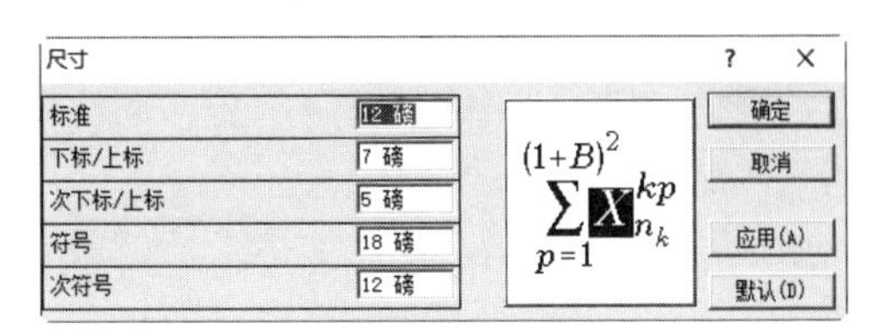

图 7-40

7.4.2 添加屏幕提示

屏幕提示主要是为形状添加一种提示性文本，为形状添加屏幕提示之后，将光标移至形状上方，系统将会自动显示提示文本。

选择形状，执行“插入”→“文本”→“屏幕提示”命令，在弹出的“形状屏幕提示”对话框中输入提示内容，单击“确定”按钮，如图 7-41 和图 7-42 所示。

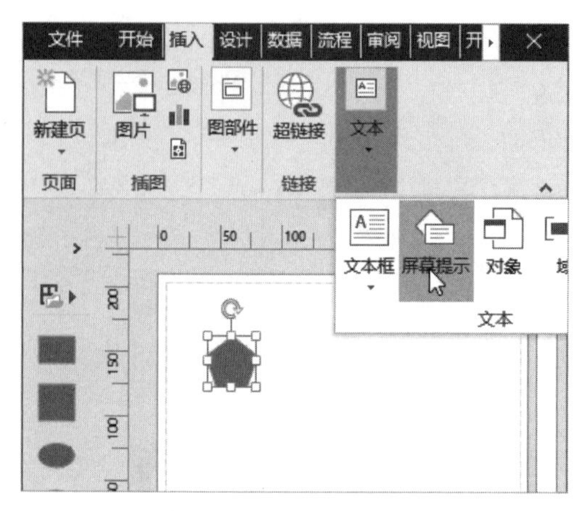

图 7-41

图 7-42

7.5 课堂练习——制作分层数据流程图

在 Visio 2016 中通过使用“层”可以方便地管理绘图页中的各类对象。在本练习中，将通过制作“分层数据流程图”来学习创建层，以及将对象分配到层等有关层使用的基础知识和实用技巧。

微视频

Step01 启动 Visio 2016，进入创建界面，选择“基本框图”选项，如图 7-43 所示。

Step02 弹出创建对话框，单击“创建”按钮，如图 7-44 所示。

图 7-43

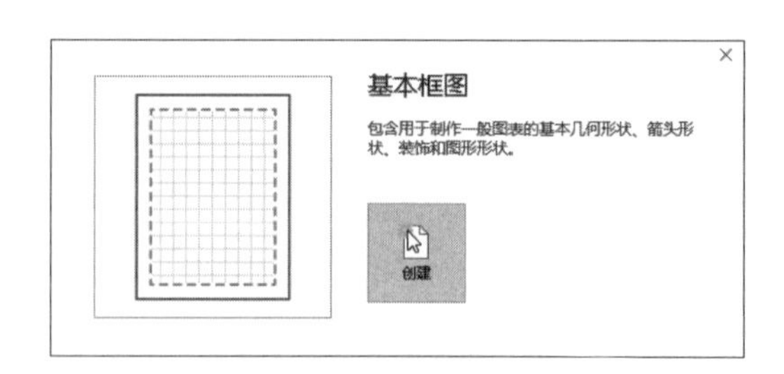

图 7-44

Step03 在“形状”窗格中单击“更多形状”下拉按钮，选择“常规”→“方块”选项，如图 7-45 所示。

Step04 执行“设计”→“主题”→“主题”→“线性”命令，设置主题效果，如图 7-46 所示。

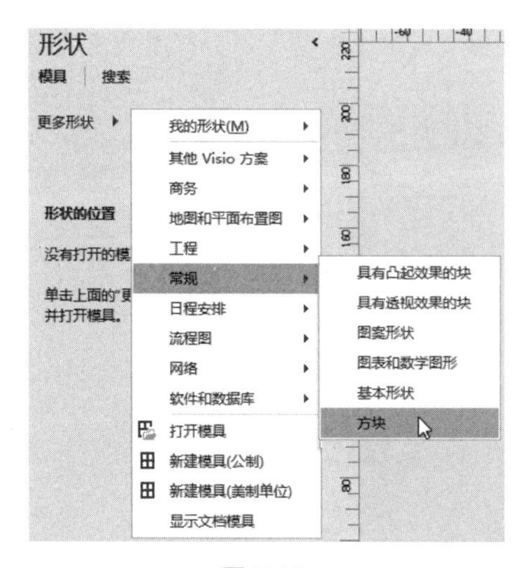

图 7-45

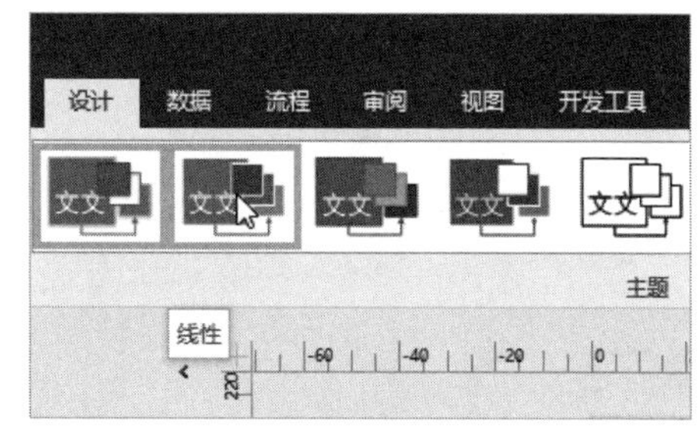

图 7-46

Step05 执行“设计”→“变体”→“线性，变量 3”命令，如图 7-47 所示。

Step06 将“方块”模具中的“二维双向箭头”形状添加到绘图页中，并调整大小和旋转角度，如图 7-48 所示。

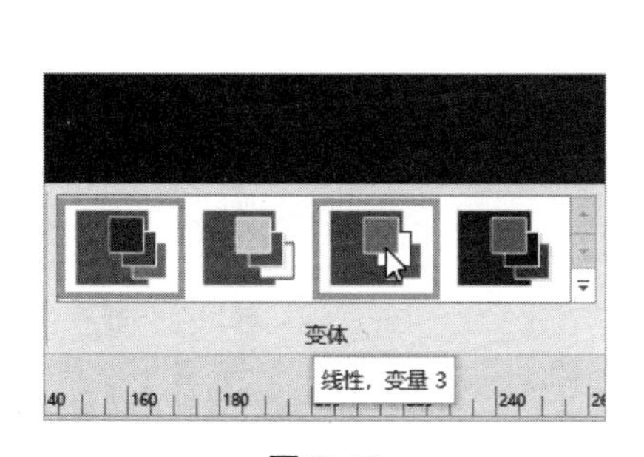

图 7-47

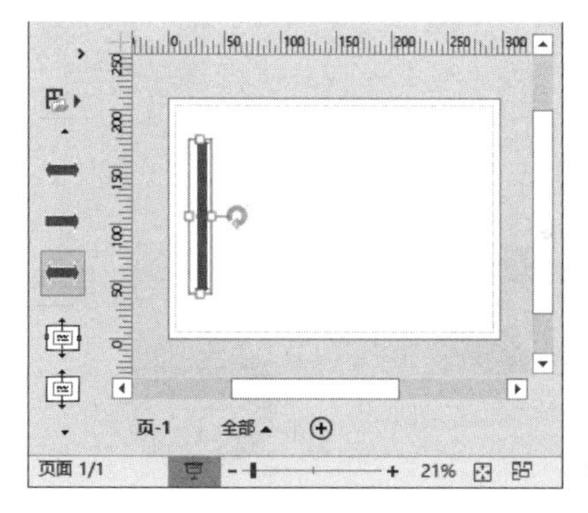

图 7-48

Step07 右击形状，在弹出的快捷菜单中选择“设置形状格式”菜单项，打开“设置形状格式”窗格，展开“填充”选项，选中“渐变填充”单选按钮，设置“预设渐变”选项为“中等渐变 - 个性色 4”，如图 7-49 所示。

Step08 展开“线条”选项，将“颜色”设置为“黑色”，如图 7-50 所示。

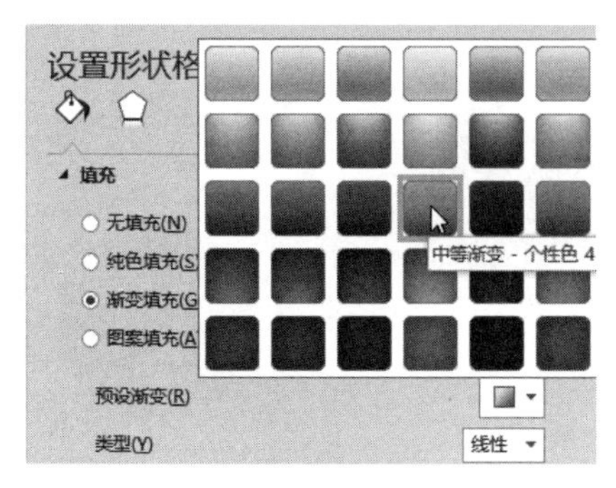

图 7-49

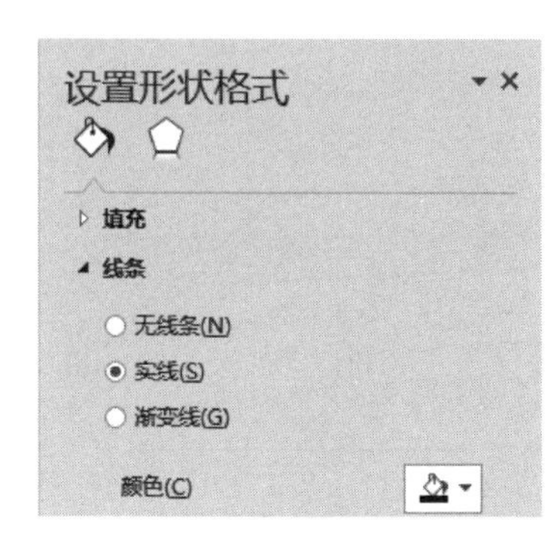

图 7-50

Step09 执行“插入”→“文本”→“文本框”→“竖排文本框”命令，绘制文本框，输入文本并设置字体格式，如图 7-51 所示。

Step10 插入 3 个“基本形状”模具中的“圆形”形状，调整大小和位置，并输入文本，如图 7-52 所示。

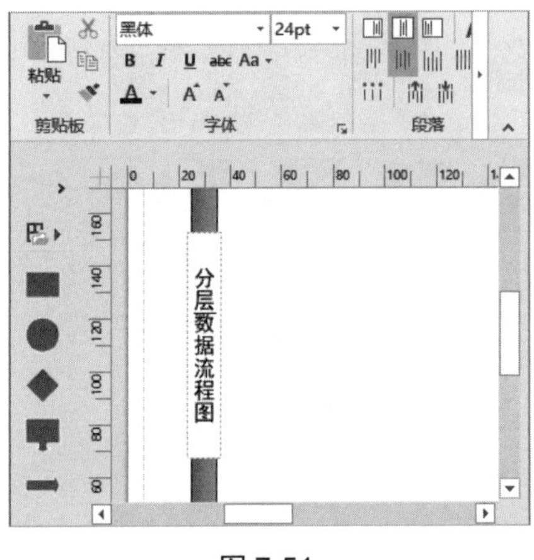

图 7-51

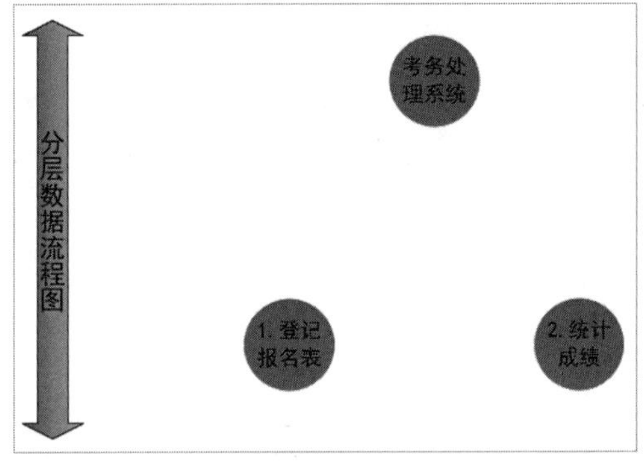

图 7-52

Step11 将“方块”模具中的“框”形状添加到绘图页中，调整位置和大小，如图 7-53 所示。

Step12 选择“框”形状，执行“开始”→“形状样式”→“填充”→“绿色，着色 2”命令，如图 7-54 所示。

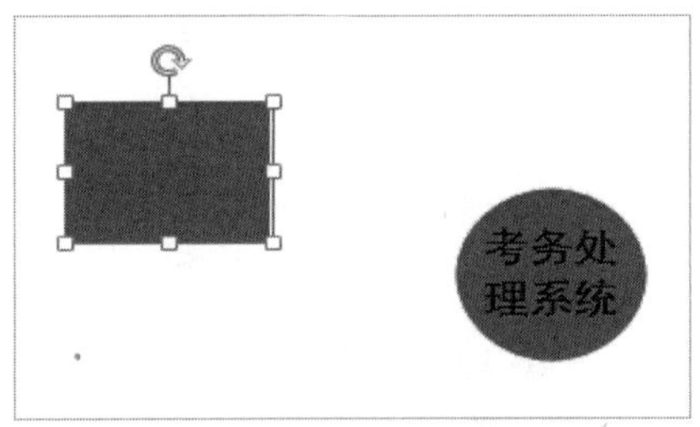

图 7-53

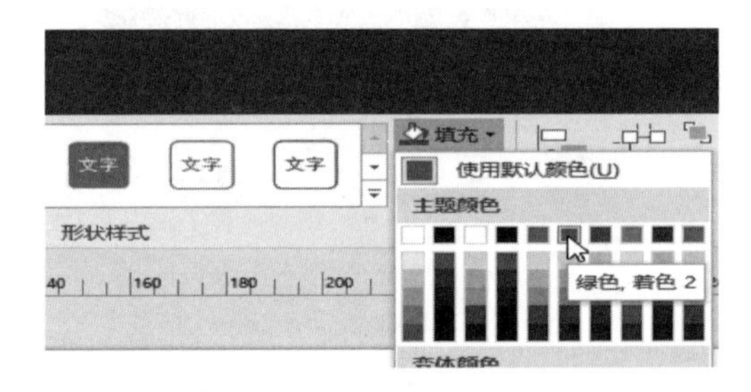

图 7-54

Step13 执行“开始”→“形状样式”→“效果”→“阴影”→“阴影选项”命令，打开“设置形状格式”窗格下的“阴影”选项，设置参数如图 7-55 所示。

Step14 双击“框”形状，输入文本，如图 7-56 所示。

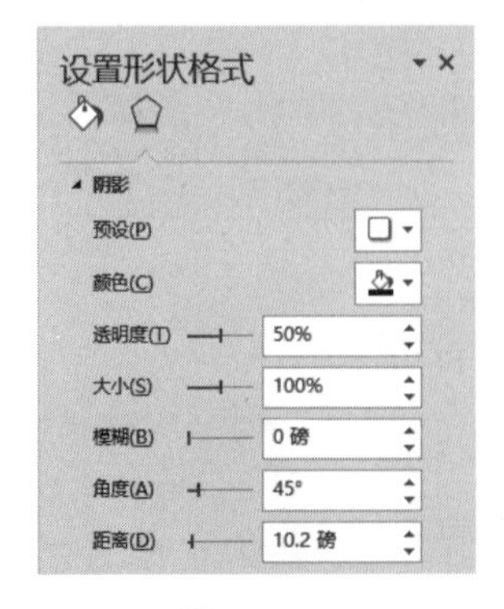

图 7-55

图 7-56

Step 15 使用相同方法制作其他形状，效果如图 7-57 所示。

Step 16 将“基本形状”模具中的“矩形”形状添加到绘图页中，并执行“开始”→“形状样式”→“快速样式”→“细微效果 - 橙色，变体着色 1”命令，如图 7-58 所示。

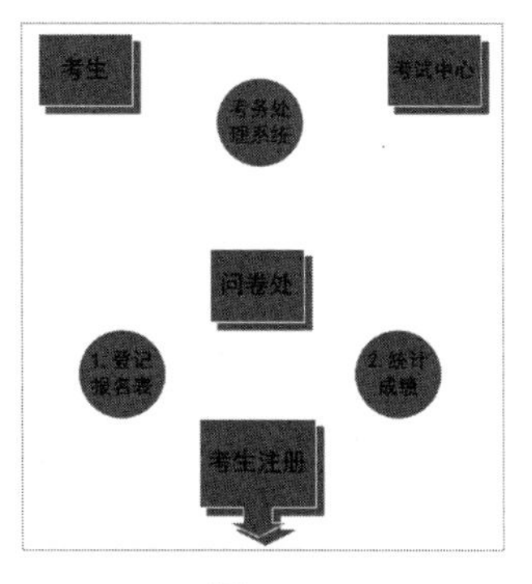

图 7-57

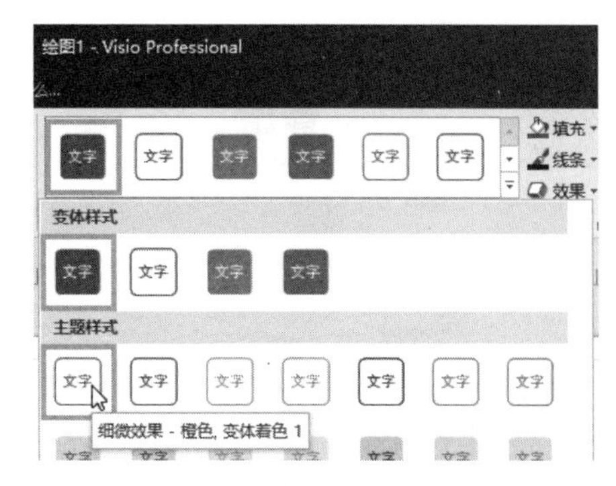

图 7-58

Step 17 执行“开始”→“形状样式”→“效果”→“阴影”→“阴影选项”命令，打开“设置形状格式”窗格下的“阴影”选项，设置参数，如图 7-59 所示。

Step 18 双击矩形形状，输入内容，如图 7-60 所示。

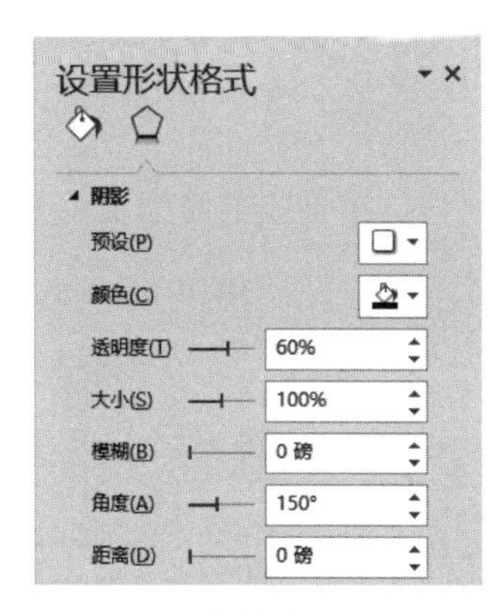

图 7-59

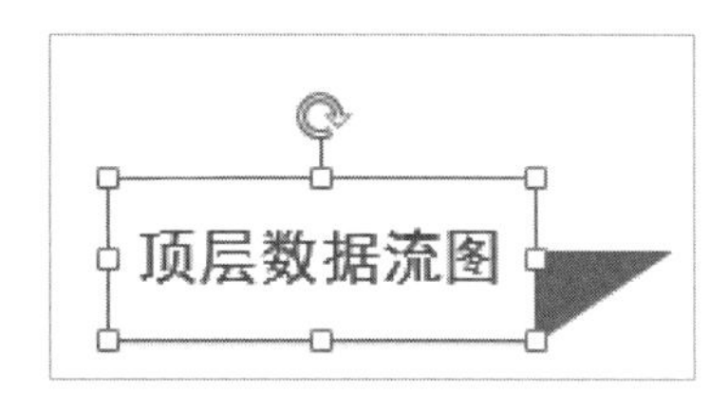

图 7-60

Step 19 使用相同方法制作其他矩形，效果如图 7-61 所示。

Step 20 执行“开始”→“工具”→“绘图工具”→“线条”命令，绘制多条线条，并执行“插入”→“文本”→“文本框”→“横排文本框”命令，输入文本，如图 7-62 所示。

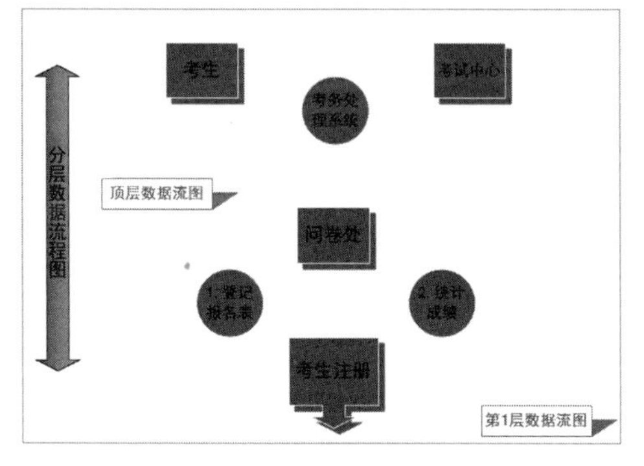

图 7-61

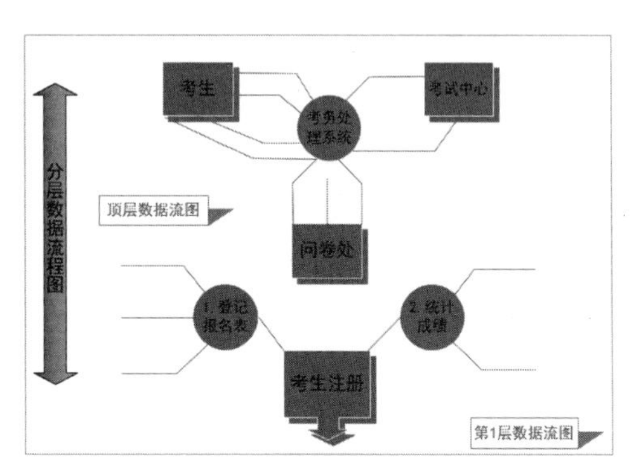

图 7-62

Step21 选中需要添加箭头的线条，执行“开始”→“形状样式”→“线条”→“箭头”命令，添加箭头，如图 7-63 所示。

Step22 执行“插入”→“文本”→“文本框”→“横排文本框”和“竖排文本框”命令，输入文本，最终效果如图 7-64 所示。

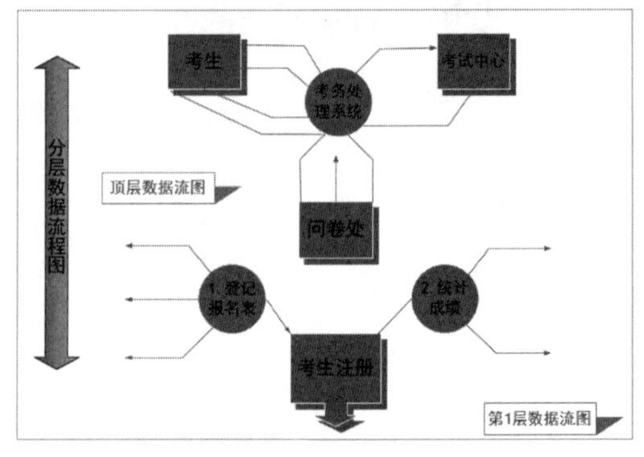

图 7-63

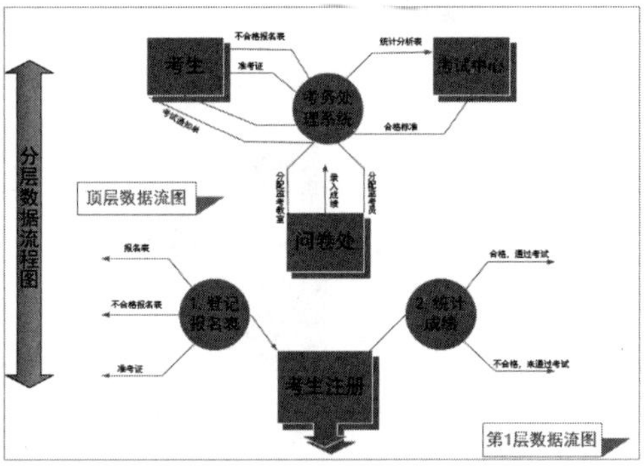

图 7-64

7.6 课后习题

一、填空题

1. 插入超链接是将本地、网络或其他绘图页中的内容链接到当前绘图页中，主要包括超链接形状、________与绘图相关联的超链接。

2. 链接其他文件后，在应用程序中会以________来显示链接状态。

3.________是一种特殊的形状，是由预置的各种形状组合而成。

4.________之后，无论用户如何拖动容器内的形状，其容器都会根据形状的位置而自动扩大，并始终包含形状。

5. 在使用“解除容器”功能之前，用户还需要先禁用________功能，否则无法使用该功能。

6. 在普通状态下，用户可选择容器内的形状，直接按________键进行删除；或者直接选择容器，按________键删除容器及容器内的对象。

7.________是 Visio 中一种特殊的显示对象，具有为形状提供外部的文字说明，以及连接形状和文字的连接线。

二、选择题

1. 在创建超链接时，“超链接”对话框中的“子地址”表示________。

A. 用于输入网站的链接地址

B. 用于输入本地链接地址

C. 用于链接到另一个 Visio 绘图中的网站锚点、页面或形状

D. 用于链接到另一个 Visio 绘图中的形状或页面

2. 插入容器后，可通过相关选项来调整容器的大小，下列表述错误的为________。

A. “无自动调整大小”选项表示容器只能以用户定义的尺寸进行显示

B. “根据需要展开”选项表示容器需要根据用户指定进行调整

C. “始终根据内容调整”选项表示容器的尺寸将根据内容的数量进行扩展或缩小

D. “根据内容调整”选项表示容器将根据自身内容调整其大小

3. 在 Visio 中，用户可以使用成员资格的各种属性设置来编辑容器的内容，成员资格主要包括锁定容器、解除容器与________三个方面。

A. 删除容器

B. 选择内容

C. 嵌套容器

D. 复制容器

4. Visio 为用户提供了________种容器样式，以及相应的标题样式，以方便用户根据绘图页的整体风格，设置容器对象的样式与标题样式。

A. 10

B. 11

C. 12

D. 14

5. 文本对象是 Visio 中的一种嵌入对象，是指插入到绘图页中的文档或其他文件，包括文本符号、公式、________，以及 Excel 图表等其他对象。

A. 形状

B. 对象

C. 屏幕提示

D. 链接

三、简答题

1. 如何插入容器？

2. 如何创建批注？

3. 如何添加屏幕提示？

第 8 章
应用形状数据

本章要点

本章学习素材

- 设置形状数据
- 使用数据图形
- 设置形状表数据
- 显示形状数据

本章主要内容

本章主要介绍设置形状数据、使用数据图形、设置形状表数据方面的知识与技巧，同时还讲解如何显示形状数据，在本章的最后还针对实际的工作需求，讲解绘制产品销售数据透视图表的方法。通过本章的学习，读者可以掌握应用形状数据方面的知识，为深入学习 Visio 2016 知识奠定基础。

8.1　设置形状数据

形状是绘图中的重要元素，因此形状也是绘图页中主要的设置对象。除了可以设置形状的外观效果和颜色之外，用户还可以设置形状中与之关联的数据，包括定义形状数据、导入外部数据、更改形状数据，以及刷新形状数据等内容。

微视频

8.1.1　定义形状数据

形状数据是与形状直接关联的一种数据表，主要用于展示与形状相关的各种属性及属性值。在绘图页中选择一个形状，执行“数据”→“显示 / 隐藏”→“形状数据窗口”命令，在弹出的“形状数据”窗格中即可设置形状数据，如图 8-1 所示。

另外，右击形状，执行“数据”→“定义形状数据”命令，在弹出的“定义形状数据”对话框中也可以设置形状的各项数据，如图 8-2 所示。

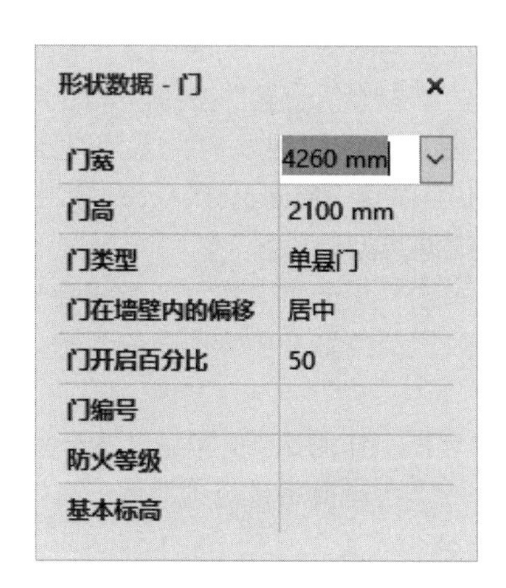

图 8-1

图 8-2

在“定义形状数据”对话框中需要设置以下选项。

- 标签：用于设置数据的名称，由字母、数字、字符等组成，包括下画线字符。
- 名称：用于设置 ShapeSheet 电子表格中的数据名称。只有在以开发人员模式运行时，该选项才可用。
- 类型：用于设置数据值的数据类型。
- 语言：用于标识与“日期”和“字符串”数据类型相关联的语言。
- 格式：用于设置所指定数据的显示方式，其方式取决于“类型”和“日历”设置。
- 日历：可将日历类型设置为用于选定的语言。其中，日历类型将会影响“格式”列表中的可用选项。
- 值：用来设置包含数据的初始值。
- 提示：用来指定在“定义形状数据”对话框中选择属性，或将光标悬停于“形状数据”窗格中的数据标签上时，所显示的说明性文本或指导性文本。
- 排序关键字：用来指定“定义形状数据”对话框和“形状数据”窗格中数据的放置方式。只有在以开发人员模式运行时，该选项才可用。
- 放置时询问：当用户创建形状的实例或重复形状时，提示用户输入形状的数据。只有在以开发人员模式运行时，该复选框才可用。
- 隐藏：启用该复选框，将对用户隐藏属性。只有在以开发人员模式运行时，该复选框才可用。
- 属性：用于显示所选形状或数据集定义的所有属性。选择属性后可对其进行编辑或删除。
- 新建：单击该按钮，将向属性列表添加新属性。
- 删除：单击该按钮，将删除所选属性。

8.1.2　导入外部数据

在 Visio 2016 中，除了直接定义形状数据之外，还可以将外部数据快速导入形状中，并直

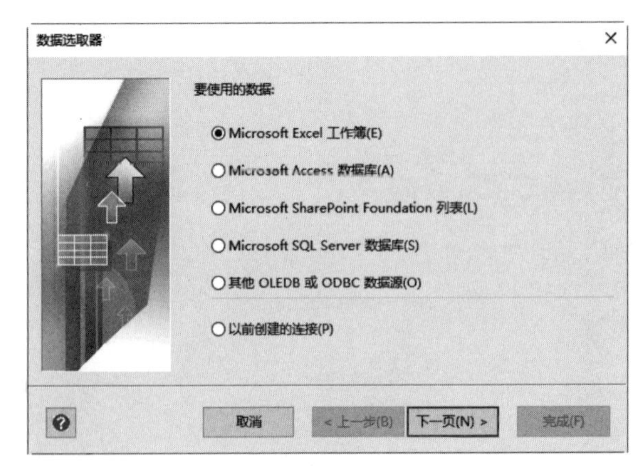

图 8-3

接在形状中显示导入的数据。

1. 导入数据

执行“数据”→“外部数据”→“自定义导入”命令，弹出“数据选取器”对话框，在“要使用的数据”列表中选择使用的数据类型，单击“下一页”按钮，如图 8-3 所示。

在数据类型列表中主要包括 Microsoft Excel 工作簿、Microsoft Access 数据库等 6 种数据源类型。

单击“下一页”按钮，系统会根据所选择的数据源类型来显示不同的步骤。其中，每种数据源所显示的步骤如下。

- Microsoft Excel 工作簿：在“要导入的工作簿”中选择工作簿文件，单击“下一步”按钮，在“要使用的工作表或区域”中选择工作表，执行“选择自定义范围”选项可以选择工作表中的单元格范围。
- Microsoft Access 数据库：在“要使用的数据库”中选择 Access 数据库文件，在“要导入的表”下拉列表中选择数据表，单击“下一步”按钮。
- Microsoft SharePoint Foundation 列表：在“网站”文本框中输入需要链接的 SharePoint 网页地址，单击“下一步”按钮。
- Microsoft SQL Server 数据库：在“服务器名称”文本框中指定服务器名称，获得允许访问数据库的授权。然后在“登录凭据”选项组中设置登录用户名与密码，单击“下一步”按钮。
- 其他 OLEDB 或 ODBC 数据源：在数据源列表中选择数据源类型，并指定文件和授权。
- 以前创建的连接：在“要使用的链接”下拉列表中选择链接，或单击“浏览”按钮，在弹出的“现有链接”对话框中选择链接文件。

在弹出的“连接到 Microsoft Excel 工作簿”对话框中，单击“浏览”按钮，在弹出的“数据选取器”对话框中选择 Excel 数据文件，并单击“打开”按钮，返回到“连接到 Microsoft Excel 工作簿”对话框中，单击“下一页”按钮，如图 8-4 所示。

在弹出的对话框的“要使用的工作表或区域”下拉列表中，设置工作表或区域，勾选“首行数据包含有列标题”复选框，单击“下一页”按钮，如图 8-5 所示。

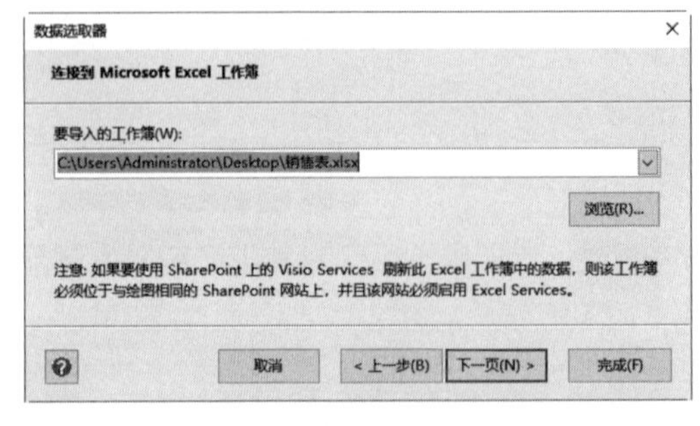

图 8-4

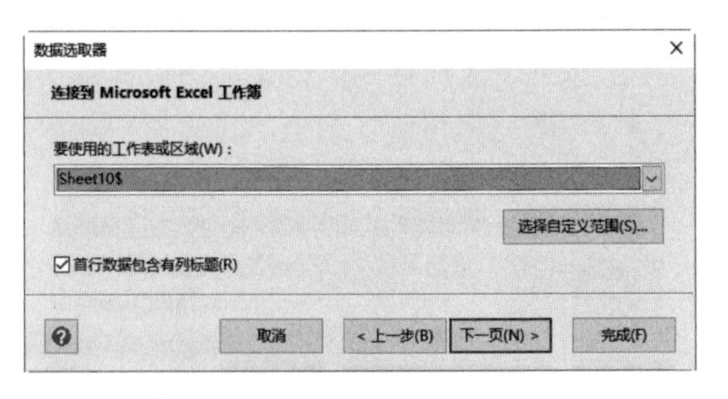

图 8-5

此时，系统会自动弹出“连接到数据”对话框，选择“所有列”和“所有行”中的数据，来选择需要链接的行和列；或者保持系统默认设置，单击“下一页”按钮，如图 8-6 所示。

最后，在弹出的“配置刷新唯一标识符”对话框中保持默认设置，单击“完成”按钮，如图 8-7 所示。其中，“使用以下列中的值唯一标识我的数据中的行”单选按钮表示选择数据中的行来标识数据的更改，该单选按钮为默认选项，也是系统推荐的选项；而“我的数据中的行没有唯一标识符，使用行的顺序来标识更改”单选按钮表示不存在标识符，Visio 基于行的顺序来更新数据。

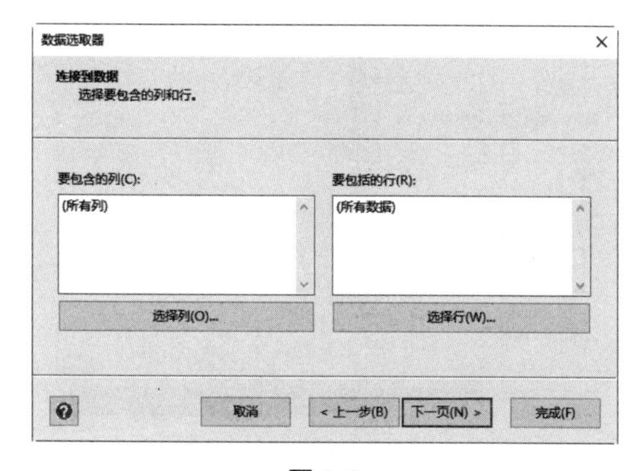

图 8-6

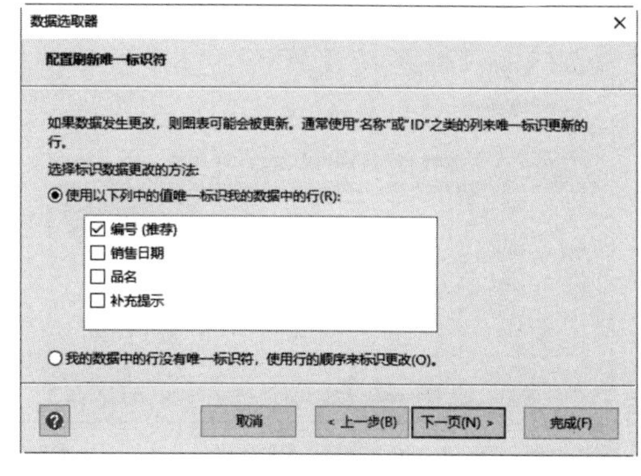

图 8-7

2．链接数据到形状

在绘图页中添加形状，并在“外部数据”对话框中选择一行数据，用鼠标拖至形状上，当光标变成“链接”箭头时释放鼠标，可将数据链接到形状上，如图 8-8 所示。

另外，用户也可以选择一个形状，然后在“外部数据”对话框中选择一行要链接到形状上的数据，右击数据，在弹出的快捷菜单中选择“链接到所选的形状”菜单项，即可将数据链接到形状上，如图 8-9 所示。

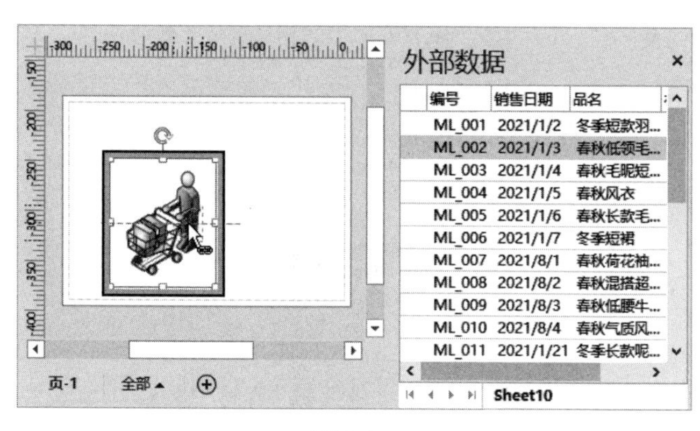

图 8-8

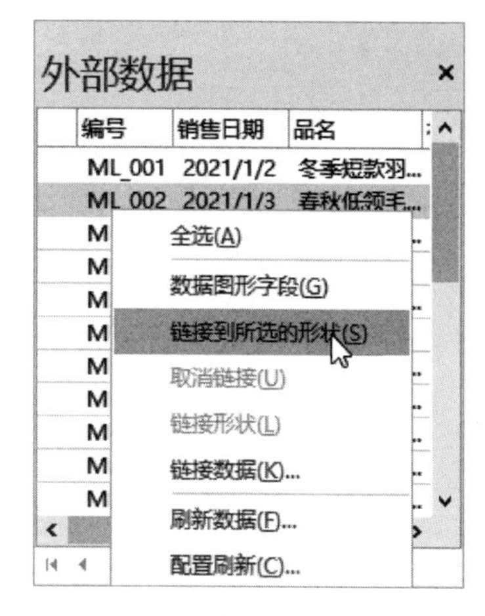

图 8-9

3．自动链接数据

自动链接数据适用于数据容量很大或修改很频繁的情况，在绘图页中执行“数据”→“高级的数据链接”→“链接数据”命令，弹出“自动链接”对话框，在“希望自动链接到”选项组中选择需要链接的选定形状或此页上的所有形状，单击“下一页”按钮，如图 8-10 所示。

在“数据列”与“形状字段”下拉列表中选择需要链接的数据，以及在形状中显示数据的字段。对于需要链接多个数据列的形状，可以单击“和”按钮，增加链接数据列与形状字段。勾选“替换现有链接”复选框，以当前的链接数据替换绘图页中已经存在的链接。单击“下一页”按钮，再单击“完成”按钮即可，如图 8-11 所示。

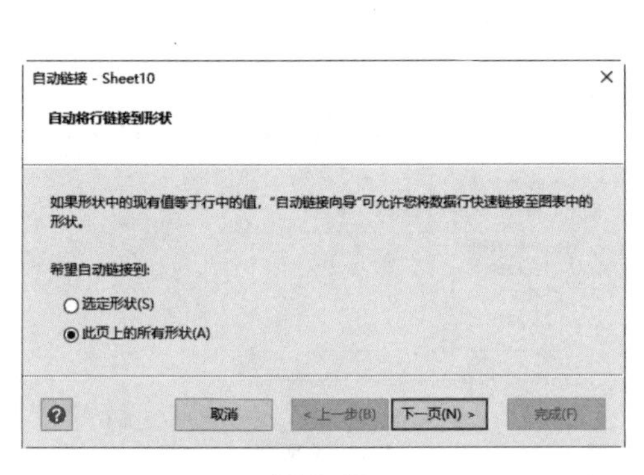

图 8-10

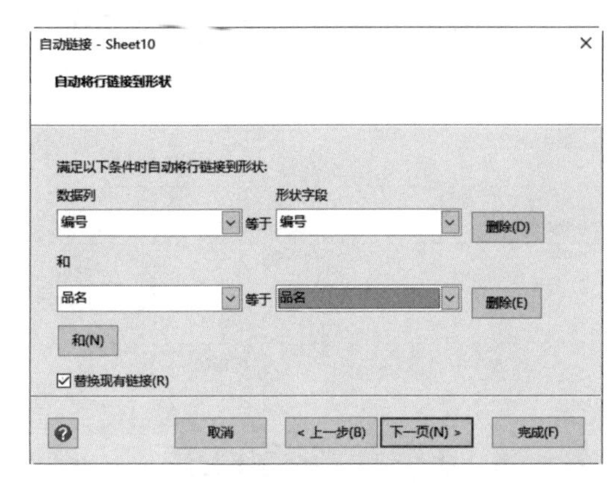

图 8-11

4．添加形状到链接

当用户为绘图页添加新的形状时，可同时添加数据链接。在模具中选择将要添加的形状，在“外部数据”对话框中单击并拖动一行数据记录到绘图页中，即可在绘图页中同时添加形状与数据链接，如图 8-12 所示。

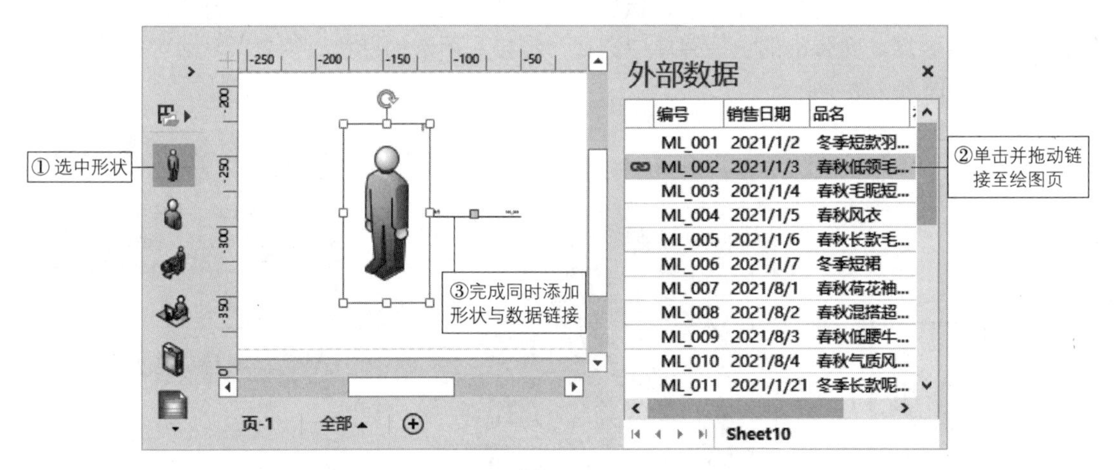

图 8-12

知识常识： 用户还可以将绘图链接到多个数据源上。在“外部数据”窗格中的任意位置右击，在弹出的快捷菜单中选择“数据源”→“添加”命令，系统会自动弹出“数据选取器”对话框，在其中导入新数据源即可。

8.1.3 更改形状数据

默认情况下，为形状链接数据后，Visio 将在形状中显示数据的任意内容。当导入的数据包含多列内容时，用户可通过更改形状数据的方法来设置形状的显示格式。

在导入的外部数据列表中，右击列表，在弹出的快捷菜单中选择“列设置”菜单项，在弹出的“列设置”对话框中提供了数据表中的各个列，此时用户可以通过修改列属性来更改形状的显示格式，如图 8-13 所示。

在“选择要配置的列”列表框中选择列之后，可通过单击“上移”或“下移”按钮来调整列的显示顺序。另外，单击“重命名”按钮则可以更改所选列的名称；而单击“重置名称”按钮则可以恢复被修改的列名称。除此之外，单击“数据类型”按钮可在弹出的“类型和单位”对话框中，设置该列内容的类型、单位、货币等属性，如图 8-14 所示。

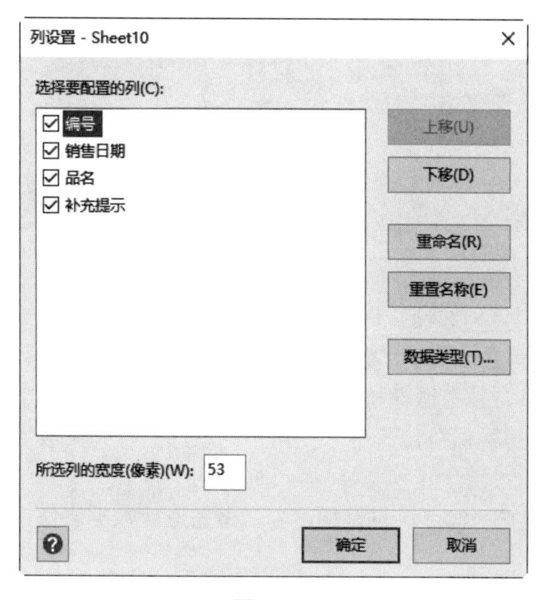

图 8-13

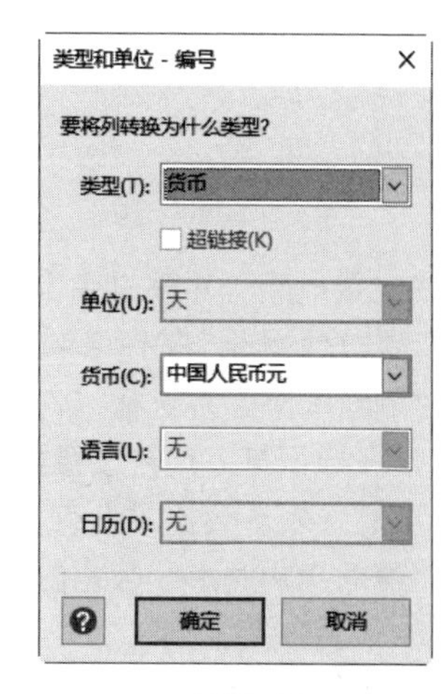

图 8-14

在“类型和单位”对话框的“类型”下拉列表中，主要包含货币、数值、布尔型等 6 种数据类型，每种数据类型的具体含义如下。

- 数值：该数据类型为系统默认数据类型，表示普通的数值。
- 布尔型：该数据类型是由 True（真）和 False（假）组成的逻辑数据。
- 货币：该数据类型是由两位小数的数字和货币符号构成的数值。
- 日期：该数据类型是一种日期格式的数据，是一种可通过日历更改的日期时间。
- 持续时间：该数据类型是由整数和时间单位构成的数值。
- 字符串：该数据类型为普通的字符。

8.1.4　刷新形状数据

链接完数据之后，为了及时更新形状数据，还需要利用 Visio 中的“刷新数据”向导来刷新数据。在绘图页中执行“数据”→“外部数据”→“全部刷新”→“刷新数据”命令，弹出“刷新数据”对话框，在该对话框中选择需要刷新的数据源，单击“刷新”按钮即可刷新数据。直接单击“全部刷新”按钮即可对绘图页中的所有链接进行刷新，如图 8-15 所示。

另外，用户也可以配置数据刷新的间隔时间、唯一标识符等数据源信息。在列表框中选择一个数据源，单击“配置”按钮，在弹出的“配置刷新”对话框中设置相应的选项即可，如图 8-16 所示。

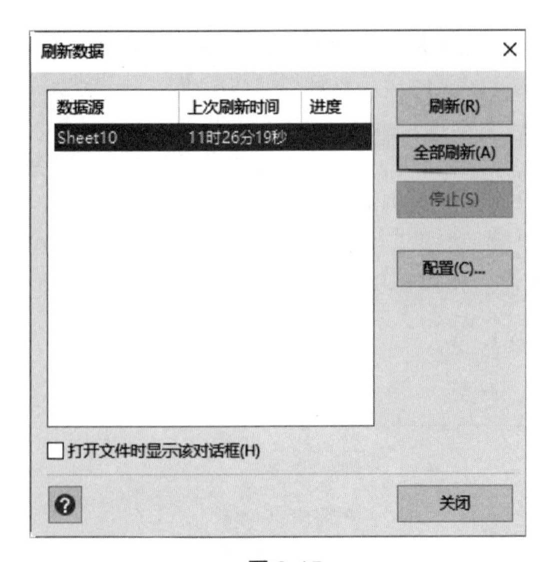

图 8-15

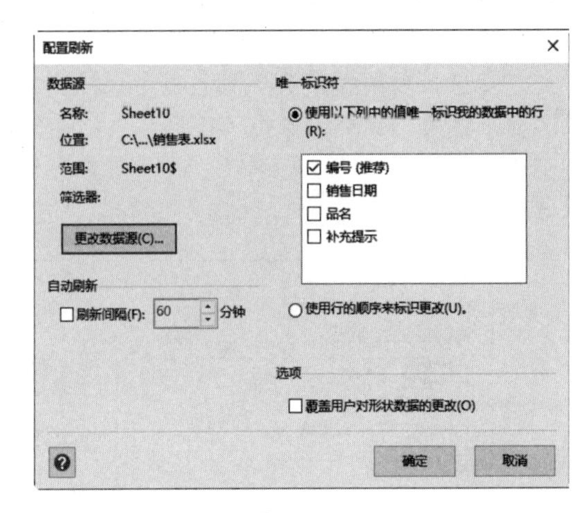

图 8-16

在“配置刷新”对话框中需要设置下列几种选项。

- “更改数据源”按钮：单击该按钮，可在弹出的“数据选取器”对话框中重新设置数据源。
- “刷新间隔”复选框：勾选该复选框，并在微调框中输入或设置刷新时间即可。
- 唯一标识符：用户设置数据源的唯一标识符，选中“使用行的顺序来标识更改”单选按钮时，表示数据源没有标识符。
- “覆盖用户对形状数据的更改”复选框：勾选该复选框，可以覆盖形状数据属性中的值。

8.2 使用数据图形

Visio 2016 为用户提供了显示数据的“数据图形”工具，该工具是一组增强元素，可以形象地显示数据信息。利用该工具，在绘图时具有大量信息的情况下，用户可以保证信息的传递通畅。

微视频

8.2.1 应用数据图形

Visio 2016 为用户提供了两种数据图形类型，即普通数据和高级数据图形。用户可根据设计需求来应用不同的数据图形。

1. 添加普通数据图形

通常情况下，Visio 会以默认的数据图形样式来显示形状的数据。用户可执行“数据”→“数据图形”→“数据图形”命令，在其级联菜单中选择一种样式选项，即可快速设置数据图形的样式，如图 8-17 所示。

图 8-17

2. 添加高级数据图形

执行“数据”→“高级的数据链接”→“高级数据图形”命令，在其级联菜单中选择一种样式选项，即可快速设置数据图形的样式，如图 8-18 所示。

3．设置显示位置

为形状添加数据图形之后，用户可根据绘图页的整体布局来调整数据图形的显示位置。

选择数据形状，执行“数据”→“数据图形”→“位置”命令，在其级联菜单中选择相应的选项即可，如图 8-19 所示。

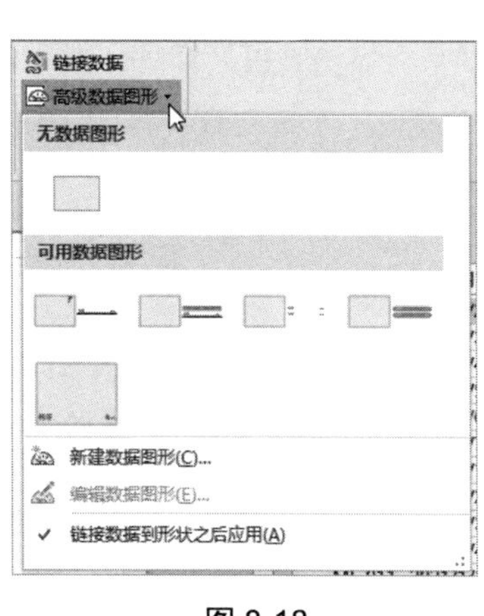

图 8-18

图 8-19

8.2.2　编辑数据图形

除了可以使用 Visio 内置的数据图形样式之外，用户还可以自定义现有的数据图形样式，以使数据图形样式完全符合形状数据的类型。

1．设置数据图形

右击形状，在弹出的快捷菜单中选择“数据”→“编辑数据图形”菜单项，在弹出的“编辑数据图形”对话框中，设置数据图形的位置及显示标注，如图 8-20 所示。

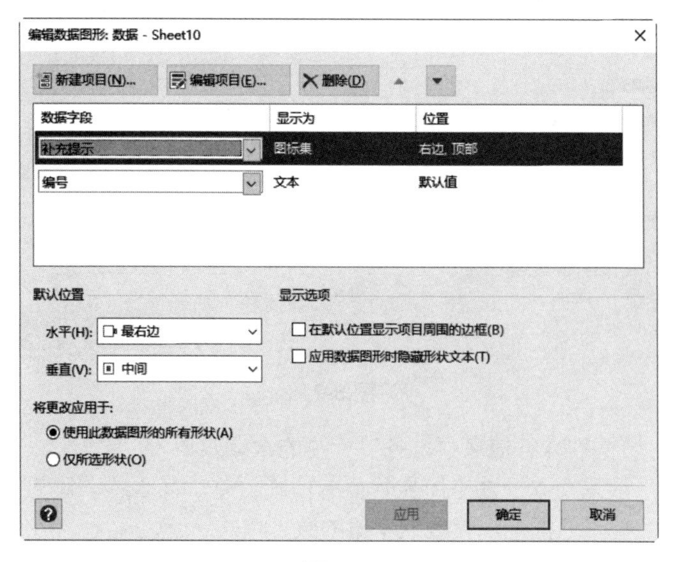

图 8-20

在“编辑数据图形”对话框中主要可以执行下列几种操作。

- 新建项目：启用“新建项目”选项，选择相应的选项即可在弹出的对话框中设置项目属性。该选项中可以设置文本、数据栏、图表集与按值显示颜色 4 种类型。
- 编辑项目：启用“编辑项目”选项，即可在弹出的对话框中重新设置项目的属性。
- 删除项目：启用“删除”选项即可删除选中的项目。
- 排列项目：该选项适用于将所有项目放置于同一个位置。选择项目，单击“上三角形”按钮与“下三角形”按钮即可。
- 设置位置：启用“默认位置”选项组中的“水平”与“垂直”选项，即可设置项目的排放位置。
- 设置显示：可以通过启用“在默认位置显示项目周围的边框”复选框，将项目中周围的边框显示在默认位置。同时，可以启用“应用数据图形时隐藏形状文本”复选框，在应用“数据图形”时隐藏形状的文本。

2．使用文本增强数据

在绘图时，用户可以使用包含列名与列值的文本标注，或使用只显示数据值标题的文本样式来显示形状数据。在“编辑数据图形”对话框中，单击“新建项目”按钮，在“新项目”对话框中，设置“数据字段”选项，将“显示为”设置为“文本”选项，然后设置各项选项即可，如图 8-21 所示。

图 8-21

在“新项目”对话框的详细信息中，各项标注的含义如下。

- 值格式：用来设置文本标注中所显示值的格式。单击该选项右侧的按钮，即可在弹出的“数据格式”对话框中，设置显示值的数据格式。
- 值字号：用来设置文本值的字体大小，用户在文本框中直接输入字号数据即可。

- 边框类型：用来设置文本标签的边框显示样式，主要包括“无”“靠下”“轮廓”等样式。
- 填充类型：用来设置在显示文本数据时是否显示填充颜色。
- 水平偏移量：用来设置标签的水平位置，包括“无”与“靠右”选项。
- 标注宽度：用来设置文本标注的宽度，可以直接在文本框中输入宽度值。
- 垂直偏移量：用来设置标签的水平位置，包括“无”与“向下”选项。

3．使用数据栏增强数据

数据栏是以缩略图表或图形的方式动态显示数据。在“新项目”对话框中，将“显示为”选项设置为“数据栏”，并在“样式”下拉列表中选择一种样式，设置各选项即可，如图 8-22 所示。

图 8-22

在“新项目”对话框中，“详细信息”选项组中的各选项功能如下。

- 最小值：用来显示数据范围中的最小值，默认情况下该值为 0。
- 最大值：用来显示数据范围中的最大值，默认情况下该值为 100。
- 值位置：用来设置数据值的显示位置，可以将其设置为相对数据栏靠上、下、左、右或内部位置。同时，用户也可以通过选择“不显示”选项来隐藏数据值。
- 值格式：用来设置数据值的数据格式，单击该选项后面的按钮，即可在“数据格式”对话框中设置数据显示的格式。
- 值字号：用来设置标注中字体显示的字号，用户可以直接输入表示字号的数值。
- 标签位置：用来显示数据标签的位置，可以将其设置为靠上、下、左、右或内部位置。
- 标签：用来设置标签显示的名称，系统默认为形状数据字段的名称，可直接在文本框中输入文字。
- 标签字号：用来设置标签显示名称的字号，用户可以直接输入表示字号的数值。
- 标注偏移量：用来设置文本数据标注是靠右侧偏移还是靠左侧偏移。
- 标注宽度：用来设置标注的具体宽度，用户可以直接输入表示宽度的数值。

4．使用图标集增强数据

用户还可以使用标志、通信信号和趋势箭头等图标集来显示数据。图标集的设置方法与 Excel 中的“条件格式”相同，系统会根据定义的第一个规则来检测形状数据中的值，根据数据值来判断用什么样的图标来标注值。如果第一个值没有通过系统的检测，那么系统会使用第二个规则继续检测，以此类推，直到检测到符合标准的值。在“新项目”对话框中，将“显示为”设置为“图标集”选项，并在“样式”下拉列表中选择一种样式，设置各项选项即可，如图 8-23 所示。

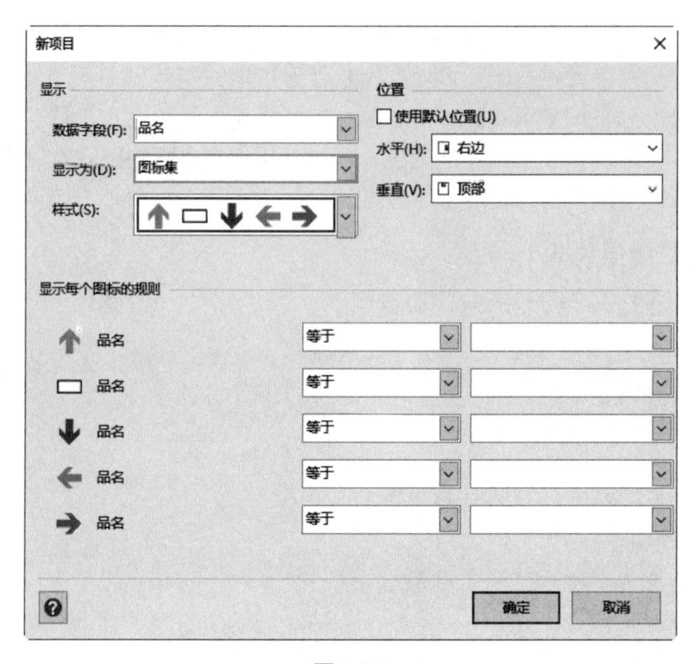

图 8-23

“新项目”对话框中各选项的功能如下。

- 显示：用来设置数据字段名称与标注样式。
- 位置：用来设置标注的水平与垂直位置。当勾选“使用默认设置”复选框时，“水平”与“垂直”选项将不可用。
- 显示每个图标的规则：用来设置每个图标所代表的值、包含的值范围或表达式。

5．使用颜色增强数据

另外，用户还可以通过应用颜色来表示唯一值或范围值。其中，每种颜色代表一个唯一值，用户也可以将多个具有相同值的形状应用相同的颜色。在“新项目”对话框中，将“显示为”选项设置为“按值显示颜色”，并在“着色方法”下拉列表中选择一种选项，然后设置各选项即可，如图 8-24 所示。

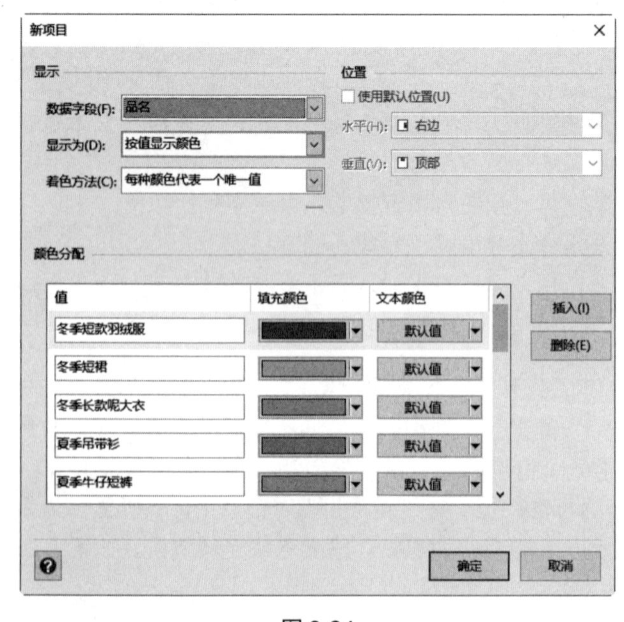

图 8-24

该对话框中的各选项功能如下。

- 数据字段：用于设置数据字段的名称。
- 着色方法：用于设置应用颜色的方法。启用“每种颜色代表一个唯一值”选项，表示可向相同值的所有形状应用同一种颜色；启用“每种颜色代表一个范围值”选项，表示可以使用整个范围内从鲜亮到柔和的各种颜色来表示一个范围内的各个不同值。

- 颜色分配：用于设置具体数据值及数据值的填充颜色与文本颜色，用户可单击“插入”按钮来插入新的值列，单击“删除”按钮删除选中的值列。

经验技巧： 当用户选择“标注”中的“多栏图形”样式或其以后的样式时，在“详细信息”选项组中将添加标签与字段多种选项。

8.3　设置形状表数据

Visio 2016 是一种面向对象的形状绘制软件，Visio 中的每一个显示对象都具有可更改的数值属性。本节将详细介绍查看形状表数据、使用公式以及管理表数据节等设置形状表数据的基础知识。

微视频

8.3.1　查看形状表数据

形状表又称为 ShapeSheet，主要用于显示形状的各种关联数据。在绘图页中选择形状，右击形状，在弹出的快捷菜单中选择“显示 ShapeSheet”菜单项，即可显示形状数据窗口，将该窗口最大化，用户便可以详细查看表中的各种数据，如图 8-25 所示。

另外，在形状表数据窗口中双击一个单元格，在单元格中的“=”号后面输入新的表数据值和单位，按 Enter 键即可完成形状数据的编辑操作，如图 8-26 所示。

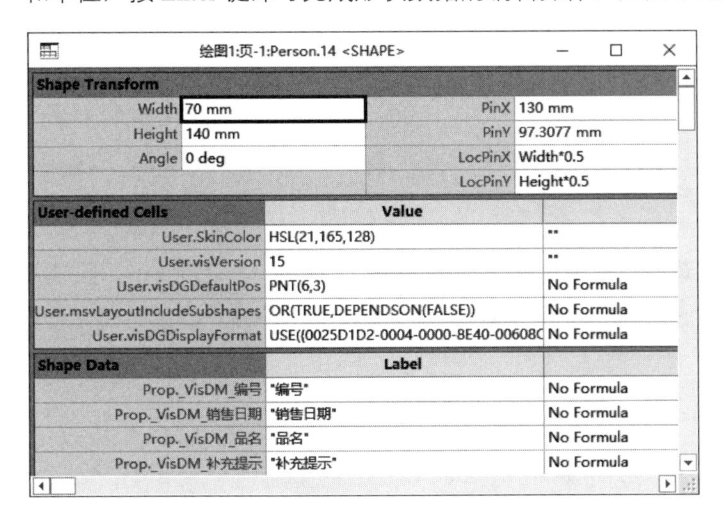

图 8-25

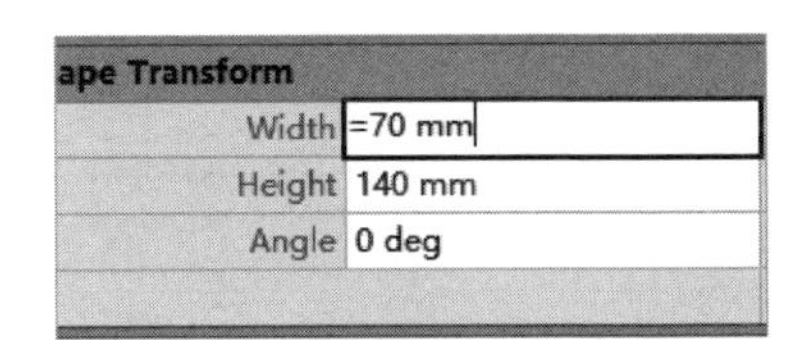

图 8-26

经验技巧： 用户也可以执行“开发工具”→“形状设计”→“显示 ShapeSheet”→“形状”命令，打开形状数据窗口。

8.3.2　使用公式

当用户想通过运算功能来实现数值的编辑时，可以单击“数据栏”右侧的“编辑公式”按钮，在弹出的“编辑公式”对话框中，可根据提示信息输入公式内容，并单击“确定”按钮完成公式的输入，如图 8-27 所示。

另外，用户也可以执行“ShapeSheet 工具”→“设计”→“编辑”→“编辑公式”命令，在弹出的“编辑公式”对话框中对公式进行编辑，如图 8-28 所示。

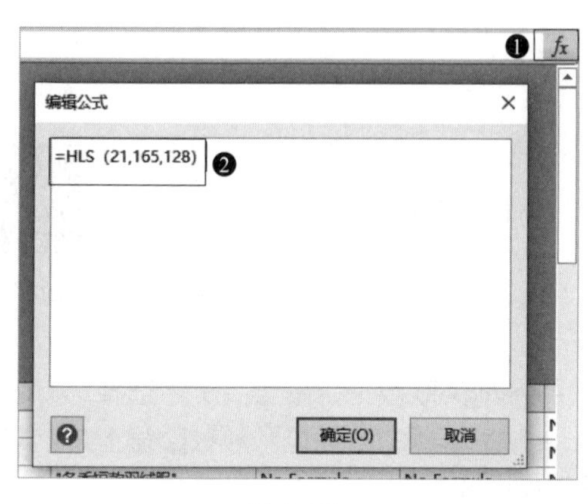

图 8-27

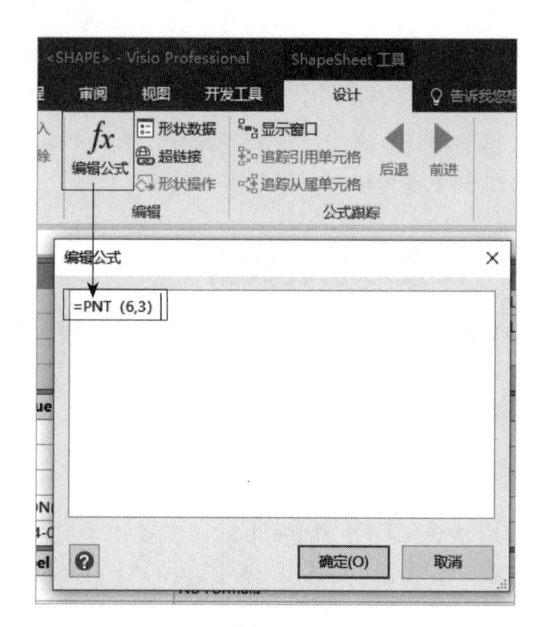

图 8-28

经验技巧：在输入公式时，Visio 会显示一些简单的公式代码提示，帮助用户进行简单的公式计算。例如，允许用户使用三角函数、乘方、开方等数学计算。

8.3.3 管理表数据节

默认状态下，形状表数据可以分为 18 种，它们以节的方式显示于形状表的窗口中。各节的作用如表 8-1 所示。

表 8-1　表数据节介绍

表数据类型	作　用	表数据类型	作　用
Shape transform	形状变换属性，包括宽度和高度等	Fill format	形状填充格式
User-defined cells	用户定义表，包括各种主题设置	Character	字符格式
Shape Date	形状数据信息	Paragraph	段落格式
Controls	用户控制信息	Tabs	表格格式
Protection	锁定形状属性信息	Text block format	文本框格式
Miscellaneous	调节手柄设置	Tex transform	文本变换属性
Group properties	形状组合设置	Events	事件属性
Line format	形状线条格式	Image properties	图片属性
Glue info	粘贴操作信息	Shape layout	形状层属性设置

当用户需要查看节数据时，可执行“设计”→“视图”→“节”命令，在弹出的“查看内容”对话框中选择需要显示的形状数据即可，如图 8-29 所示。

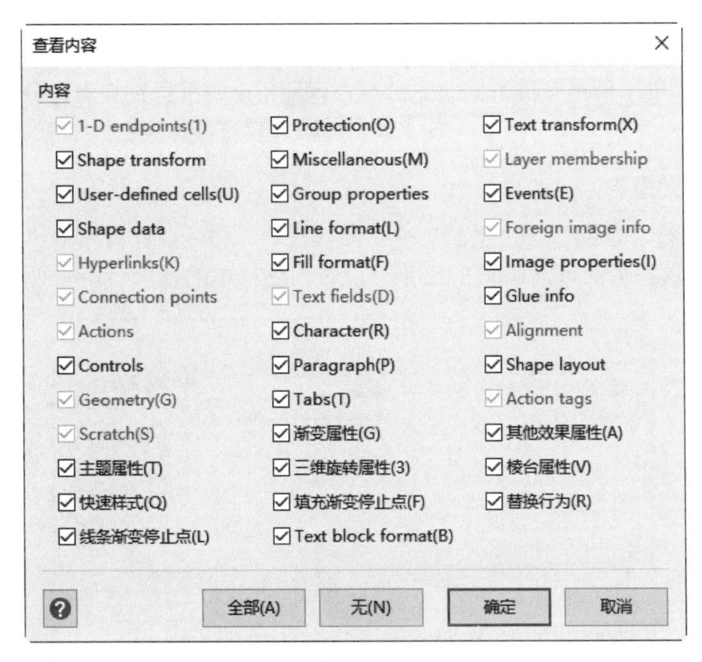

图 8-29

在形状表窗口中，用户可以选择任意一个节中的表数据，执行“设计”→“节”→“删除”命令，即可删除表数据，如图 8-30 所示。

另外，用户还可以执行“设计”→“节”→“插入”命令，在弹出的“插入内容”对话框中，选择需要插入的内容，单击“确定”按钮，在表数据窗口中插入相应的表内容，如图 8-31 所示。

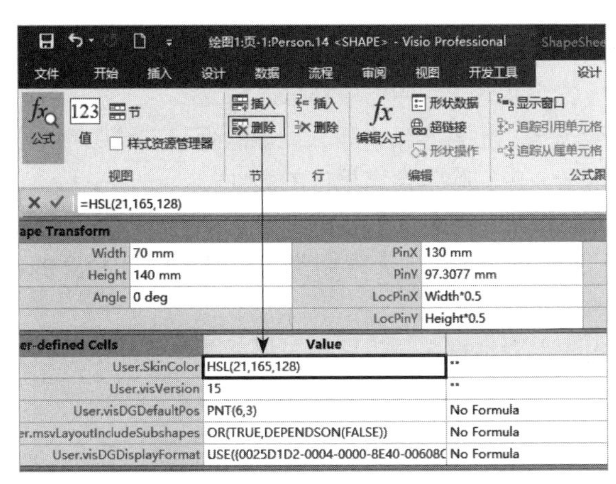

图 8-30

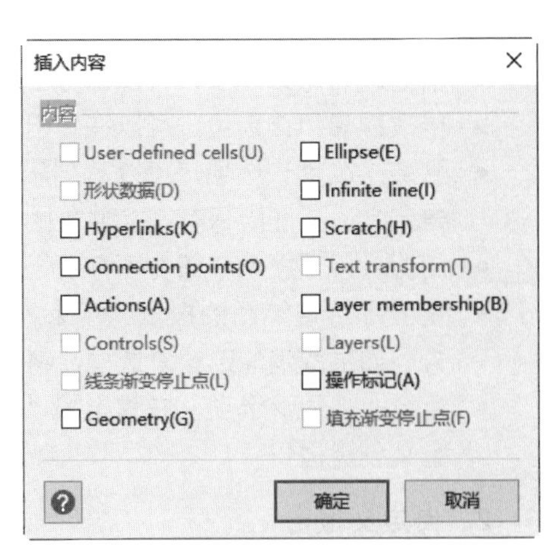

图 8-31

8.4　显示形状数据

Visio 2016 为用户提供了一些显示形状数据的功能，例如，可以通过创建数据报告来显示和分析形状数据；或者通过创建数据透视关系图形象地显示不同类型的形状数据。本节将详细介绍创建数据报告、使用图例显示等内容的具体方法。

微视频

8.4.1 创建数据报告

Visio 为用户提供了预定义报告的功能，用户可利用这些报告来查看与分析形状中的数据，用户还可以根据工作需求创建新报告，以便专门分析与保存报告数据。

1. 使用预定义报告

在绘图页中执行“审阅”→“报表”→“形状报表”命令，在弹出的“报告”对话框中选择报告类型并运行该报告即可，如图 8-32 所示。该对话框中的各选项功能如下。

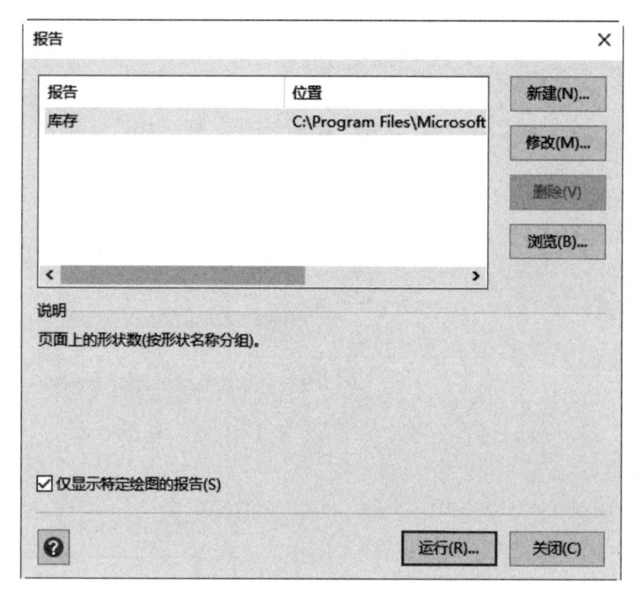

图 8-32

- 新建：启用该选项，可以在弹出的“报告定义向导”中创建新报告。
- 修改：启用该选项，可以在弹出的“报告定义向导”中修改报告。
- 删除：改用该选项，可以从列表中删除选定的报告定义，但只能删除保存在绘图中的报告定义。要删除保存在文件中的报告定义，应删除包含该报告的文件。
- 浏览：用于搜索存储在不存在于任何默认搜索位置的文件中的报告定义。
- 仅显示特定绘图的报告：用来指示是否将报告定义列表限制为与打开的绘图相关的报告。如果取消勾选该复选框，将列出所有报告定义。
- 运行：启用该选项，在弹出的“运行报告”对话框中，设置报告格式并基于所选的报告定义创建报告。

2. 自定义报告

在“报告”对话框中单击“新建”按钮，即可弹出“报告定义向导”对话框。通过该对话框自定义报告时，主要分为选择报告对象、选择属性、设置报告格式与保存报告定义 4 个步骤。

自定义报告的第一步，便是选择报告对象。在“报告定义向导”对话框的首个页面中，可以选择所有页上的形状、当前页上的形状、选定的形状以及其他列表中的形状，单击“下一步”按钮，如图 8-33 所示。

在弹出的对话框中勾选“显示所有属性”复选框，显示所有的属性。然后在“选择要在报告中显示为列的属性”列表框中，选择要在报告中显示为列的属性，单击“下一步”按钮，如图 8-34 所示。

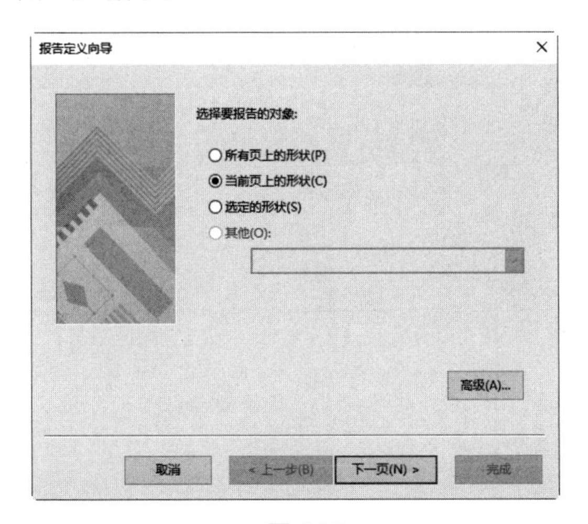

图 8-33

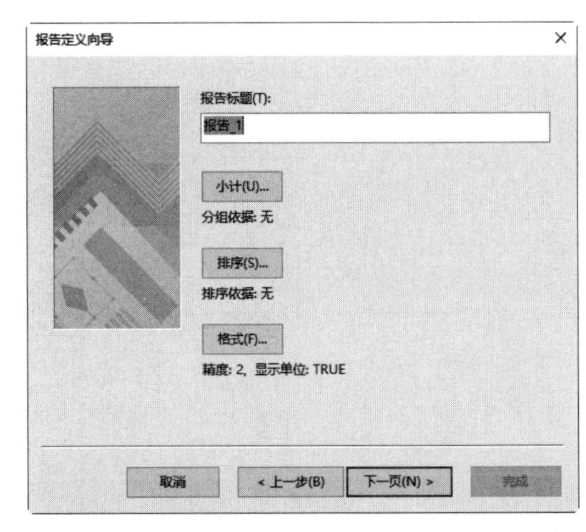

图 8-34

然后，在弹出的对话框中设置报告标题、分组依据、排序依据和格式，单击“下一步”按钮，如图 8-35 所示。

最后，在弹出的对话框中设置保存报告的定义名称、说明及位置，单击“完成”按钮，完成自定义报告的操作，如图 8-36 所示。在“报告”对话框中选择自定义报告，单击“运行”按钮即可看到保存后的报告。

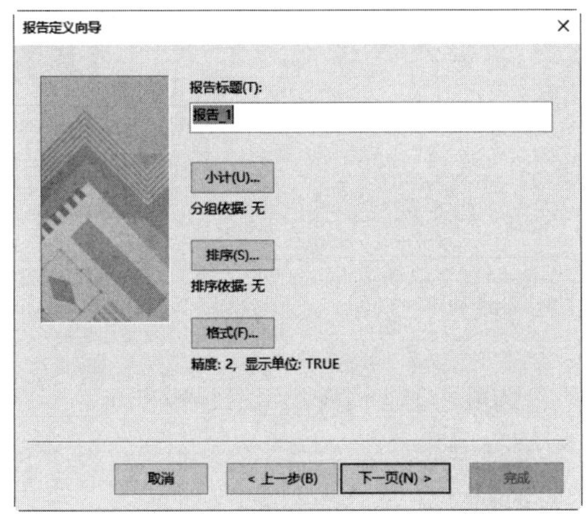

图 8-35

图 8-36

8.4.2　使用图例显示

图例是结合数据显示信息而创建的一种特殊标记，当设置列数据的显示类型为数据栏、图标集或按值显示颜色时，便可以为数据插入图例。

在包含形状数据的绘图页中，执行“数据”→“显示数据”→“插入图例”命令，在其级联菜单中选择一种选项即可，如图 8-37 所示。此时，Visio 会根据绘图页中所设置的数据显示方式自动生成关于数据的图例。

图 8-37

8.5 课堂练习——制作产品销售数据透视图表

数据透视关系图是按树状结构排列的形状集合，以一种可视化、易于理解的数据显示样式来显示、分析与汇总绘图数据。在本练习中，将运用“数据透视图表”模板来制作一份“产品销售数据透视图”图表。

微视频

实例文件保存路径：配套素材 \ 效果文件 \ 第 8 章

实例效果文件名称：产品销售数据透视图 .

Step01 启动 Visio 2016，进入“新建”界面，选择“类别”选项，在展开的列表中选择“商务”选项，如图 8-38 所示。

Step02 弹出“新建”窗口，双击“数据透视图表”选项，创建模板，如图 8-39 所示。

图 8-38

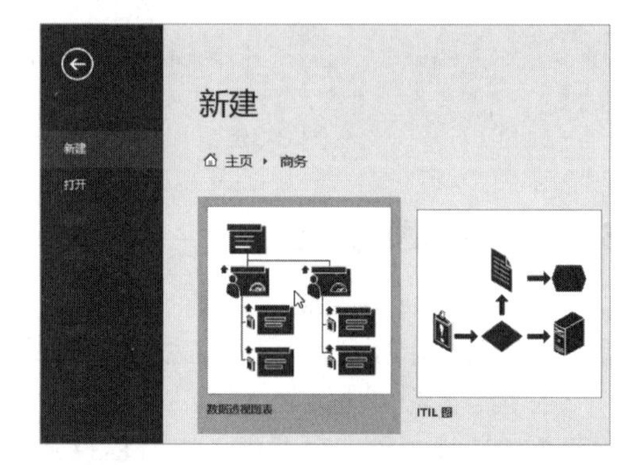

图 8-39

Step03 弹出“数据选取器”对话框，保持默认设置，单击“下一页”按钮，如图 8-40 所示。

Step04 进入下一页，单击“浏览”按钮，选择名为“产品销售额”的数据文件，单击“下一页”按钮，如图 8-41 所示。

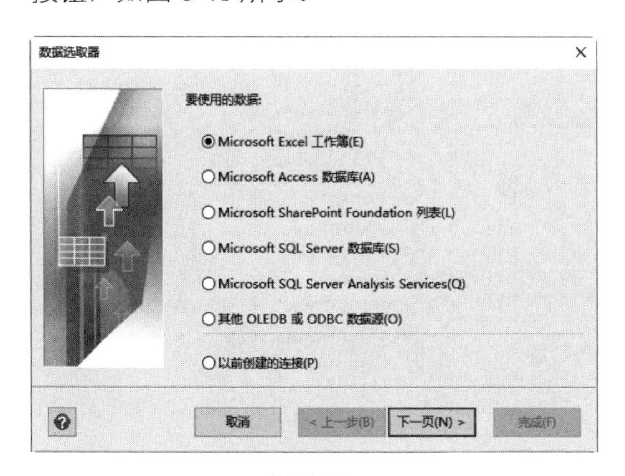

图 8-40

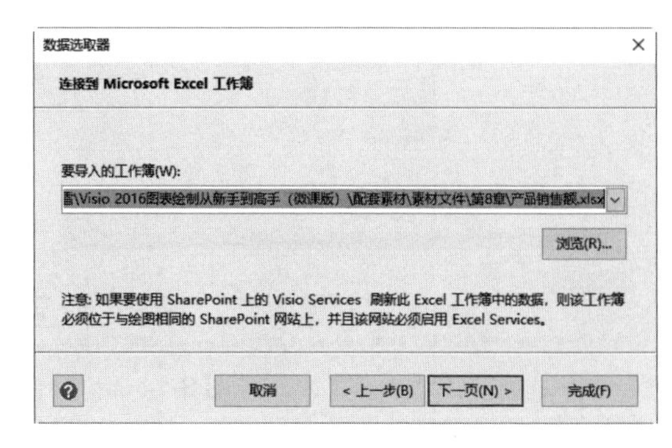

图 8-41

Step05 进入下一页，单击“选择自定义范围”按钮，在展开的 Excel 窗口中选择数据区域，如图 8-42 所示。

Step06 打开 Excel 文件，在表格中选中数据区域，在“导入到 Visio”对话框中单击“确定”按钮，如图 8-43 所示。

图 8-42

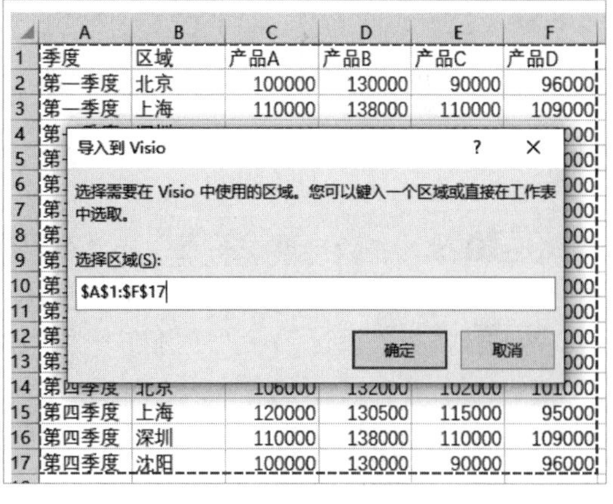

图 8-43

Step07 返回“数据选取器”对话框，单击“完成”按钮，如图 8-44 所示。

Step08 Visio 自动打开“数据透视关系图”窗格，在“添加汇总”列表中勾选“产品 A”至“产品 D”复选框，如图 8-45 所示。

Step09 在“添加类别”列表中，先单击“区域”选项，再单击“季度”选项，效果如图 8-46 所示。

Step10 选择“汇总”形状，执行“数据透视关系图”→“格式”→“应用形状”命令，弹出“应用形状”对话框，在“模具”下拉列表中选项“工作流部门”选项，选择“营销”形状，单击“确定”按钮，如图 8-47 所示。

图 8-44

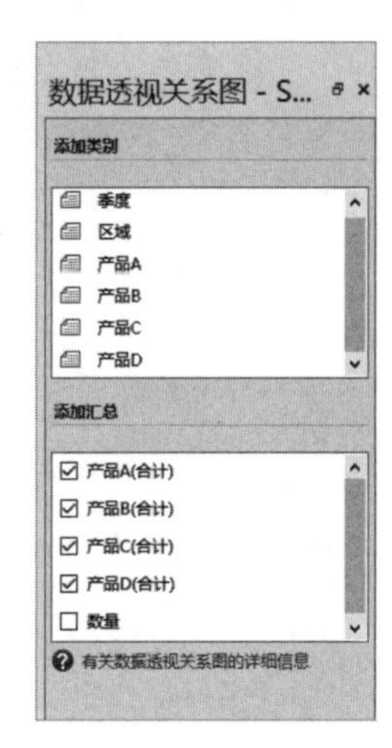

图 8-45

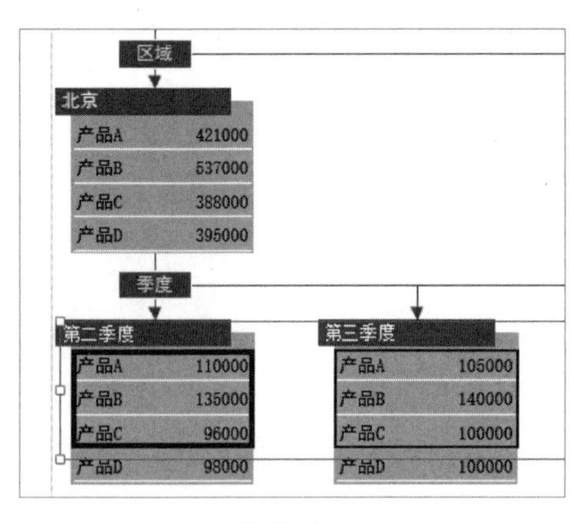

图 8-46

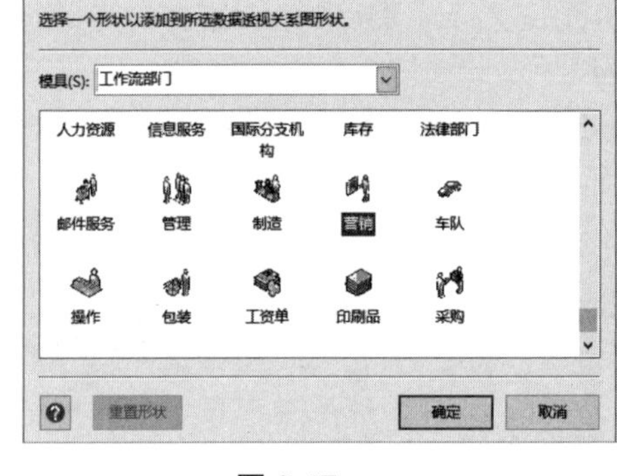

图 8-47

Step 11 执行“数据透视图表”→“布局”→“全部重新布局”→“全部重新布局”命令，调整图表的位置和顺序，效果如图 8-48 所示。

Step 12 执行“设计”→“主题”→“主题”→“离子”命令，如图 8-49 所示。

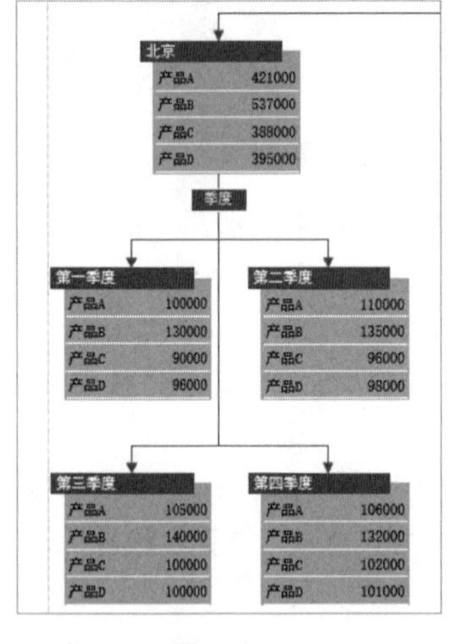

图 8-48

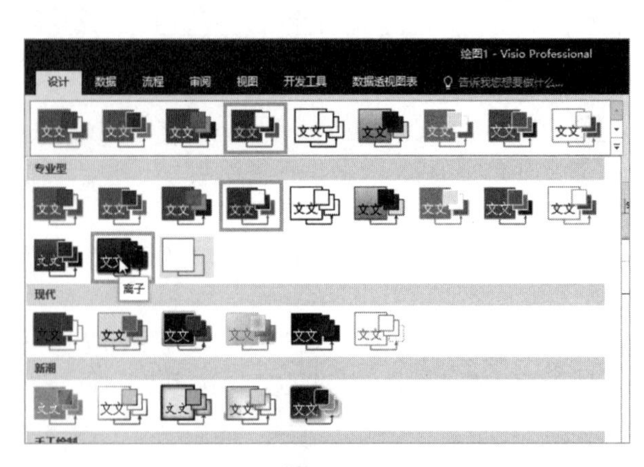

图 8-49

Step13 选择下两排的所有形状，执行“开始”→“形状样式”→“填充”→“浅绿”命令，如图 8-50 所示。

Step14 双击左上角的标题形状，输入标题文本并设置文本字体为黑体，字号为 18pt，如图 8-51 所示。

Step15 执行“设计”→“背景”→“背景”→“货币”命令，如图 8-52 所示。

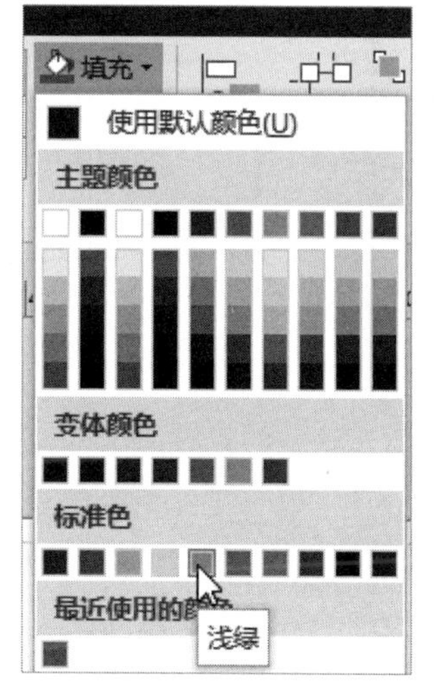

图 8-50

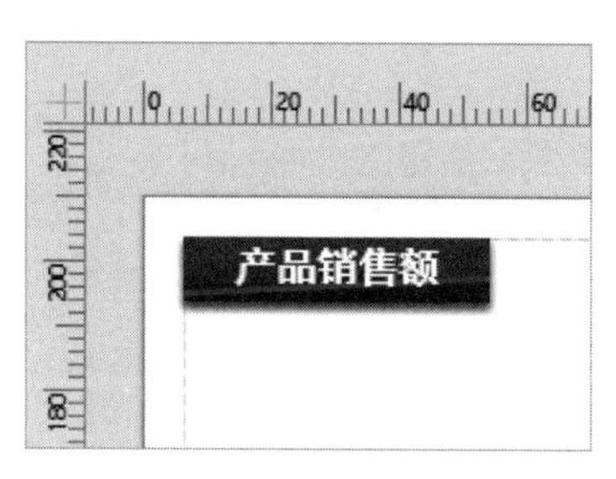

图 8-51

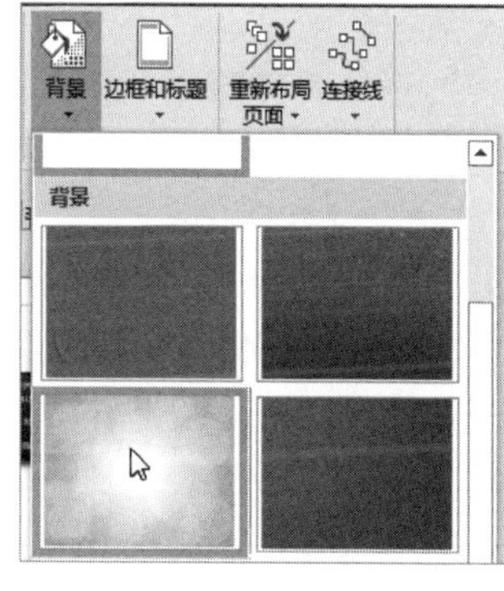

图 8-52

Step16 最终数据透视图表的效果如图 8-53 所示。

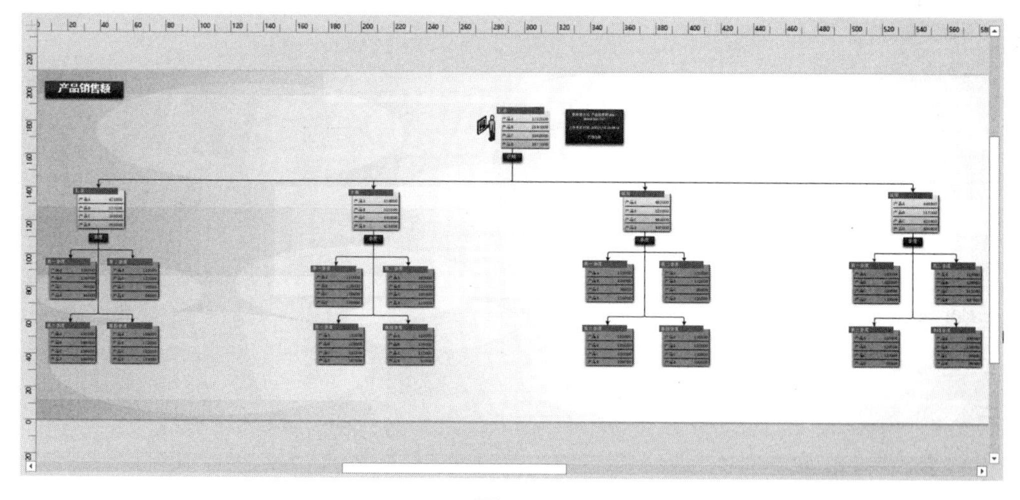

图 8-53

8.6　课后习题

一、填空题

1. 在 Visio 中，除了可以设置形状的外观效果与颜色之外，还可以设置形状与之关联的数据，包括________、________、更改形状数据，以及________等内容。

2. 形状数据是与形状直接关联的一种________，主要用于展示与形状相关的各种属性及________。

3. 在定义形状数据时，“定义形状数据”对话框中的________选项，不可用于布尔值数据类型。

4. 用户还可以将绘图链接到多个数据源上，在“外部数据”窗格中的任意位置右击，在弹出的快捷菜单中选择________命令，系统会自动弹出________对话框，遵循“将绘图链接到数据源”中的步骤即可。

5. 在链接数据到形状时，用户可以使用直接链接、自动链接和________方法链接形状。

6.Visio 2016 为用户提供了显示数据的________工具，该工具是一组________，可以形象地显示数据信息。

7. 形状表又称为________，主要用于显示形状的各种关联数据。

二、选择题

1.________是结合数据显示信息而创建的一种特殊标记，当设置列数据的显示类型为数据栏、图标集或按值显示颜色时，便可以使用它。

A. 图例

B. 数据表

C. 数据节

D. 图形增强样式

2. 在“报告”对话框中单击“新建”按钮，即可弹出“报告定义向导”对话框，通过该对话框自定义报告时，主要分为选择报告对象、选择属性、________与保存报告定义 4 个步骤。

A. 设置报告数据

B. 设置报告格式

C. 设置数据类型

D. 插入数据表

3. 对于表数据节中表数据类型的描述，错误的一项为________。

A.Shape transform 表示形状变换属性，包括宽度和高度等

B.User-defined cells 表示用户定义表，包括各种主题设置

C.Paragraph 表示字符格式

D.Shape layout 表示形状层属性设置

三、简答题

1. 如何使用公式？

2. 如何更改形状数据？

第 9 章
Visio 在实际工作中的应用

本章要点

本章学习素材

- 制作数据流程图
- 制作三维方向图
- 制作日程表
- 制作网络拓扑图
- 制作饼形图
- 制作系统结构示意图

本章主要内容

本章主要介绍制作数据流程图、制作三维方向图、制作日程表、制作网络拓扑图、制作饼形图方面的知识与技巧，同时还讲解了如何制作系统结构示意图的方法。通过本章的学习，读者可以掌握 Visio 2016 在实际工作中的应用，为深入掌握 Visio 2016 知识奠定基础。

9.1 制作数据流程图

随着计算机的不断发展，数据流模型已引起人们的广泛关注，并被应用到各种数据类型中，数据流模型以图形方式来表达数据在系统内部的逻辑流向和逻辑变换过程。在本实例中，将运用“数据流图表”模板来制作一个网站访问数据流程图。

微视频

实例文件保存路径：配套素材\效果文件\第 9 章
实例效果文件名称：网站访问数据流程图 .vsd

Step01 启动 Visio 2016，进入“新建”界面，选择“类别”选项，选择“软件和数据库”选项，如图 9-1 所示。

Step02 在展开的列表中双击“数据流图表”模板，如图 9-2 所示。

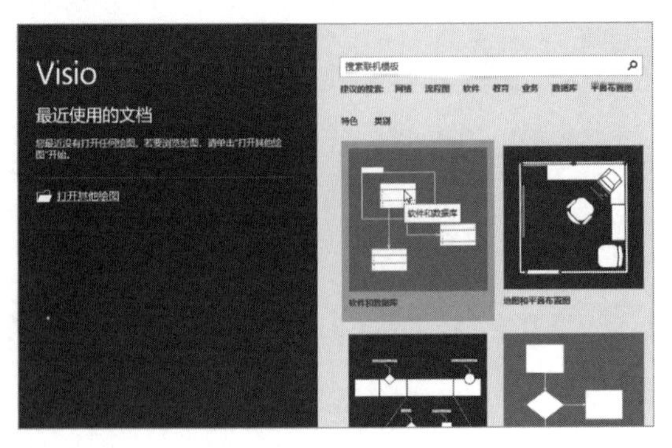

图 9-1

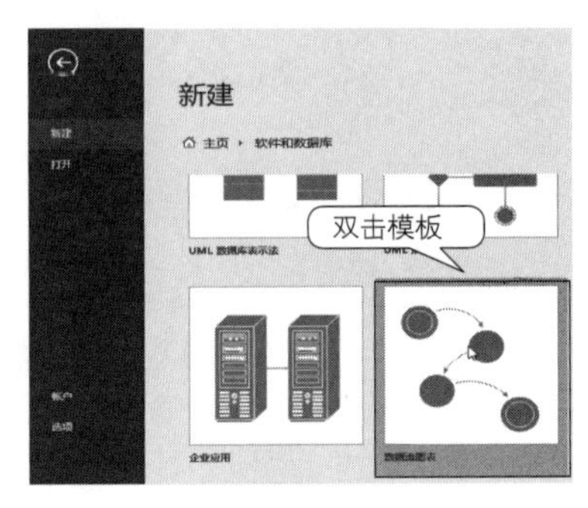

图 9-2

Step03 创建一个数据流模板，执行“设计”→“页面设置”→“纸张方向”→“横向”命令，设置纸张方向，如图 9-3 所示。

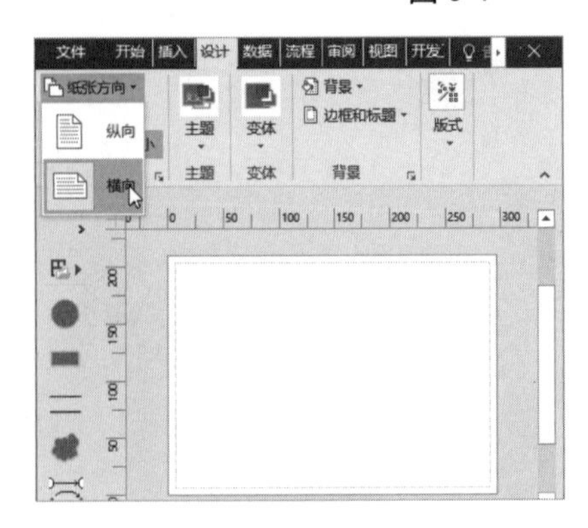

图 9-3

Step04 执行“设计”→“背景”→“背景”→“实心”命令，添加绘图页背景，如图 9-4 所示。

Step05 切换到“背景 -1”绘图页中，选择背景形状，执行“开始”→“形状样式”→“填充”→“其他颜色”命令，弹出“颜色”对话框，在“自定义”选项卡中设置参数，单击“确定”按钮，如图 9-5 所示。

图 9-4

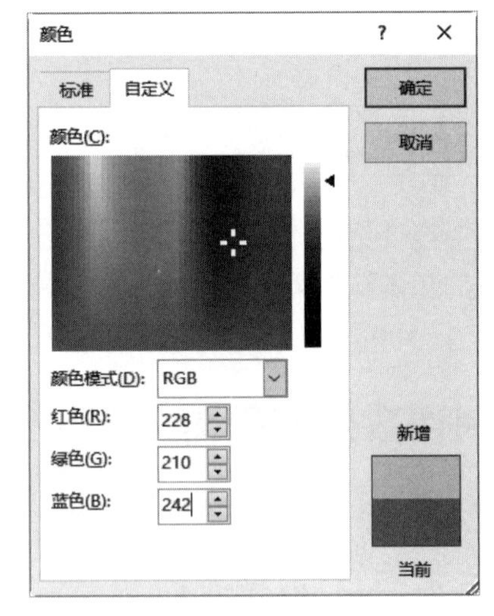

图 9-5

Step06 切换到“页 -1”绘图页中，执行“开始”→“工具”→“文本”命令，输入标题文本并设置字体为微软雅黑，字号为 30pt，如图 9-6 所示。

Step07 选择文本，执行“开始”→“字体”→“字体颜色”→“其他颜色”命令，弹出“颜色”对话框，在“自定义”选项卡中设置参数，单击“确定”按钮，如图 9-7 所示。

图 9-6

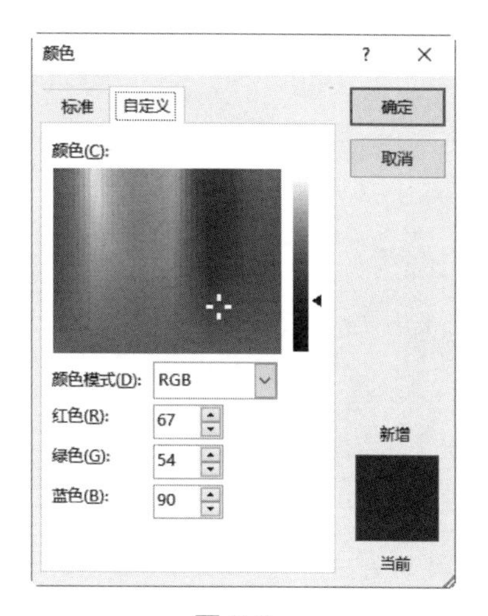

图 9-7

Step08 将“数据流程图形状”模具中的“实体 1”形状拖到绘图页中，调整形状的位置并输入文本，如图 9-8 所示。

Step09 将“数据流程”形状拖到“用户”形状右侧，输入文本，如图 9-9 所示。

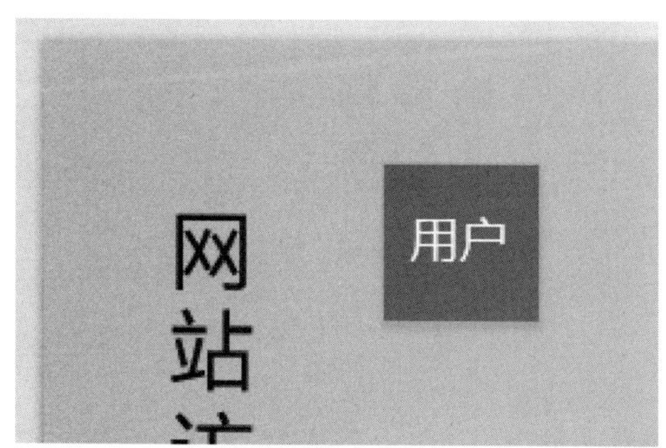

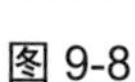

图 9-8

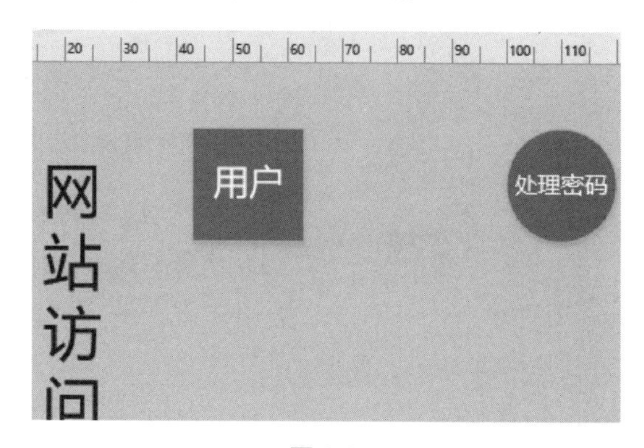

图 9-9

Step10 使用“动态连接线”形状连接“用户”与“处理密码”形状，如图 9-10 所示。

Step11 双击连接线，输入文本，如图 9-11 所示。

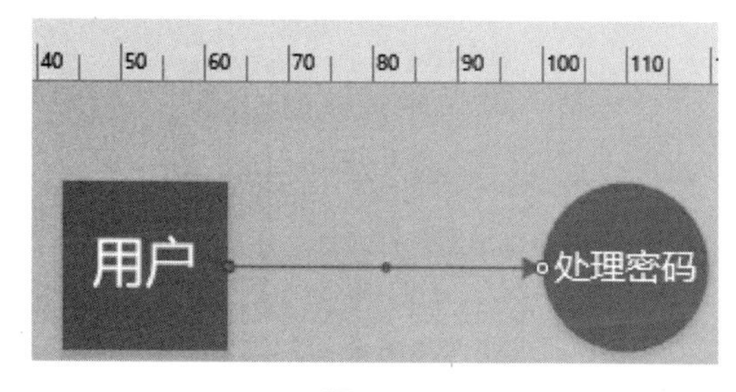

图 9-10

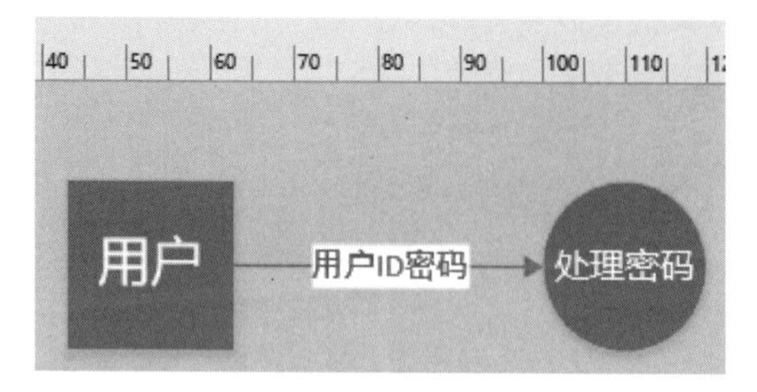

图 9-11

Step12 使用上述方法添加其他形状并连接形状，如图 9-12 所示。

Step13 将“数据流程图形状”模具中的“数据存储”形状拖到绘图页中，并使用“文本”工具输入文本，设置字体为微软雅黑，字号为 12pt，如图 9-13 所示。

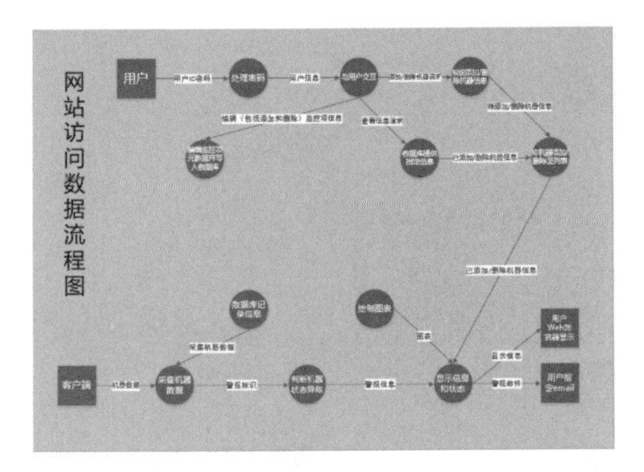

图 9-12

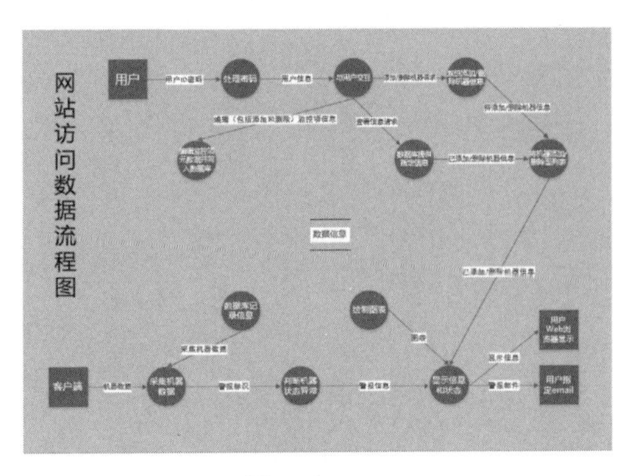

图 9-13

Step14 使用“动态连接线”形状将该形状与“数据流程”形状相连接，如图 9-14 所示。

Step15 执行“设计”→“主题”→“主题”→“切片”命令，设置绘图页的主题效果，如图 9-15 所示。

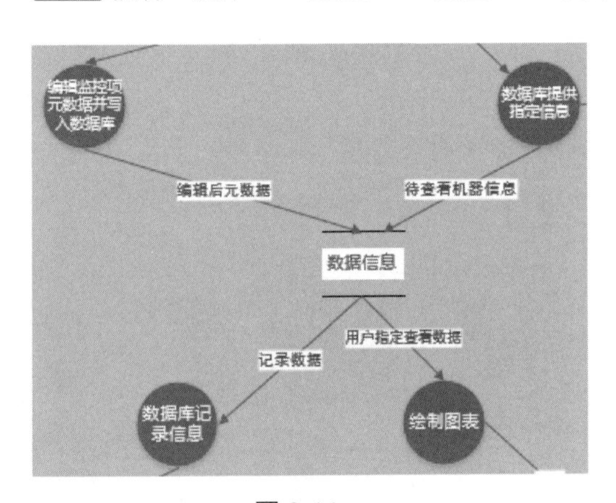

图 9-14

选项“切片”主题

图 9-15

Step16 选中所有“实体 1”形状，右击形状，在弹出的快捷菜单中选择“设置形状格式”菜单项，打开“设置形状格式”窗格，选中“渐变填充”单选按钮，设置“预设渐变”选项，如图 9-16 所示。

Step17 选中所有“数据流程”形状，在“设置形状格式”窗格中选中“渐变填充”单选按钮，设置“预设渐变”选项，如图 9-17 所示。

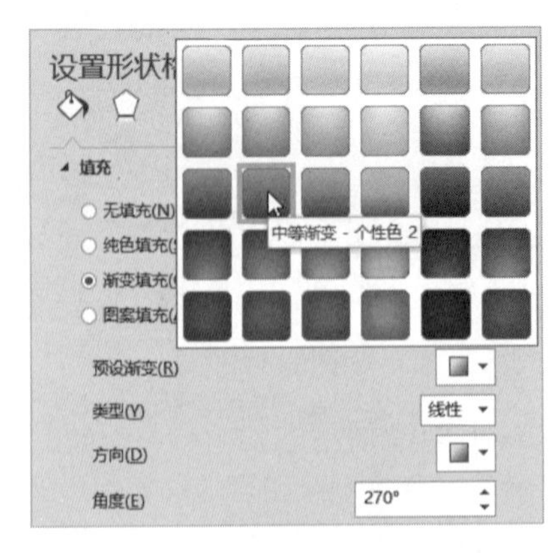

图 9-16

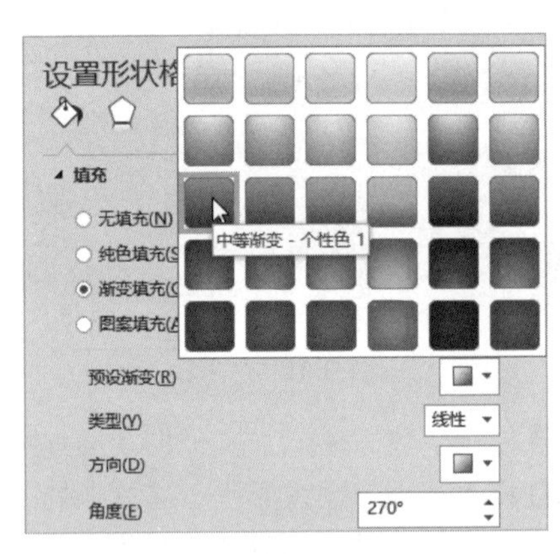

图 9-17

Step18 选择“数据存储”形状，执行“开始”→“形状样式”→“快速样式”→“细微效果 - 蓝色，变体着色 3”命令，如图 9-18 所示。

Step19 最终效果如图 9-19 所示。

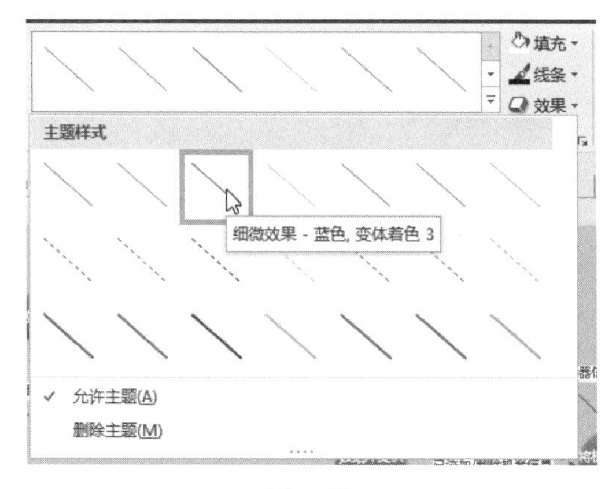

图 9-18

图 9-19

9.2　制作三维方向图

开发商在建造小区之前，往往需要将小区的整体规划设计为图纸或模型，以便可以直观地反映给建设者与客户。在本实例中，将运用“三维方向图”模板，创建一份小区建筑规划图。

微视频

实例文件保存路径：配套素材 \ 效果文件 \ 第 9 章

实例效果文件名称：小区建筑规划图 . vsdx

Step01 启动 Visio 2016，进入“新建”界面，选择“类别”选项，选择“地图和平面布置图”选项，如图 9-20 所示。

Step02 在展开的列表中双击“三维方向图”模板，如图 9-21 所示。

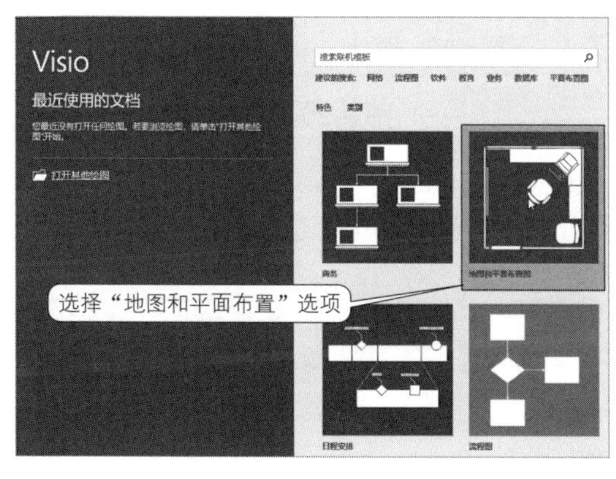

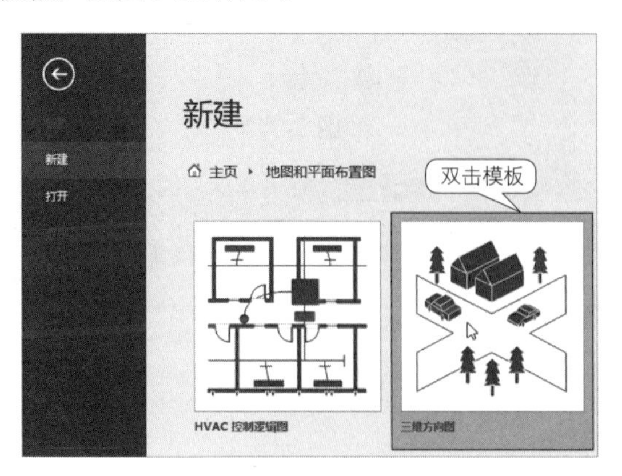

图 9-20　　图 9-21

Step03 将纸张方向设置为“横向”，在“形状”窗格中执行“更多形状”→“地图和平面布置图”→“地图”→“路标形状”命令，再执行“更多形状”→“常规”→“基本形状”

命令，添加模具，如图 9-22 所示。

Step04 执行“设计”→“背景”→“背景”→“实心”命令，添加绘图页背景，如图 9-23 所示。

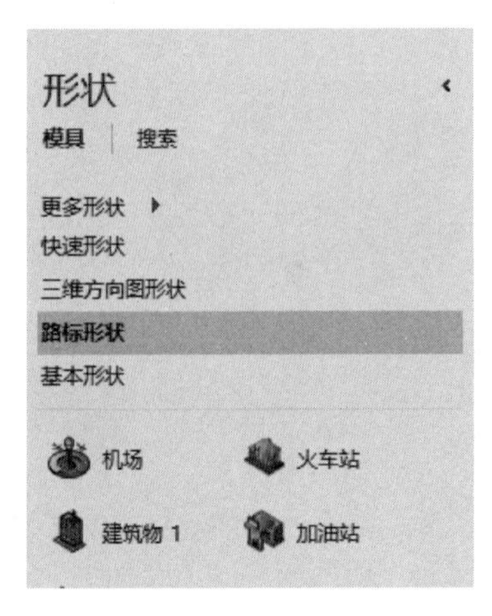

图 9-22

图 9-23

Step05 执行“设计”→“背景”→“背景色”→“橄榄色，着色 2，淡色 40%”命令，设置背景颜色，如图 9-24 所示。

Step06 将“路标形状”模具中的“指北针”形状拖到绘图页左下角，并使用横排文本框添加方向文字，如图 9-25 所示。

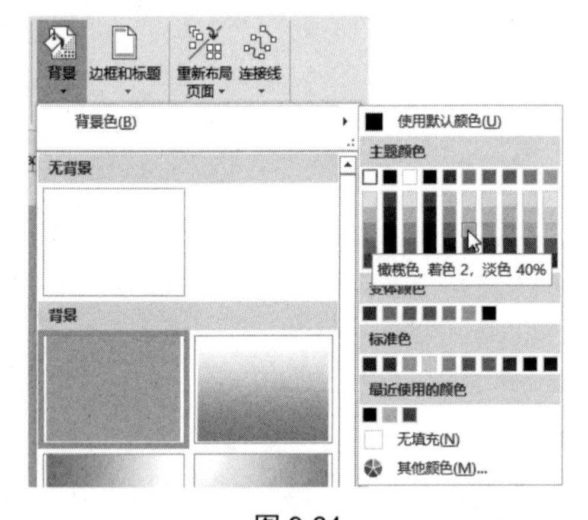

图 9-24

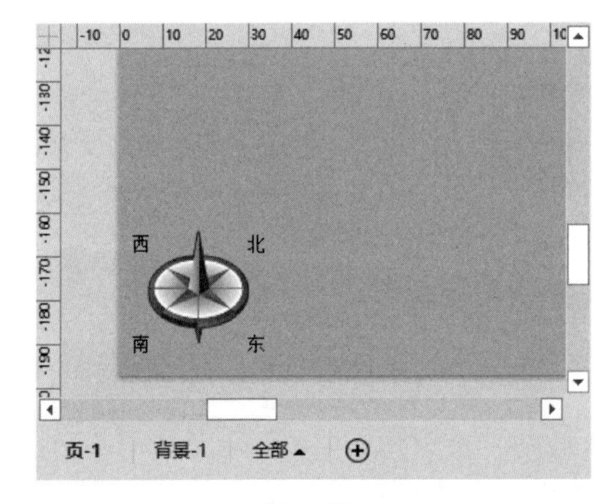

图 9-25

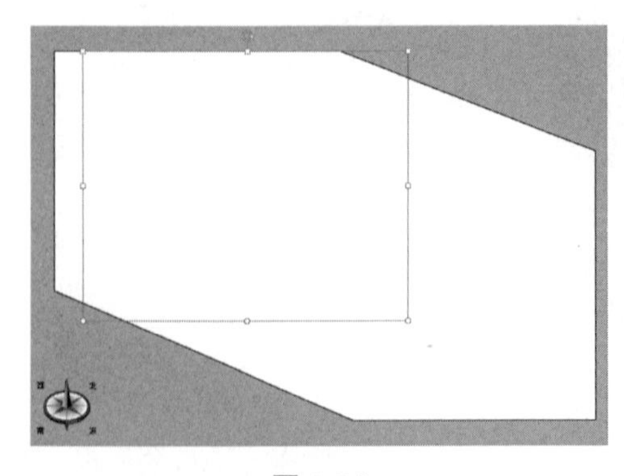

图 9-26

Step07 将“基本形状”模具中的“六边形”形状拖到绘图页中，使用“铅笔工具”调整其形状，如图 9-26 所示。

Step08 选择六边形，执行“开始”→“形状样式”→“填充”→“白色，浅，深色 35%”命令，设置填充颜色，如图 9-27 所示。

Step09 执行“开始”→“形状样式”→“线条”→“无线条”命令，如图 9-28 所示。

Step10 将“三维方向图形状”模具中的“道路 4”形状添加到绘图页中，并调整其位置，如图 9-29 所示。

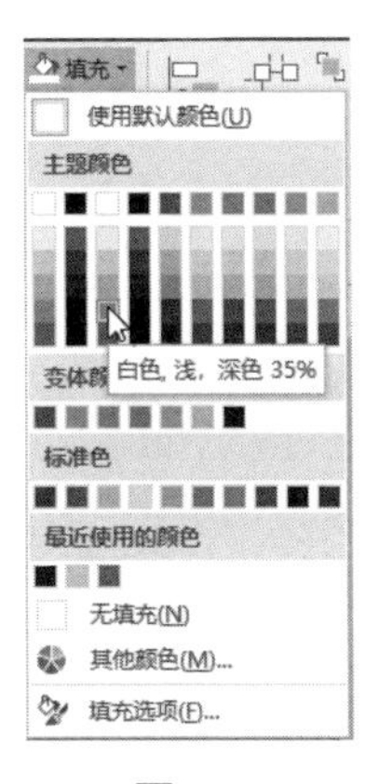

图 9-27

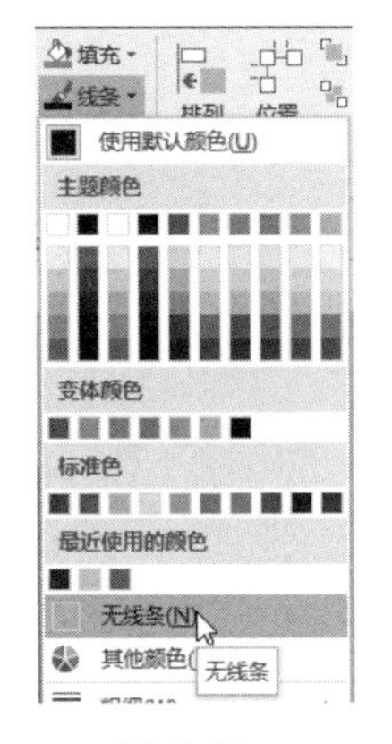

图 9-28

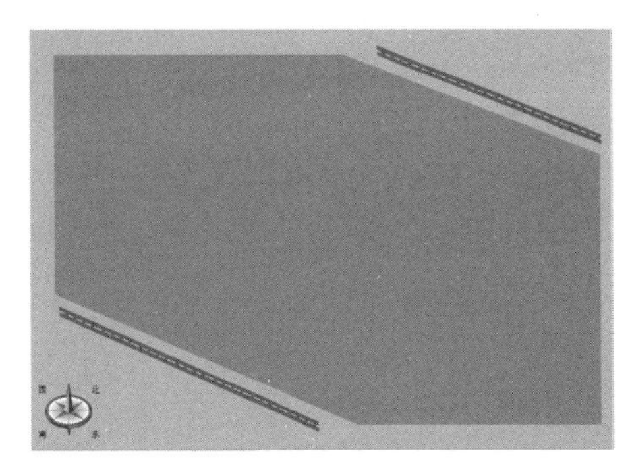

图 9-29

Step 11 将“路标形状”模具中的“针叶树”形状拖到绘图页中，调整大小并复制形状，如图 9-30 所示。

Step 12 将“体育场”“旅馆”“便利店”和“仓库”形状添加到绘图页内部的顶端位置，并调整大小，如图 9-31 所示。

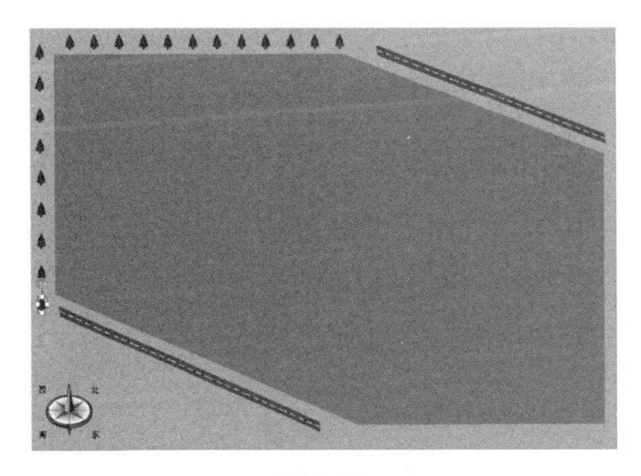

图 9-30

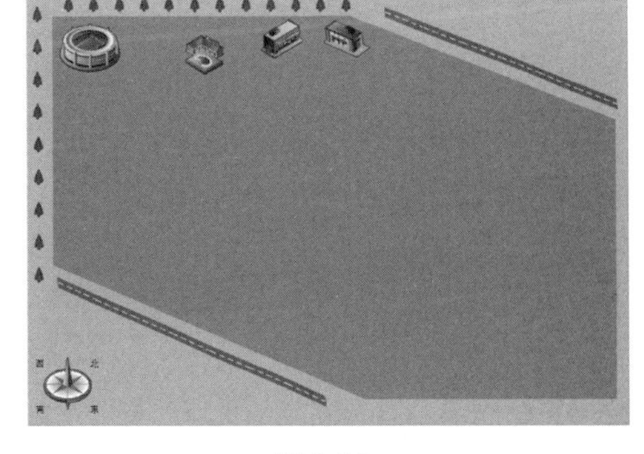

图 9-31

Step 13 将“路标形状”模具中的“落叶树”形状添加到“体育场”形状的下方，调整大小，如图 9-32 所示。

Step 14 在绘图页的右半部分添加“学校”和“公寓”形状，并调整大小与位置，如图 9-33 所示。

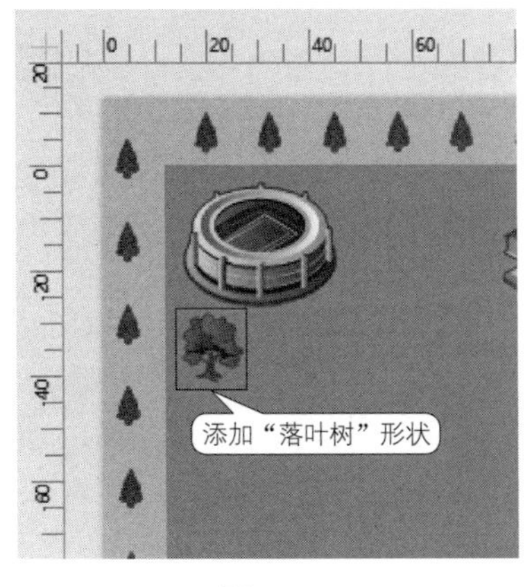

图 9-32

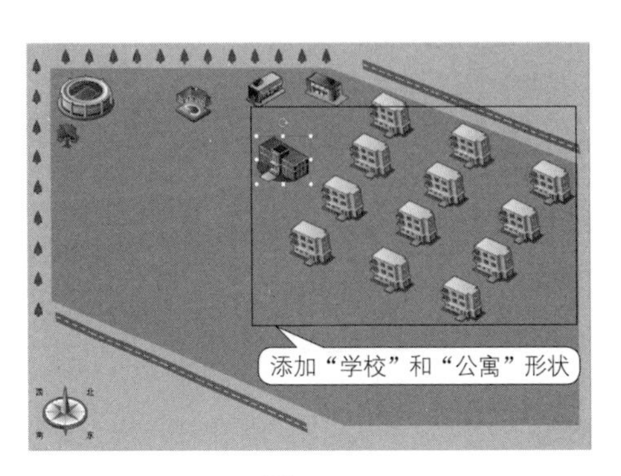

图 9-33

Step15 在“落叶树”形状的右下方添加 4 个“郊外住宅”形状和一个“落叶树”形状，并水平翻转“郊外住宅”形状，如图 9-34 所示。

Step16 在“公寓”形状的周围添加“便利店”“仓库”和“落叶树”形状，并调整大小与位置，如图 9-35 所示。

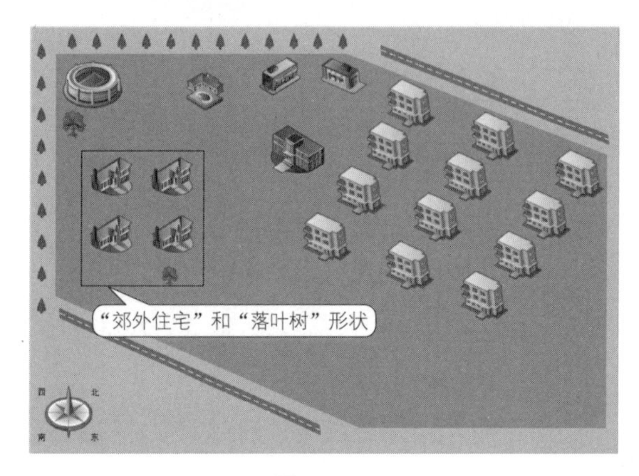

图 9-34

图 9-35

Step17 在绘图页左下方添加“市政厅”“摩天大楼”“建筑物 2”“建筑物 1”和“户外购物中心”形状，调整大小并排列形状位置，如图 9-36 所示。

Step18 在绘图页底部添加 4 个“市内住宅”形状，并调整大小与位置，如图 9-37 所示。

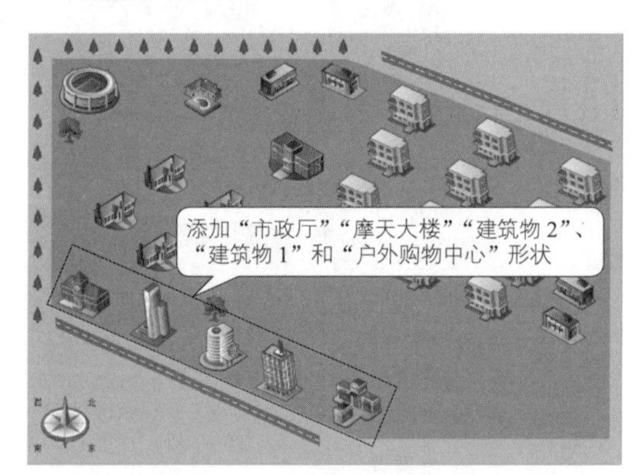

图 9-36

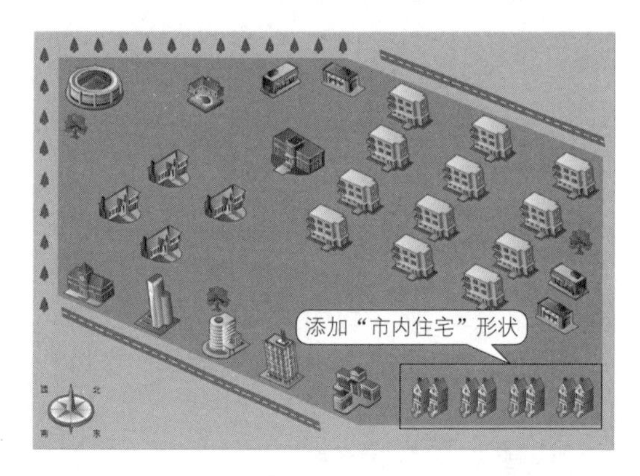

图 9-37

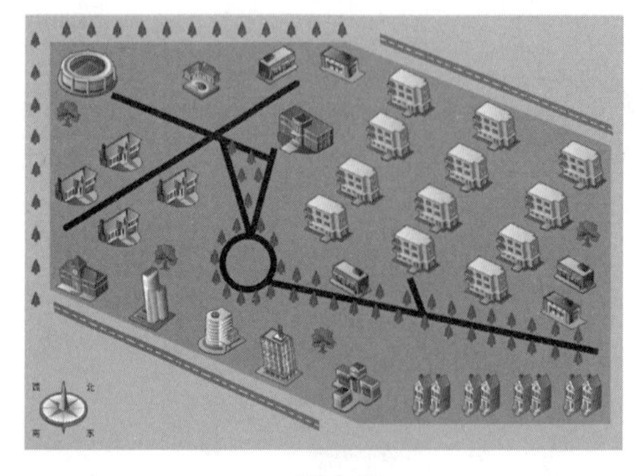

图 9-38

Step19 在“形状”窗格中执行“更多形状”→“地图和平面布置图”→“地图”→“道路形状”命令，使用“方端道路”“圆端道路”与“环路”形状制作道路以及环形道路，并在道路两侧添加“针叶树”形状，如图 9-38 所示。

Step20 将“轿车 1”与“轿车 2”形状添加到道路上，并调整大小与位置，如图 9-39 所示。

Step21 在绘图页的右上方添加标题文本框，输入内容，设置字体为微软雅黑，字号为 30pt，字符间距为 8pt，如图 9-40 所示。

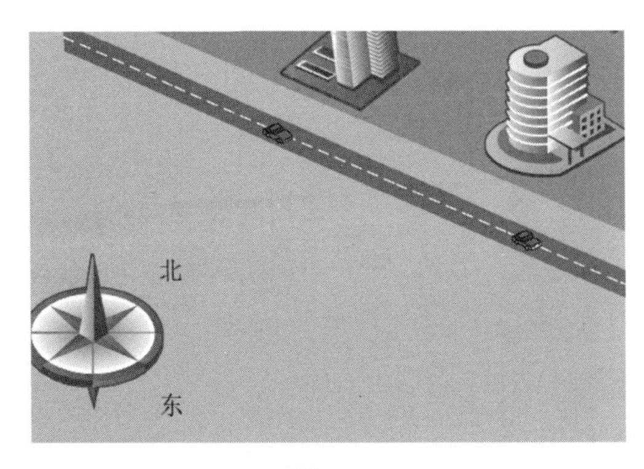

图 9-39

图 9-40

Step22 最终效果如图 9-41 所示。

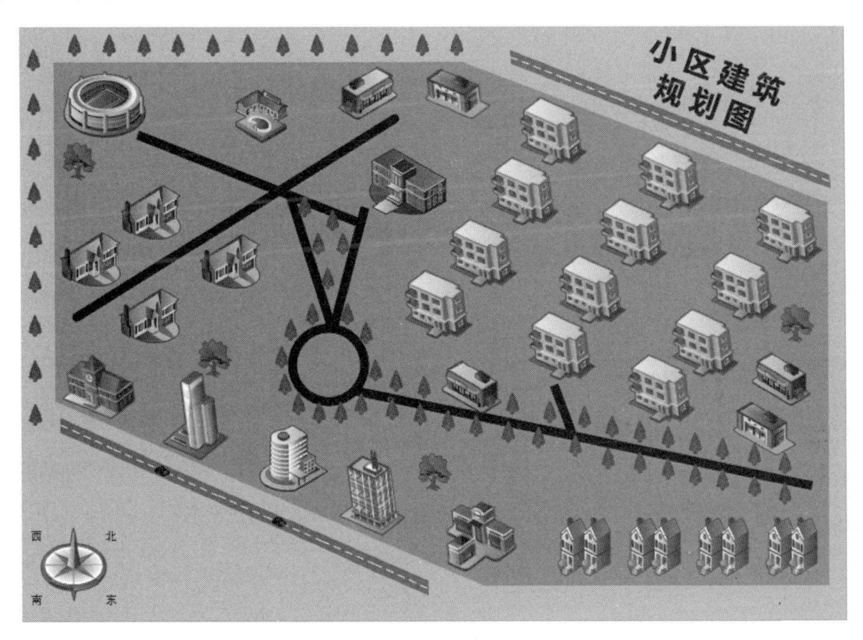

图 9-41

9.3　制作日程表

Visio 2016 中的“日程表”主要以图解的方式说明某项目或进行生命周期内的里程碑和间隔，用户可以通过使用 Visio 中的“日程表”功能来解决记录考试、学习或工作时间的安排情况。在本实例中，将利用该功能制作一份“考研时间安排表”。

微视频

实例文件保存路径：配套素材 \ 效果文件 \ 第 9 章
实例效果文件名称：考研时间安排表 . vsdx

Step01 启动 Visio 2016，进入“新建”界面，选择“类别”选项，选择“日程安排”选项，如图 9-42 所示。

Step02 在展开的列表中双击“日程表”模板，如图 9-43 所示。

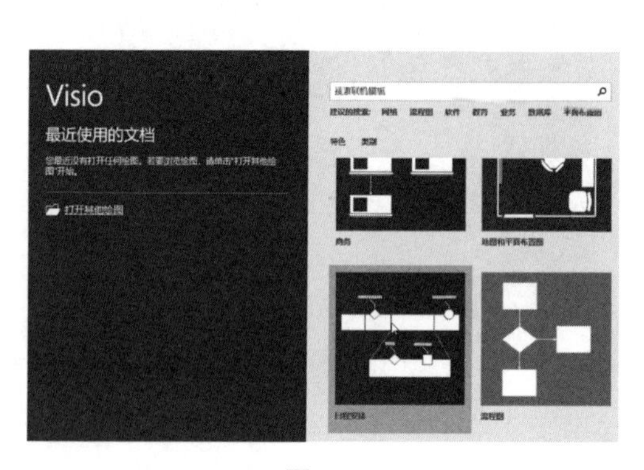

图 9-42

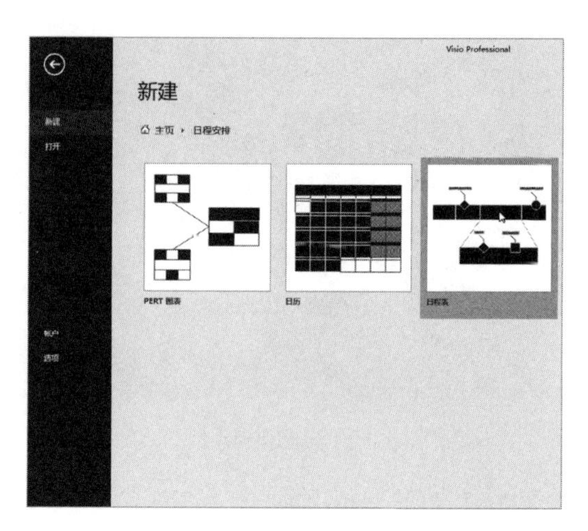

图 9-43

Step03 执行“设计”→“背景”→“边框和标题”→“字母”命令，选择“背景 -1”标签，输入标题文本，如图 9-44 所示。

Step04 在“日程表形状”模具中将“圆柱形日程表”形状拖至绘图页中，系统自动打开“配置日程表”对话框，在“时间段”选项卡中设置“开始”和“结束”日期，如图 9-45 所示。

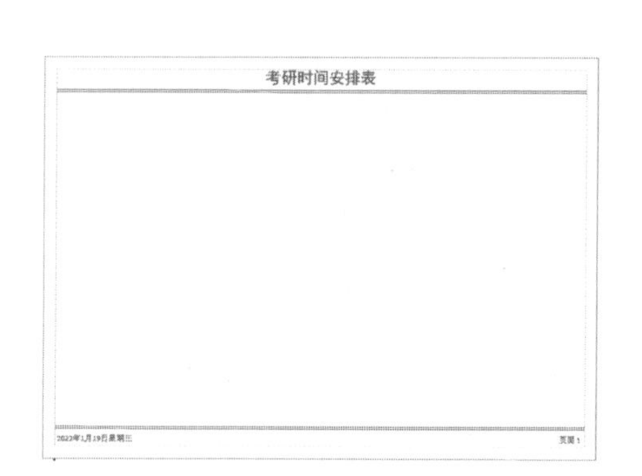

图 9-44

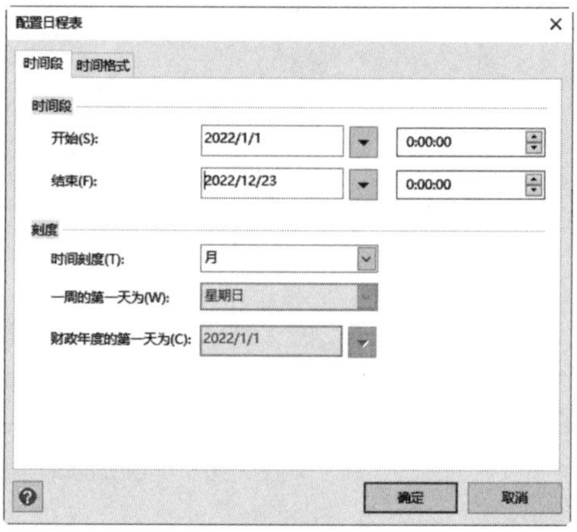

图 9-45

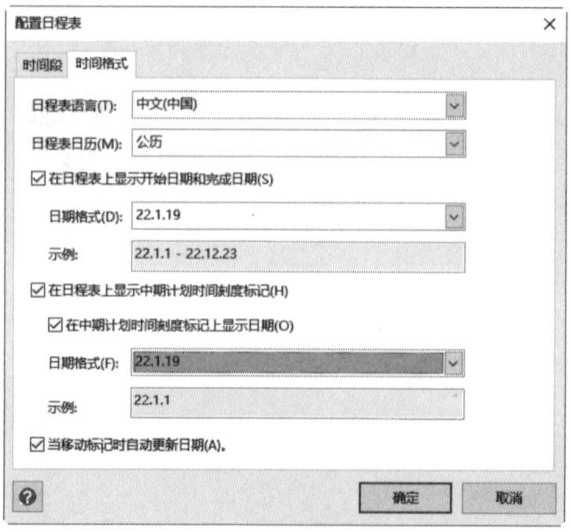

图 9-46

Step05 选择“时间格式”选项卡，设置参数，如图 9-46 所示。

Step06 将“日程表形状”模具中的“菱形里程碑”形状拖到绘图页中，系统自动打开“配置里程碑”对话框，设置参数，如图 9-47 所示。

Step07 将“圆形里程碑”形状拖到绘图页中，系统自动打开“配置里程碑”对话框，设置参数，如图 9-48 所示。

Step08 在绘图页中添加第 2 个“圆柱形日程表”形状，系统自动打开“配置日程表”对话框，在“时间段”选项卡中设置“开始”和“结束”日期，如图 9-49 所示。

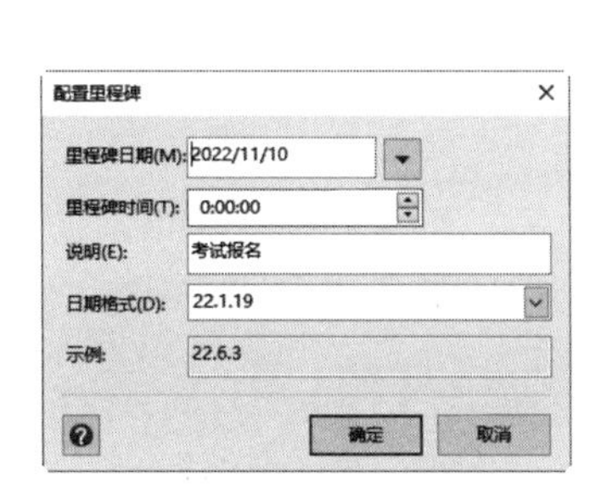

图 9-47

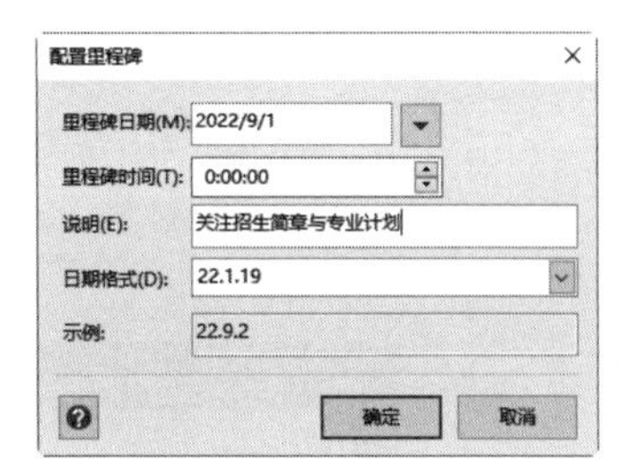

图 9-48

图 9-49

Step09 将“块状间隔”形状拖到第 2 个日程表上，系统自动打开“配置间隔”对话框，设置参数，如图 9-50 所示。

Step10 将“花括号间隔”形状添加到第 2 个日程表上，系统自动打开“配置间隔”对话框，设置参数，如图 9-51 所示。

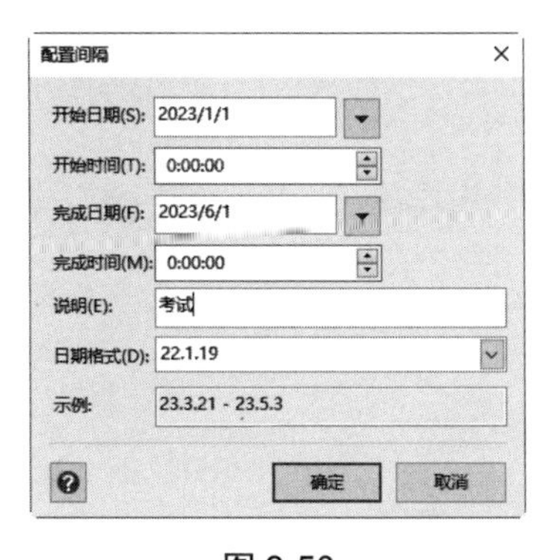

图 9-50

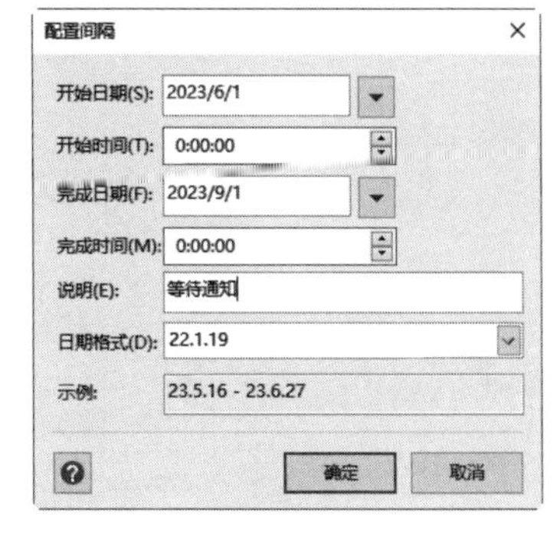

图 9-51

Step11 将“方括号间隔”形状拖到第 1 个日程表上，系统自动打开“配置间隔”对话框，设置参数，如图 9-52 所示。

Step12 使用相同方法为日程表添加其他间隔，执行“设计”→“主题”→“主题”→“丝状”命令，设置主题效果，如图 9-53 所示。

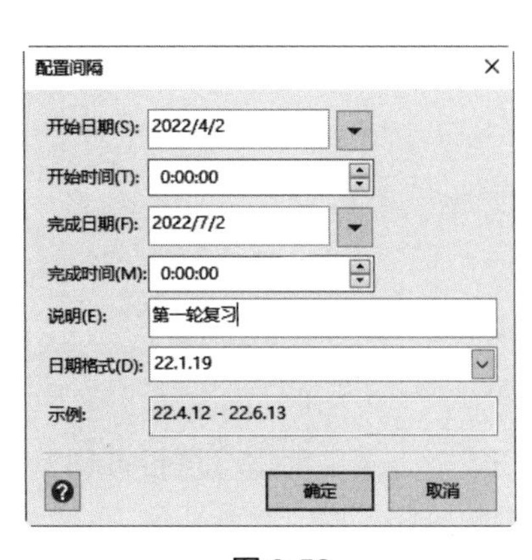

图 9-52

图 9-53

Step13 执行“设计”→“页面设置”→“大小”→“其他页面大小”命令，打开“页面设置”对话框，在“页面尺寸”选项卡中选中“自定义大小”单选按钮，输入数值，单击“确定”按钮，如图 9-54 所示。

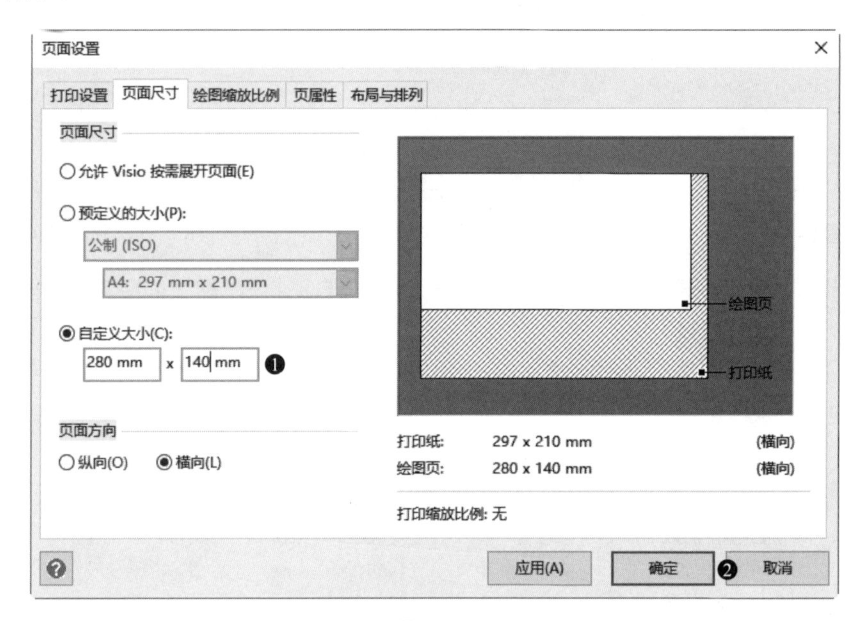

图 9-54

Step14 日程表最终效果如图 9-55 所示。

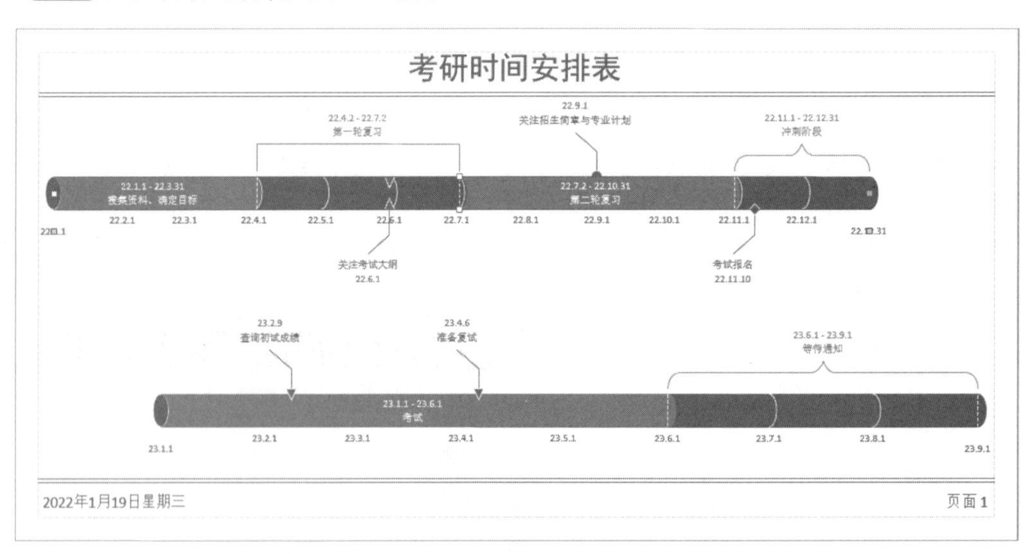

图 9-55

9.4 制作网络拓扑图

网络拓扑图是指传输媒体互连各种设备的物理布局图，主要由网络节点设备和通信介质构成，是一种标明网络内各设备间逻辑关系的网络结构图。在本实例中，将通过添加、绘制形状及连接形状等知识点，制作一份网络结构拓扑图。

微视频

实例文件保存路径：配套素材 \ 效果文件 \ 第 9 章

实例效果文件名称：网络拓扑图 .vsdx

Step01 启动 Visio 2016，进入“新建”界面，单击“空白绘图”模板，创建空白文档，如图 9-56 所示。

Step02 弹出“创建”对话框，选中“公制单位”单选按钮，单击“创建”按钮，如图 9-57 所示。

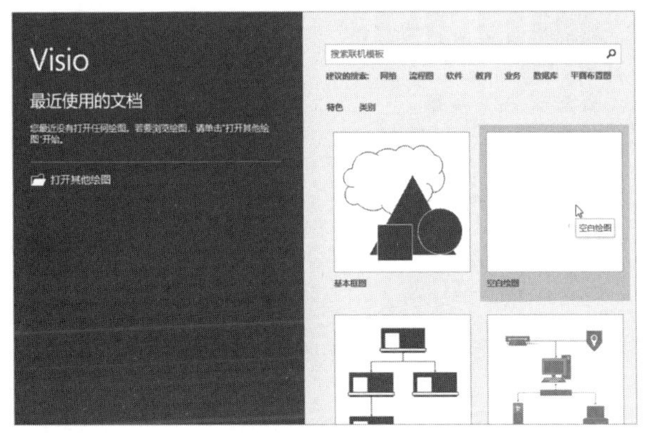

图 9-56

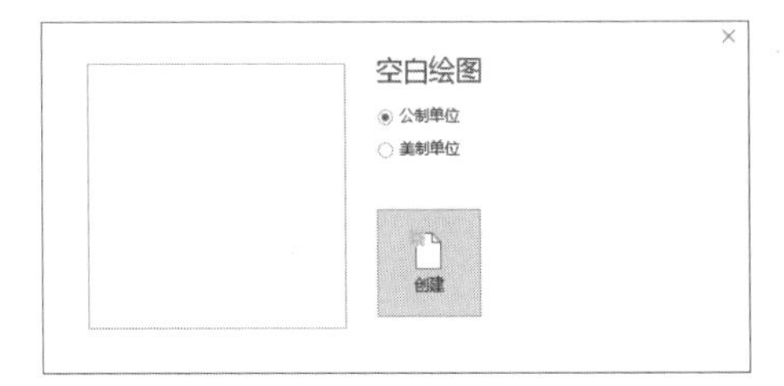

图 9-57

Step03 执行“设计”→“页面设置”→“纸张方向”→“横向”命令，设置纸张的显示方向，如图 9-58 所示。

Step04 在“形状”窗格中执行“更多形状”→“网络”→“计算机和显示器 -3D”命令，添加模具，如图 9-59 所示。

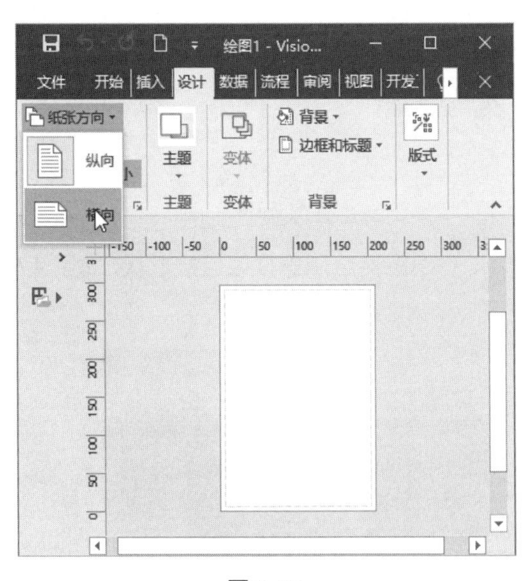

图 9-58

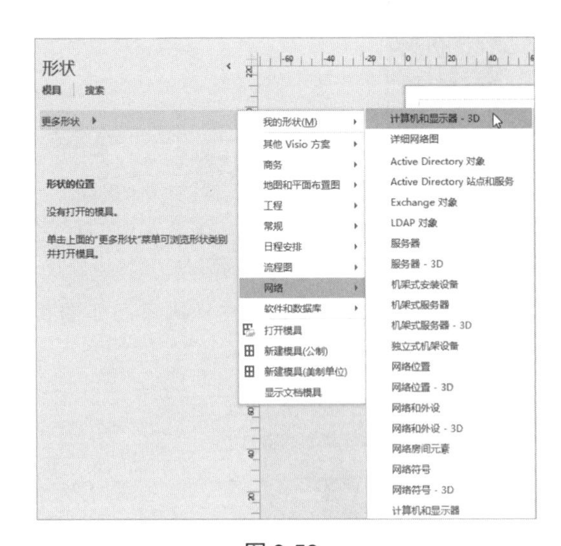

图 9-59

Step05 执行“开始”→“工具”→“矩形工具”命令，在绘图页绘制一个矩形，如图 9-60 所示。

Step06 选中矩形，执行“开始”→“形状样式”→“填充”→“浅绿”命令，设置矩形填充颜色，如图 9-61 所示。

Step07 执行“开始”→“形状样式”→“线条”→“深红”命令，设置矩形线条的填充颜色，如图 9-62 所示。

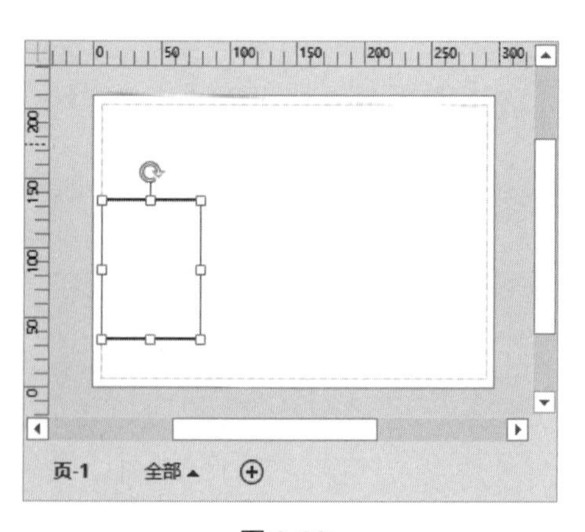

图 9-60

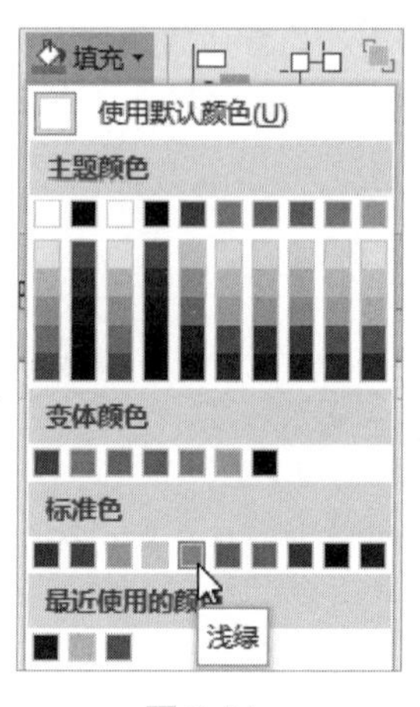

图 9-61

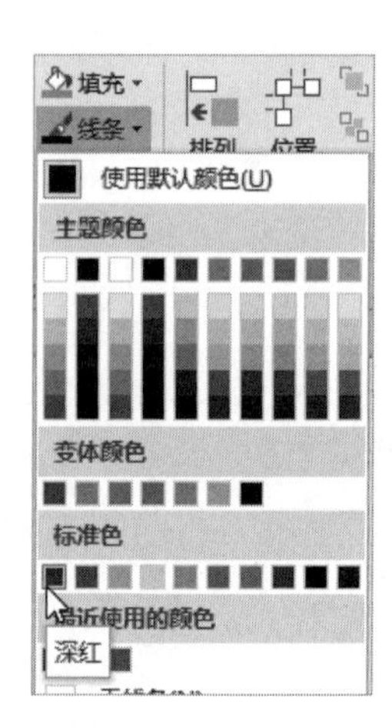

图 9-62

Step08 将“计算机和显示器 -3D”模具中的“PC”形状拖至矩形内，调整其大小并复制，如图 9-63 所示。

Step09 将“服务器 -3D”模具中的“服务器”形状拖至矩形内，调整位置，如图 9-64 所示。

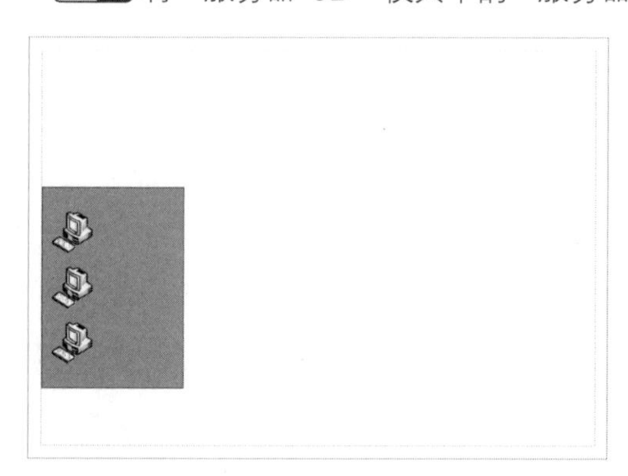

图 9-63

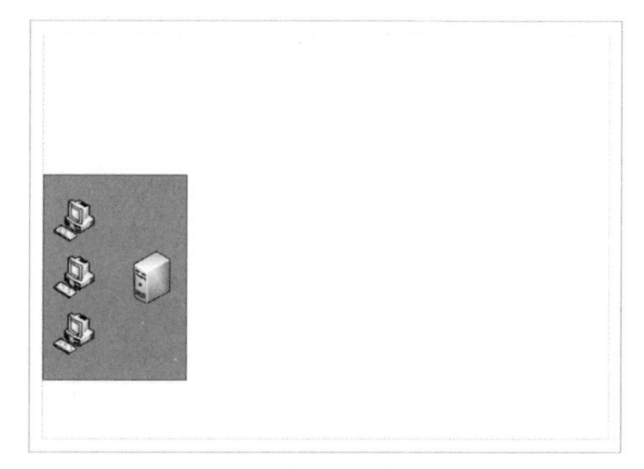

图 9-64

Step10 执行“开始”→“工具”→“直线工具”命令，在绘图页绘制连接线连接形状，如图 9-65 所示。

Step11 双击形状，输入文本内容，如图 9-66 所示。

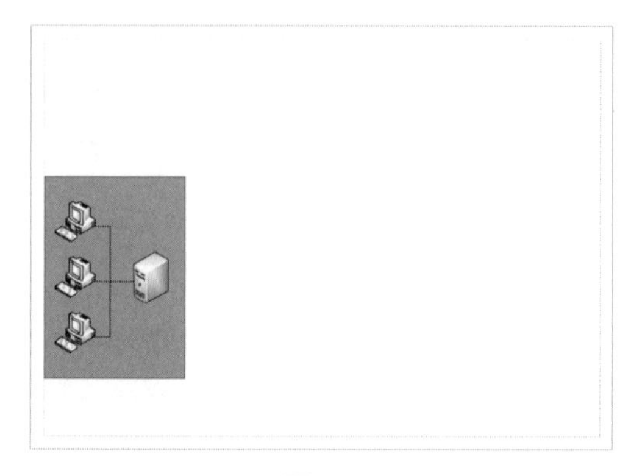

图 9-65

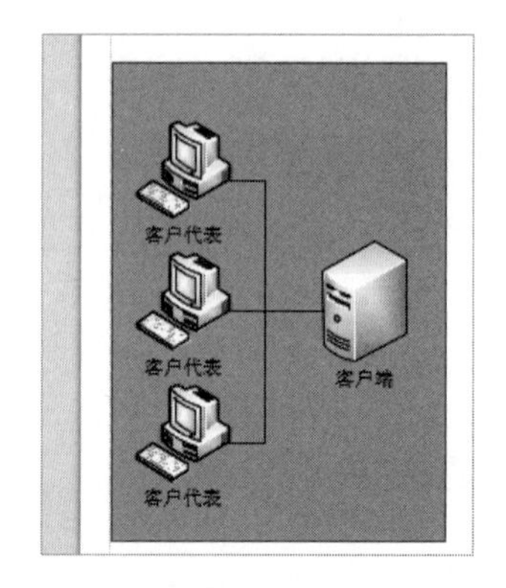

图 9-66

Step 12 复制矩形形状，并调整其大小和位置，添加“计算机和显示器 -3D”模具中的“终端”形状，调整大小和位置，如图 9-67 所示。

Step 13 将“服务器 -3D”模具中的“管理服务器”形状拖至矩形内，调整位置，如图 9-68 所示。

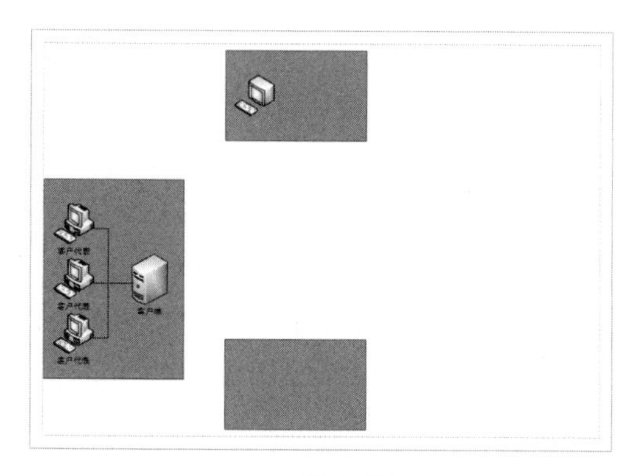

图 9-67

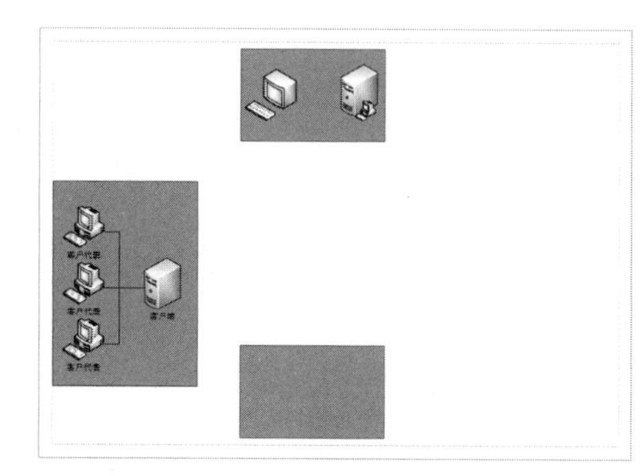

图 9-68

Step 14 绘制连接线，如图 9-69 所示。

Step 15 将“计算机和显示器 -3D”模具中的“笔记本电脑”形状拖至矩形内，调整位置，如图 9-70 所示。

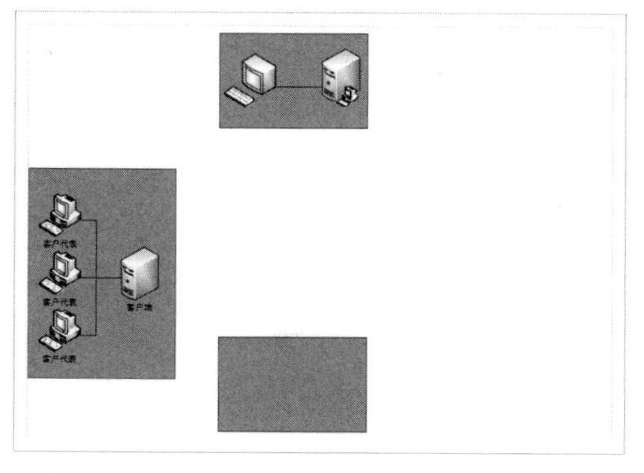

图 9-69

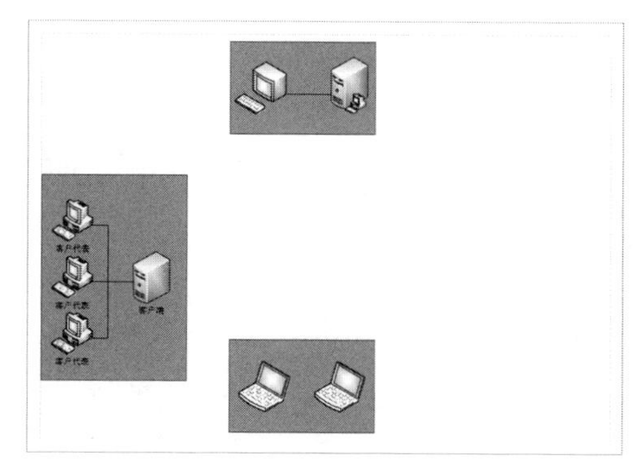

图 9-70

Step 16 将“网络位置 -3D”模具中的“云”形状和“网络和外设 -3D”模具中的“防火墙”形状拖至绘图页内，如图 9-71 所示。

Step 17 双击“云”形状，输入文本内容，如图 9-72 所示。

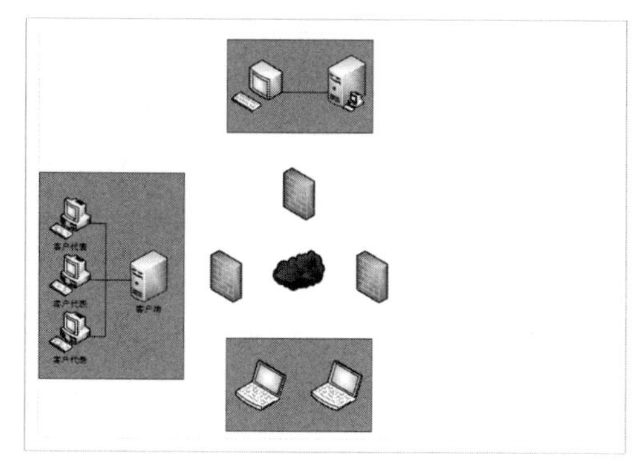

图 9-71

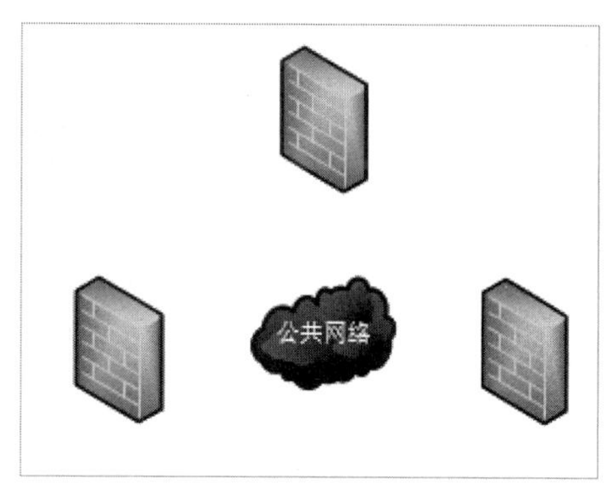

图 9-72

Step18 复制绿色矩形形状，调整大小和位置，如图 9-73 所示。

Step19 将“网络符号 -3D”模具中的“终端服务器”形状拖至矩形内，调整位置，如图 9-74 所示。

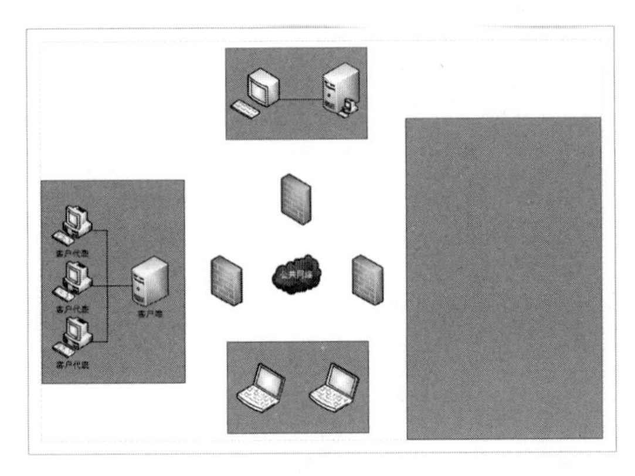

图 9-73

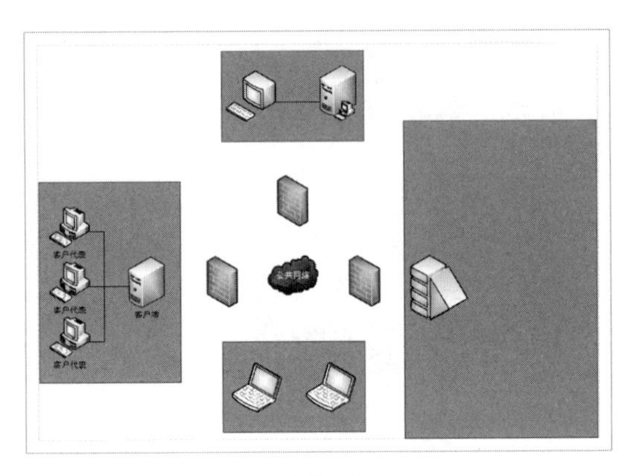

图 9-74

Step20 将“服务器 -3D”模具中的“服务器”形状拖至矩形内，调整位置，如图 9-75 所示。

Step21 将“服务器 -3D”模具中的“Web 服务器”形状拖至矩形内，调整位置，如图 9-76 所示。

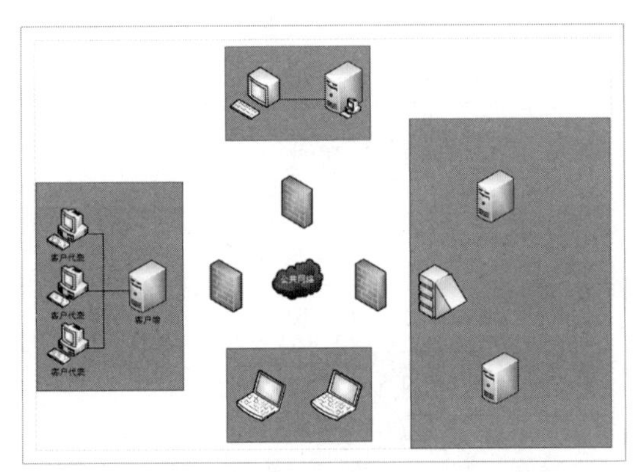

图 9-75

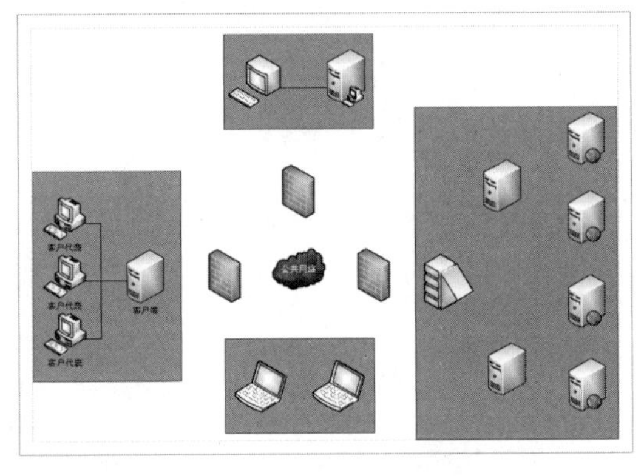

图 9-76

Step22 为形状添加说明文本，如图 9-77 所示。

Step23 使用“直线”工具为形状添加连接线，如图 9-78 所示。

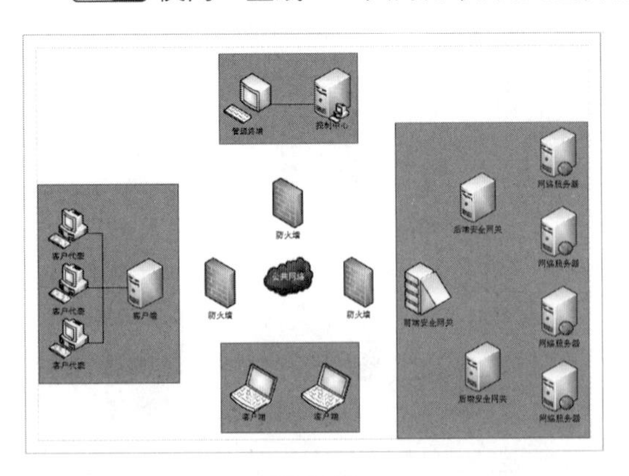

图 9-77

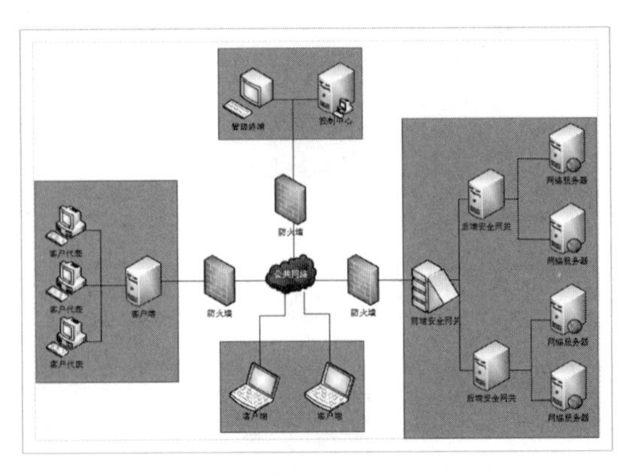

图 9-78

Step24 执行“设计”→“背景”→“边框和标题”→“简朴型”命令，添加背景和边框，如图 9-79 所示。

Step25 在状态栏中选择“背景 -1”标签，输入标题名称，设置字体为黑体，字号为 24pt，颜色为“浅绿”，如图 9-80 所示。

图 9-79

图 9-80

Step26 最终效果如图 9-81 所示。

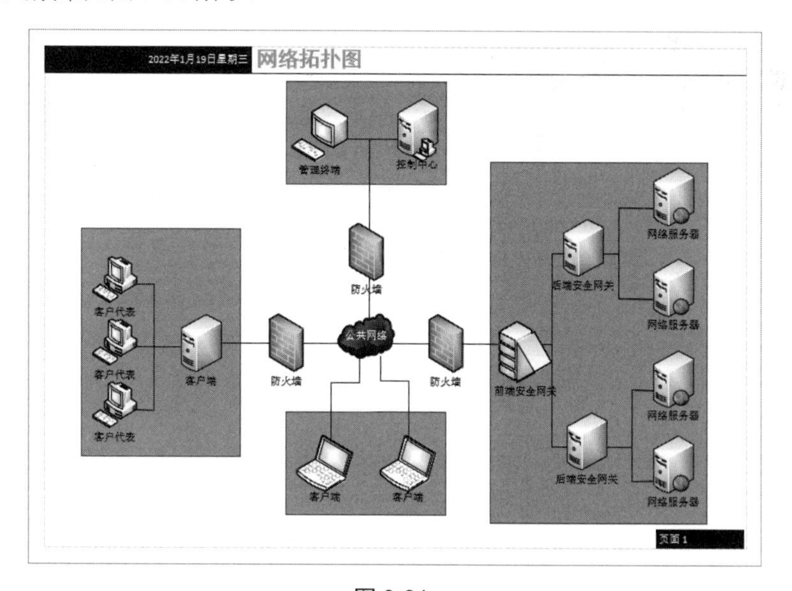

图 9-81

9.5　制作饼形图

地球上的水一般存储在海洋、陆地和大气中，可分为淡水和咸水，而淡水又分为土壤水、河水和沼泽水等多种。在本实例中，将运用 Visio 2016 中的图表功能，详细展示地球上淡水的组成。

微视频

实例文件保存路径：配套素材\效果文件\第 9 章
实例效果文件名称：淡水的组成 .vsdx

Step01 启动 Visio 2016，进入“新建”界面，单击“空白绘图”模板，创建空白文档，如图 9-82 所示。

Step02 弹出“创建”对话框，选中“公制单位”单选按钮，单击“创建”按钮，如图 9-83 所示。

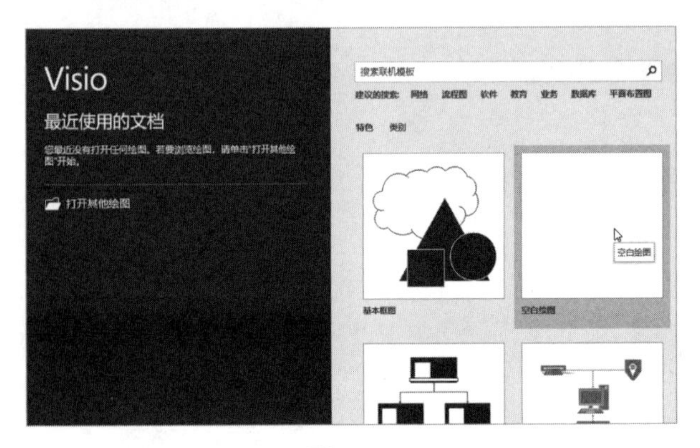

图 9-82

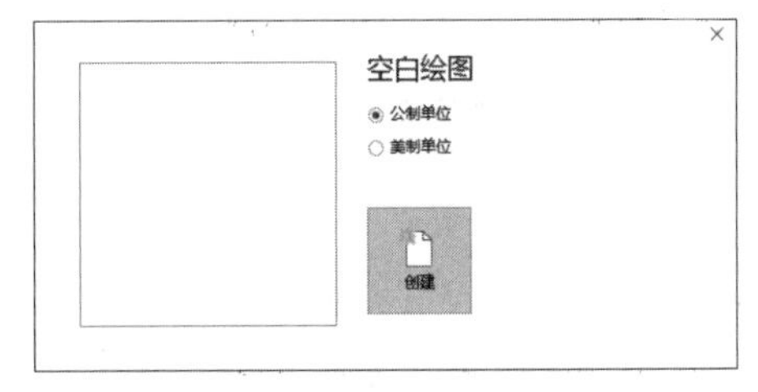

图 9-83

Step03 执行“设计”→“页面设置”→“纸张方向”→“横向”命令，设置纸张的显示方向，如图 9-84 所示。

Step04 执行“插入”→“插图”→“图表”命令，插入图表并调整大小，如图 9-85 所示。

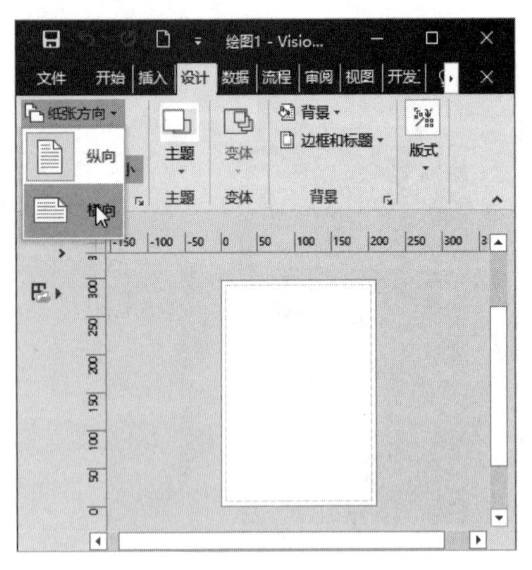

图 9-84

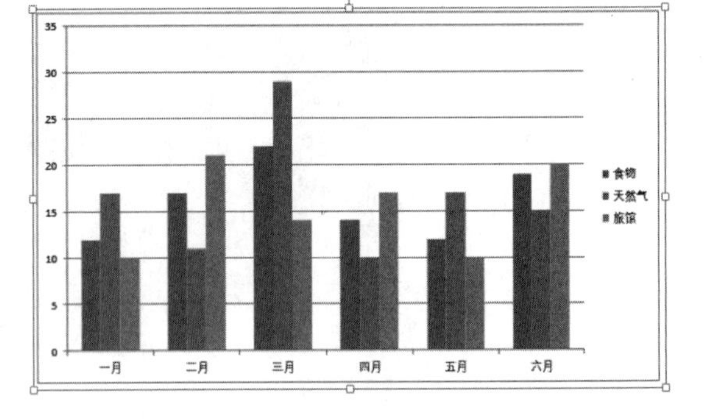

图 9-85

Step05 选择“Sheet1”工作表，在表中输入图表数据，如图 9-86 所示。

Step06 选择“Chart1”工作表，执行“设计”→“类型”→“更改图表类型”命令，弹出“更改图表类型”对话框，选择“饼图”选项，再选择“三维饼图”选项，单击“确定”按钮，如图 9-87 所示。

Step07 选择图表，双击数据系列，打开“设置数据系列格式”窗格，设置参数，单击“确定”按钮，如图 9-88 所示。

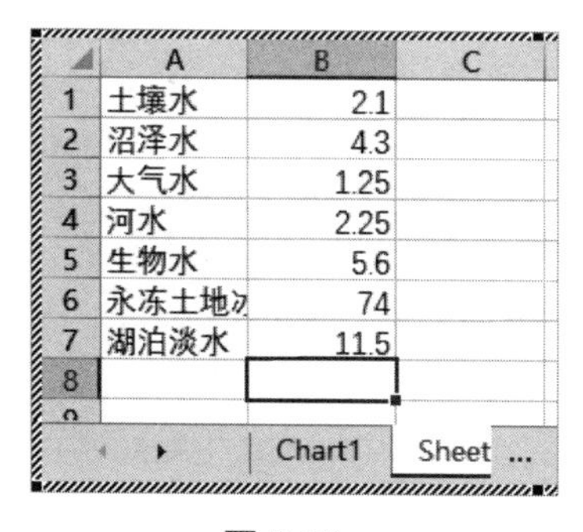

图 9-86

图 9-87

Step08 双击图表区，打开“设置图表区格式”窗格，选择“效果”选项卡，单击展开“三维旋转”选项，设置参数，单击“确定”按钮，如图 9-89 所示。

图 9-88

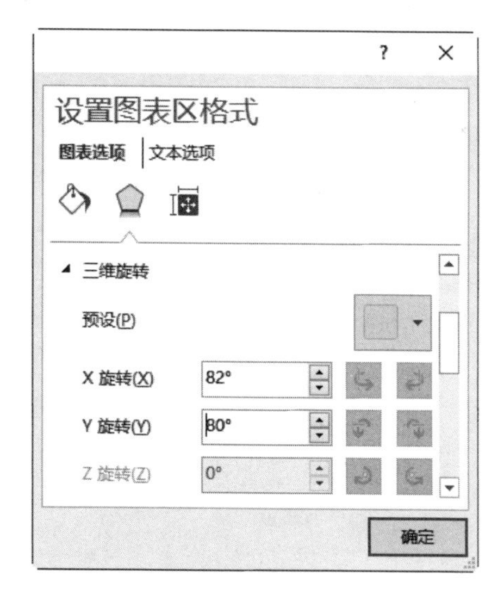

图 9-89

Step09 更改图表标题，如图 9-90 所示。

Step10 执行“设计”→“图表布局”→“快速布局”→“布局 1”命令，设置图表布局，如图 9-91 所示。

Step11 执行“设计”→“图表布局”→“添加图表元素”→“图例”→“左侧”命令，如图 9-92 所示。

Step12 选择图表，执行“格式”→“形状样式”→“形状填充”→“无填充颜色”命令，如图 9-93 所示。

Step13 执行“格式”→“形状样式”→“形状轮廓”→“无轮廓”命令，如图 9-94 所示。

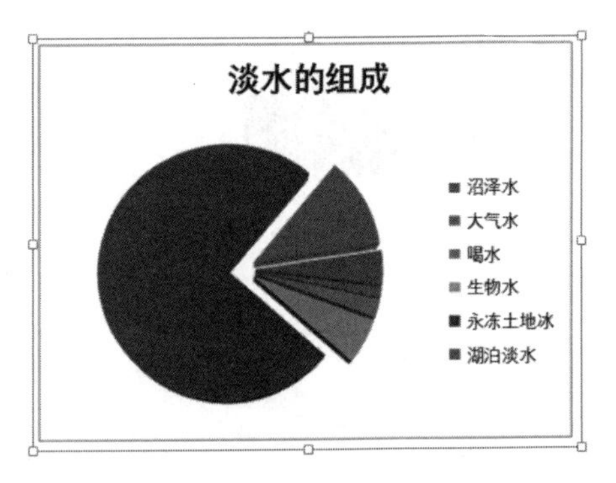

图 9-90

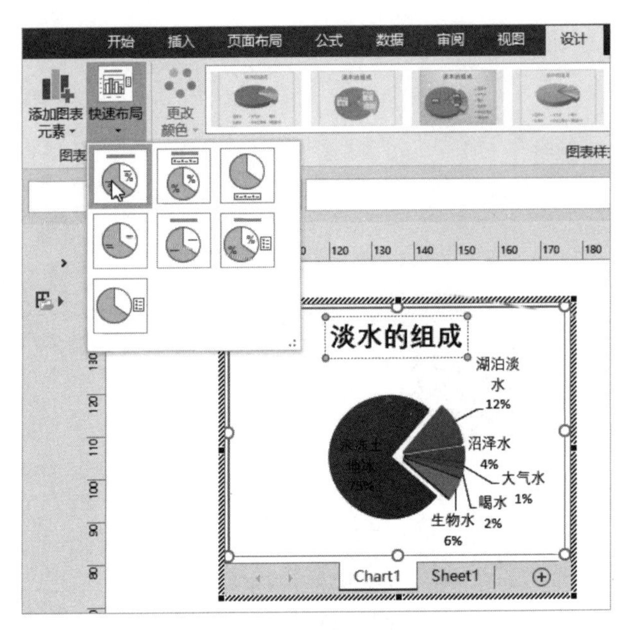

图 9-91

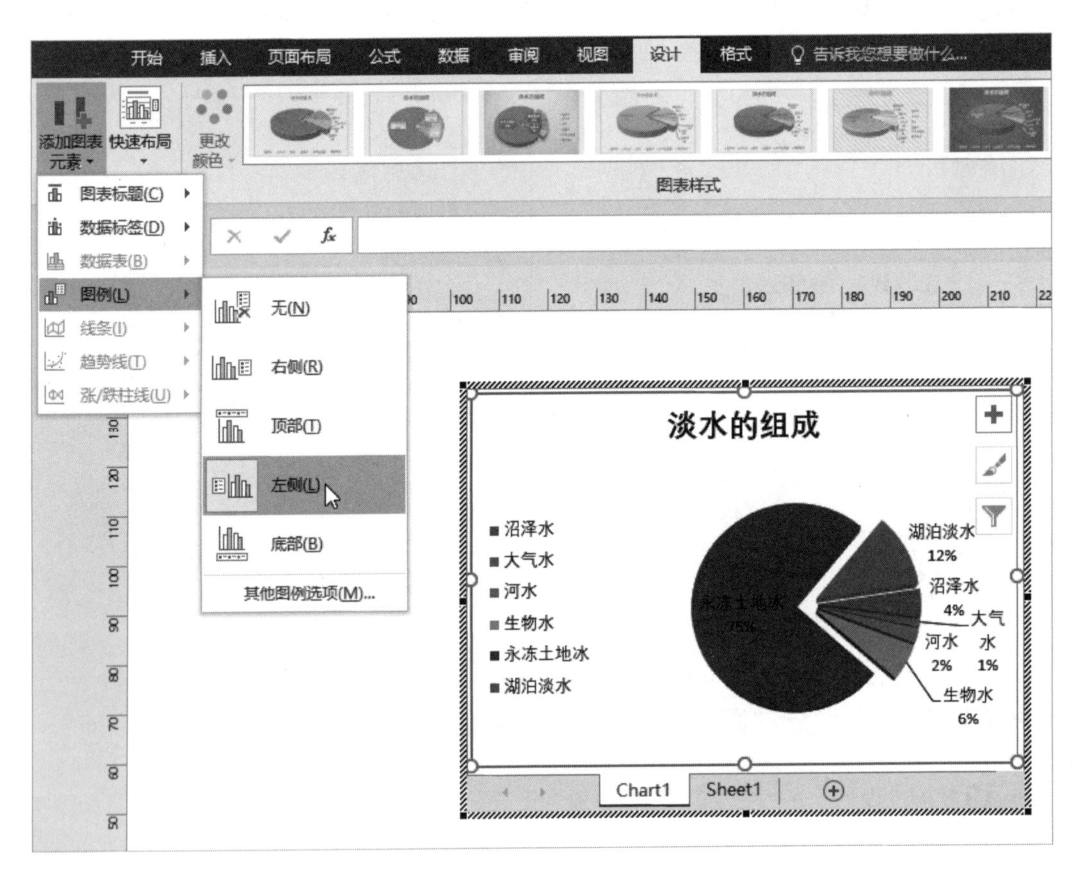

图 9-92

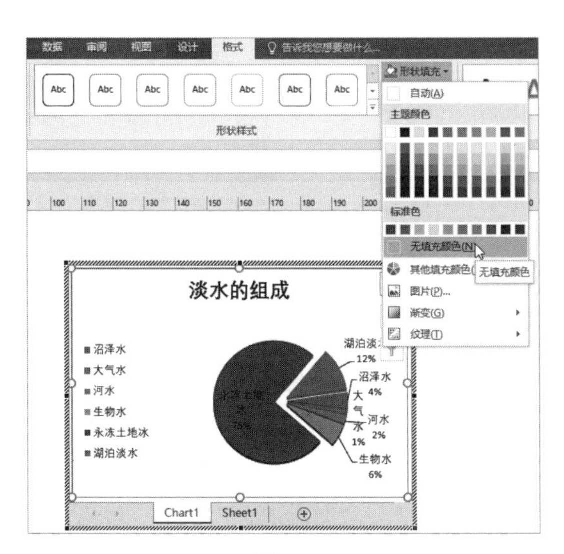

图 9-93

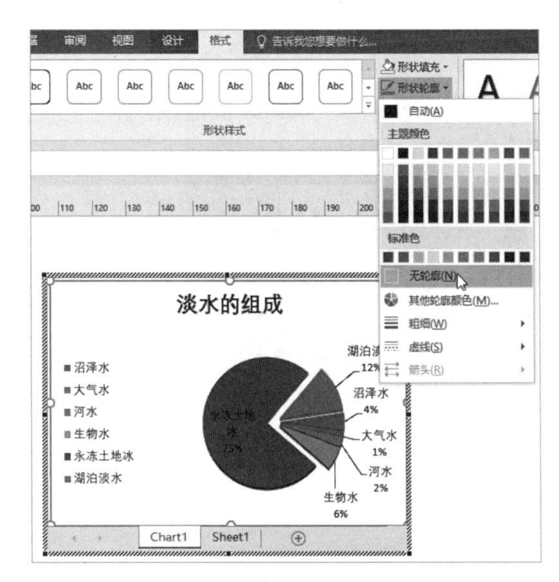

图 9-94

Step14 选择图表，执行“插入”→“文本”→“文本框”→“横排文本框”命令，在绘图页中绘制文本框并输入内容，设置文本字体为黑体，字号为 12pt，最终效果如图 9-95 所示。

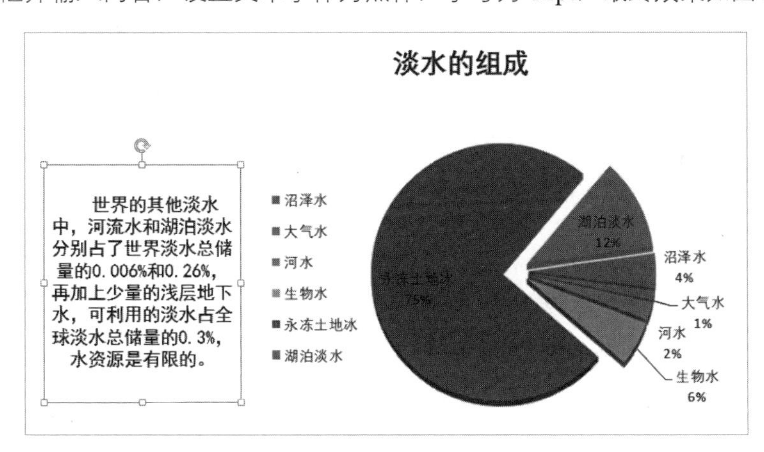

图 9-95

9.6　制作系统结构示意图

系统结构示意图主要用于显示某个系统结构设计和制作中的板块内容。用户在制作系统时，需将系统划分为不同的板块并将每个板块封装到容器中，以便区分。在本实例中，将运用 Visio 中的容器对象来制作一个网站系统结构示意图。

微视频

实例文件保存路径：配套素材\效果文件\第 9 章

实例效果文件名称：网站系统结构示意图 .vsdx

Step01 启动 Visio 2016，进入“新建”界面，单击“基本框图”模板，如图 9-96 所示。

Step02 弹出“创建”对话框，单击“创建”按钮，如图 9-97 所示。

图 9-96

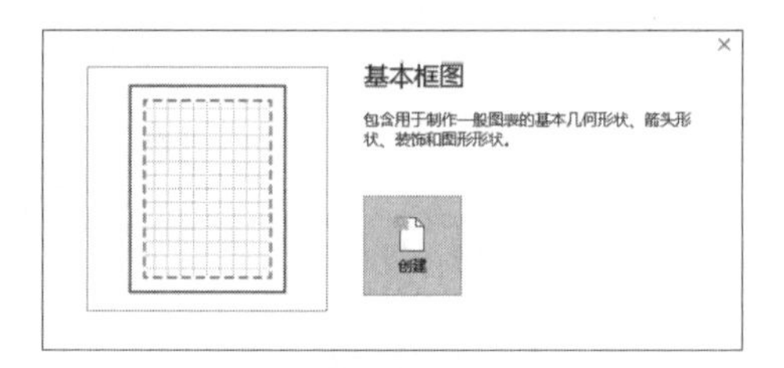

图 9-97

Step03 将“基本形状”模具中的“圆角矩形”形状添加到绘图页中，并调整形状大小和位置，如图 9-98 所示。

Step04 选择形状，执行“开始”→“形状样式”→“填充”→“其他颜色”命令，弹出“颜色”对话框，设置参数，如图 9-99 所示。

图 9-98

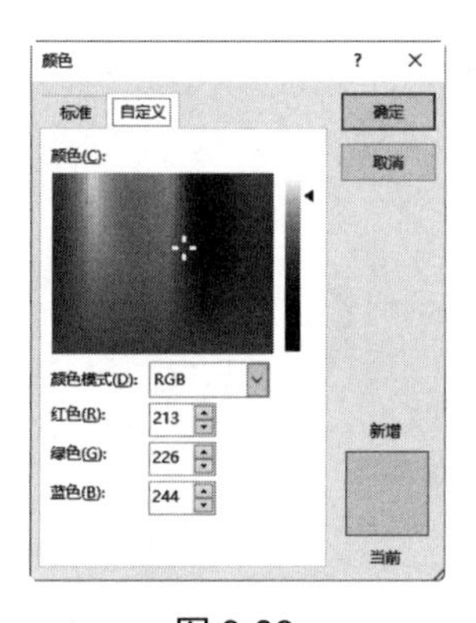

图 9-99

Step05 右击形状，在弹出的快捷菜单中选择“设置形状格式”菜单项，打开“设置形状格式”窗格，单击展开“阴影”选项，将颜色设置为“白色，白色，深色 25%”，并设置其他参数，如图 9-100 所示。

Step06 执行“插入”→“文本”→“文本框”→“横排文本框”命令，插入文本框并输入文本，设置字体为黑体，字号为 24pt，如图 9-101 所示。

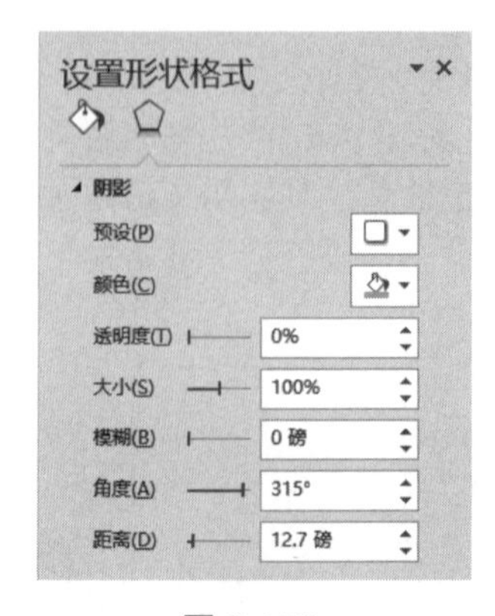

图 9-100

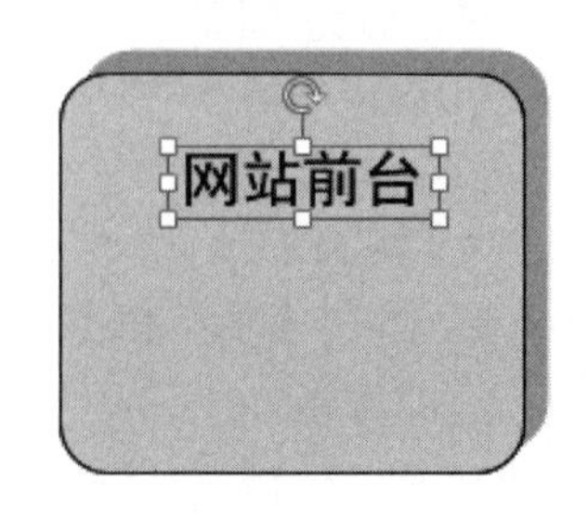

图 9-101

Step07 执行“插入”→“插图”→“图片”命令，弹出“插入图片”对话框，选择准备插入的图片，单击“打开”按钮，如图 9-102 所示。

Step08 选择图片，执行“开始”→“形状样式”→“线条”→“黑色，黑色”命令，如图 9-103 所示。

图 9-102

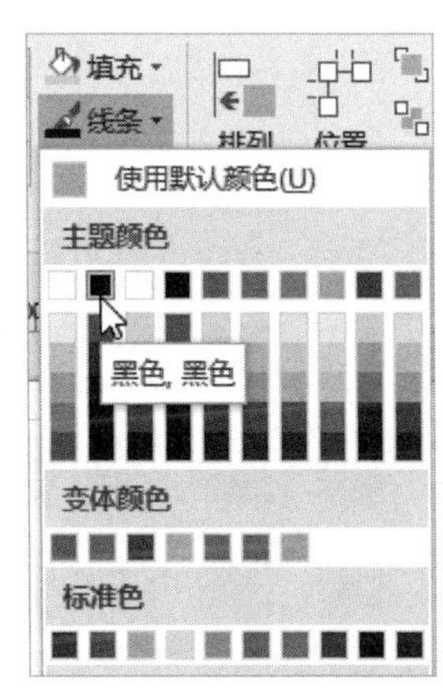

图 9-103

Step09 执行“开始”→“形状样式”→“线条”→“粗细”→“2¼”命令，如图 9-104 所示。

Step10 执行“插入”→“图部件”→“容器”→“带”命令，插入容器，如图 9-105 所示。

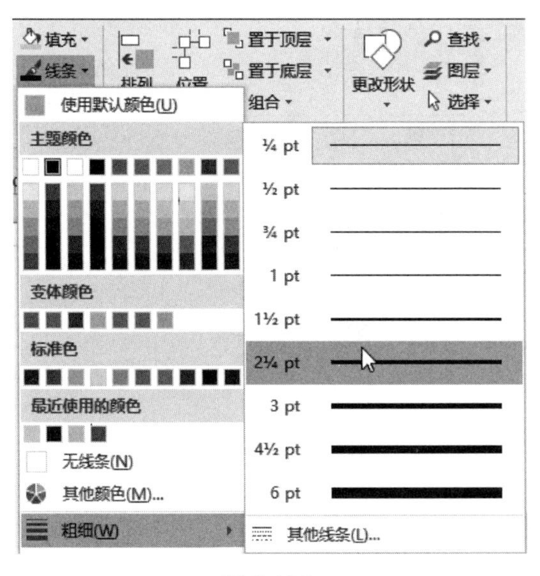

图 9-104

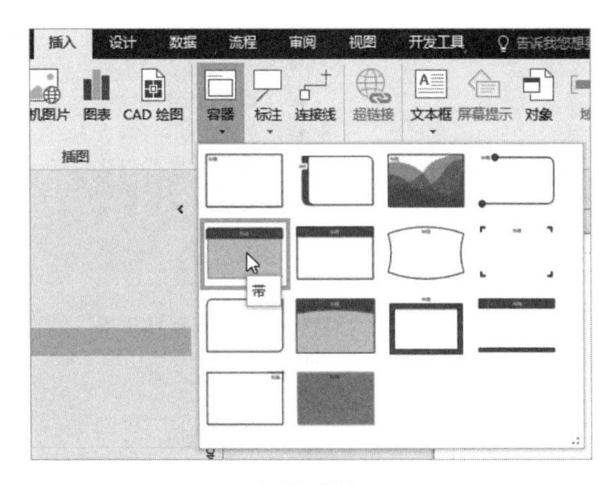

图 9-105

Step11 选择容器，执行“开始”→“形状样式”→“快速样式”→“蓝色，变量 3”命令，如图 9-106 所示。

Step12 输入容器标题，设置字体为“黑体”，字号为 14pt，单击“右对齐”按钮，如图 9-107 所示。

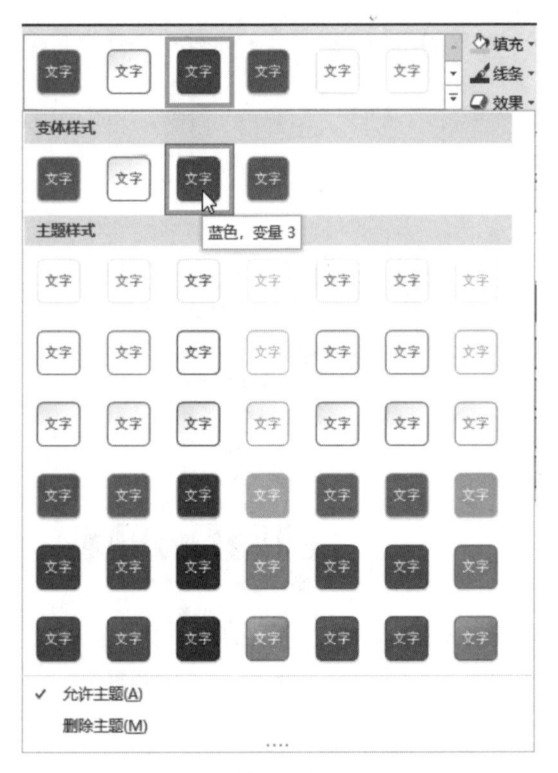

图 9-106

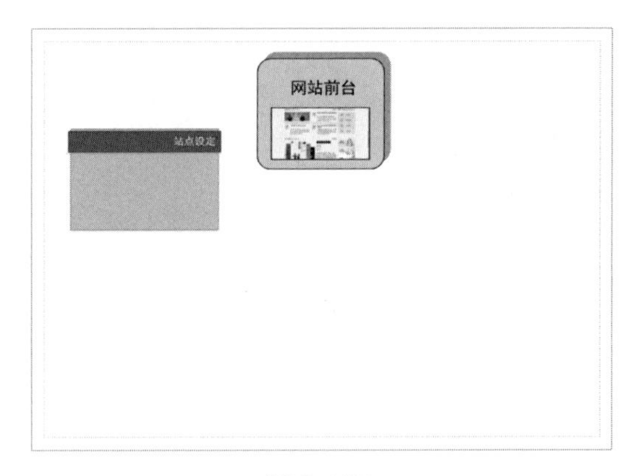

图 9-107

Step13 将“圆角矩形”形状添加到容器中，调整大小和位置，选中“圆角矩形”形状，执行“开始”→“形状样式”→“填充”→“浅绿”命令，如图 9-108 所示。

Step14 执行“开始”→“形状样式”→“线条”→“黑色，黑色”命令，如图 9-109 所示。

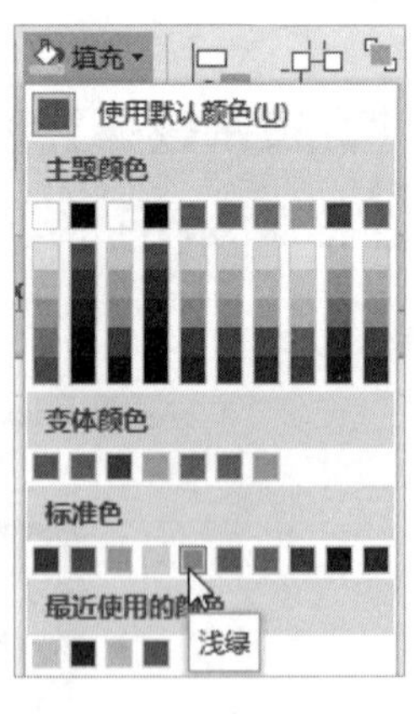

图 9-108

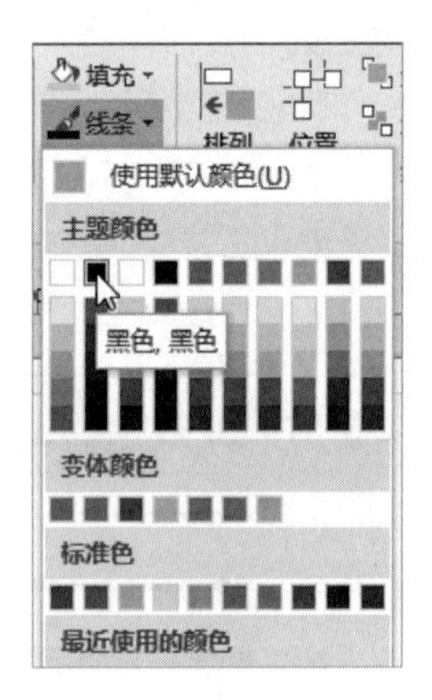

图 9-109

Step15 复制“圆角矩形”形状，如图 9-110 所示。

Step16 双击形状输入文本，设置字体为方正北魏楷书简体，字号为 18pt，颜色为“黑色”，如图 9-111 所示。

Step17 复制容器，更改标题内容，调整容器大小和位置，如图 9-112 所示。

Step18 将“圆角矩形”形状添加到复制的容器中，调整大小和位置，双击形状输入内容，设置字体为方正北魏楷书简体，字号为 16pt，颜色为“黑色”，如图 9-113 所示。

图 9-110

图 9-111

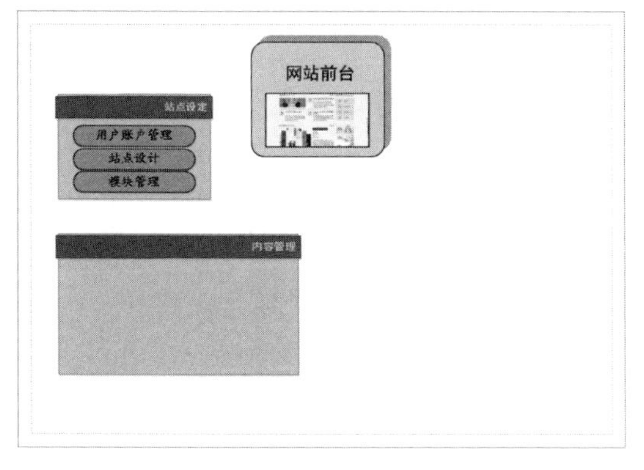

图 9-112

图 9-113

Step19 选中“圆角矩形”形状，执行“开始”→“形状样式”→“填充”→“浅绿”命令，如图 9-114 所示。

Step20 执行“开始”→“形状样式”→“线条”→“黑色，黑色”命令，如图 9-115 所示。

Step21 右击形状，在弹出的快捷菜单中选择“设置形状格式”菜单项，打开“设置形状格式”窗格，单击展开“阴影”选项，设置“颜色”为“灰色 -50%，着色 3，淡色 80%”，并设置其他参数，如图 9-116 所示。

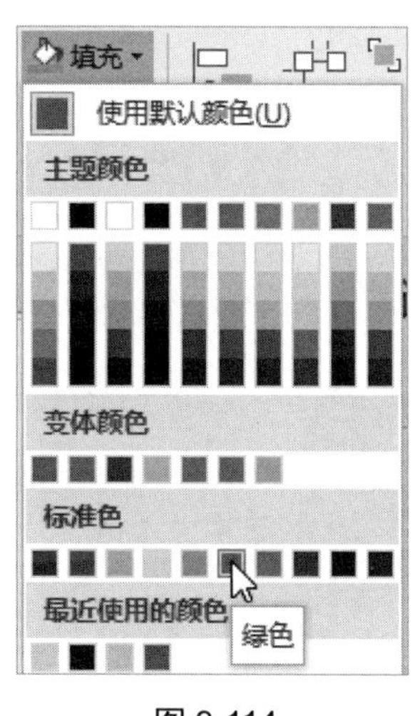

图 9-114

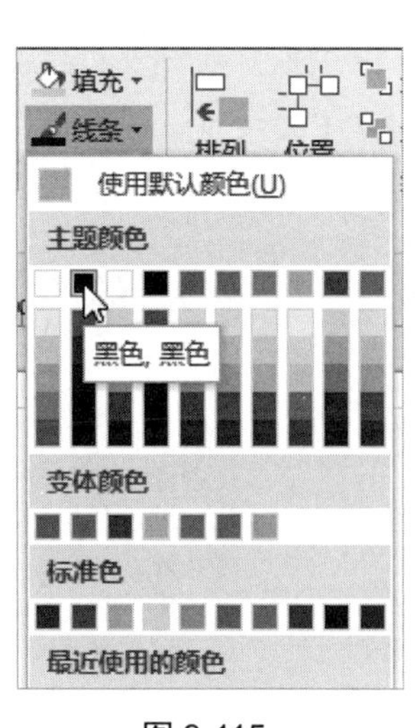

图 9-115

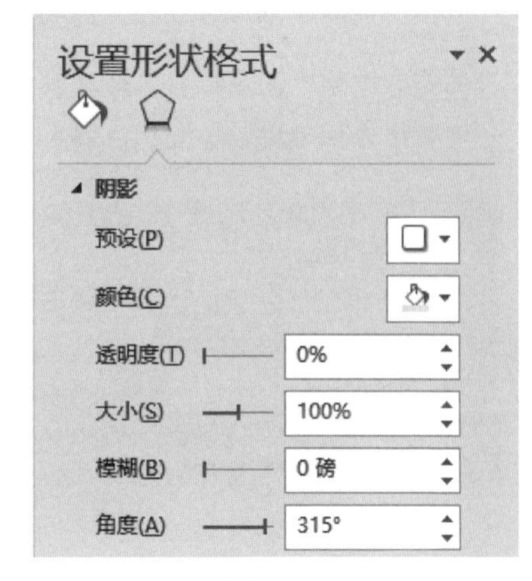

图 9-116

Step22 将“圆角矩形”形状添加到容器中，调整大小和位置，并下移一层，如图 9-117 所示。

Step23 在“设置形状格式”窗格中，单击展开“填充”选项，选中“纯色填充”单选按钮，设置“颜色”和“透明度”参数，如图 9-118 所示。

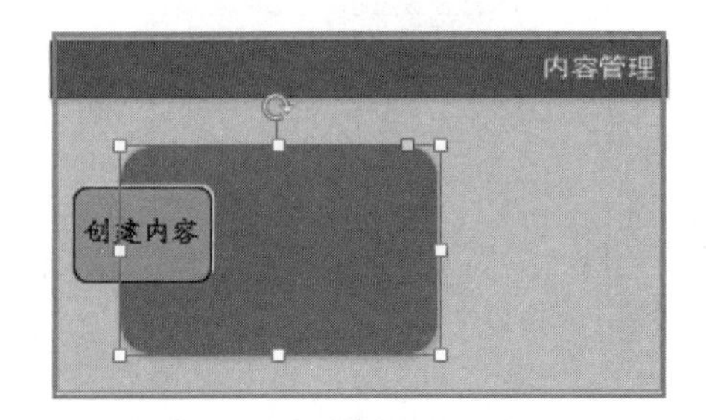

图 9-117

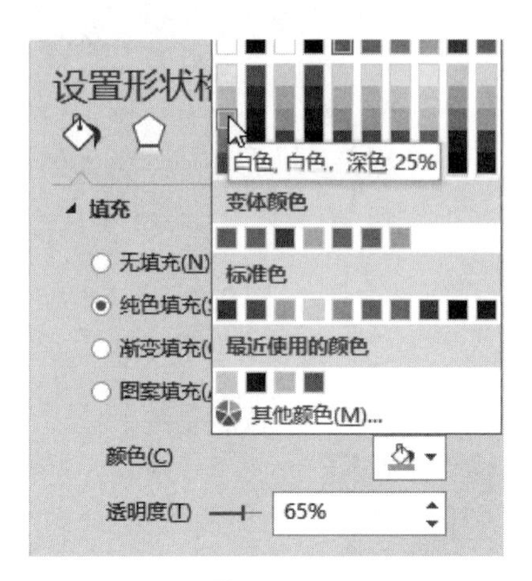

图 9-118

Step24 复制“圆角矩形”形状，调整大小和位置，如图 9-119 所示。

Step25 继续添加“圆角矩形”形状，设置填充颜色为“绿色”，线条为“黑色”，如图 9-120 所示。

图 9-119

图 9-120

Step26 复制“圆角矩形”形状，如图 9-121 所示。

Step27 添加“矩形”形状，设置填充颜色为“浅绿”，线条为“黑色”，如图 9-122 所示。

图 9-121

图 9-122

Step28 复制“矩形”形状，如图 9-123 所示。

Step29 为“圆角矩形”形状添加文本说明，设置字体为方正北魏楷书简体，字号为 14pt，颜色为“白色”并加粗，如图 9-124 所示。

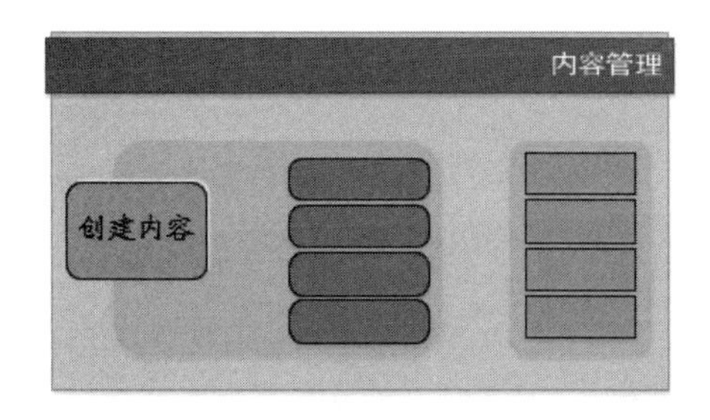

图 9-123

图 9-124

Step30 为“矩形”形状添加文本说明，设置字体为方正北魏楷书简体，字号为 14pt，颜色为黑色，如图 9-125 所示。

Step31 将“箭头形状”模具中的“普通箭头”形状添加到容器中，再调整大小和位置，如图 9-126 所示。

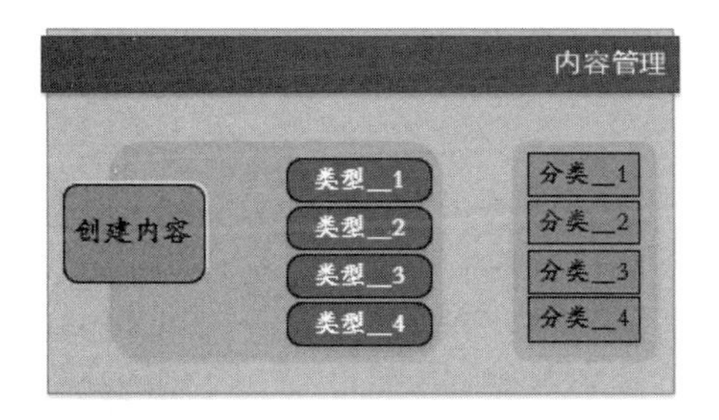

图 9-125

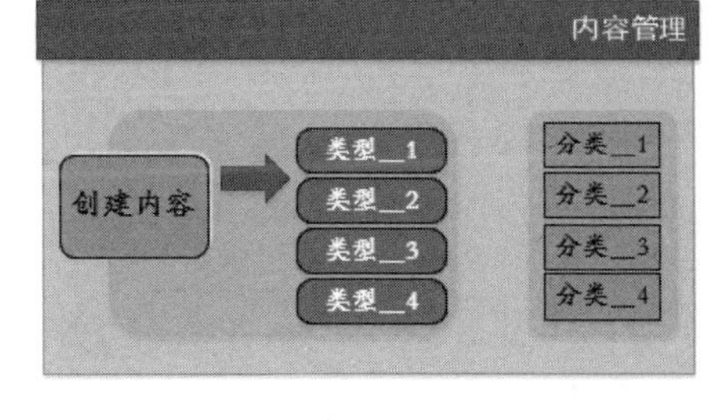

图 9-126

Step32 选择箭头形状，在“设置形状格式”窗格中，单击展开“填充”选项，选中“渐变填充”单选按钮，设置“类型”和“方向”参数，如图 9-127 所示。

Step33 删除多余的渐变滑块，只保留 2 个，选择最左侧的滑块，将“颜色”设置为“白色，白色”，再选择右侧的滑块，将“位置”设置为 73%，单击“颜色”下拉按钮，选择“其他颜色”选项，弹出“颜色”对话框，设置参数，如图 9-128 所示。

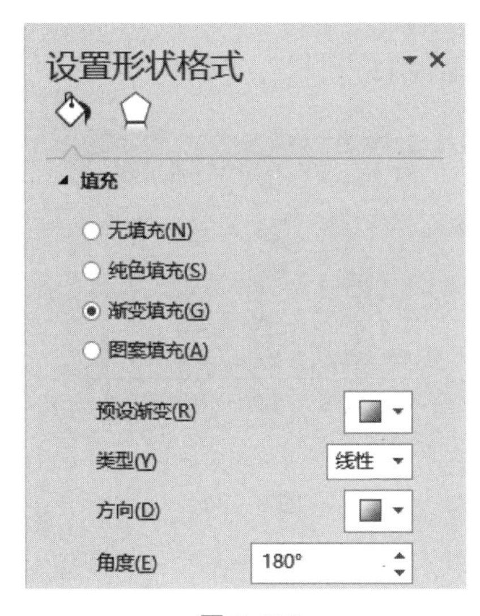

图 9-127

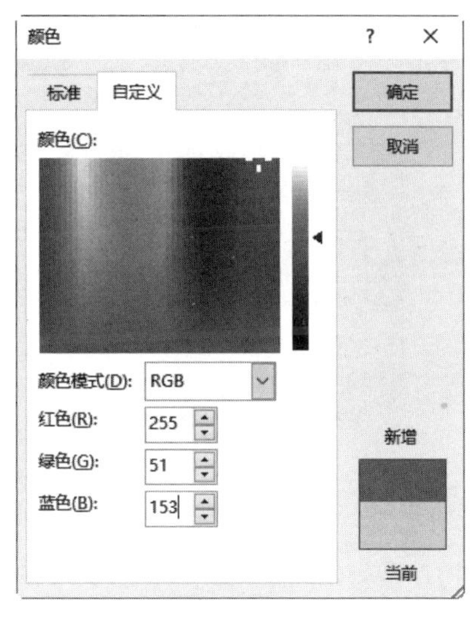

图 9-128

Step34 设置完成的渐变效果如图 9-129 所示。

Step35 复制箭头形状，如图 9-130 所示。

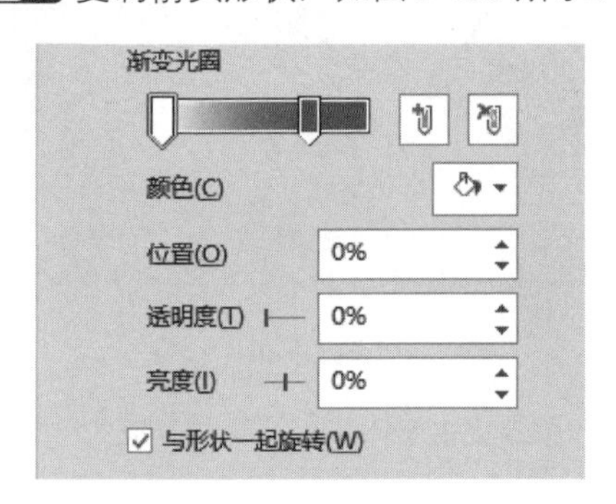

图 9-129

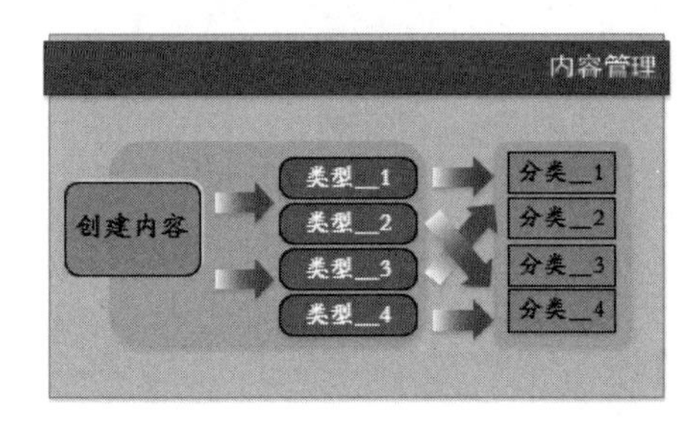

图 9-130

Step36 复制容器，更改标题内容，调整容器大小和位置，再调整圆角矩形的数量并输入新文本，如图 9-131 所示。

Step37 复制容器，更改标题内容，调整容器大小和位置，如图 9-132 所示。

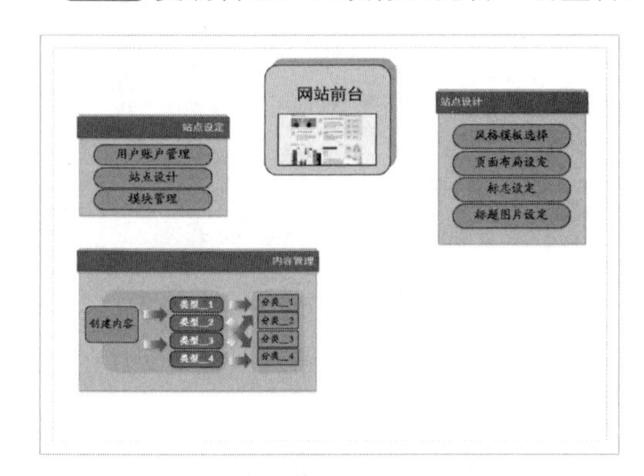

图 9-131

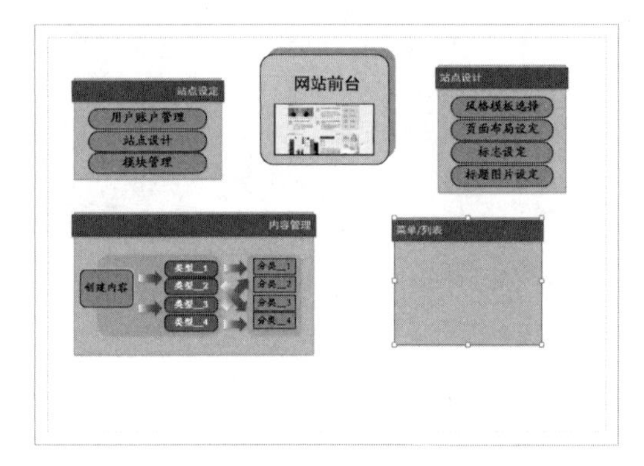

图 9-132

Step38 将“圆角矩形”形状添加到容器中，调整大小和位置，设置填充颜色为“浅绿”，线条为“黑色”，如图 9-133 所示。

Step39 双击“圆角矩形”形状，输入文本，如图 9-134 所示。

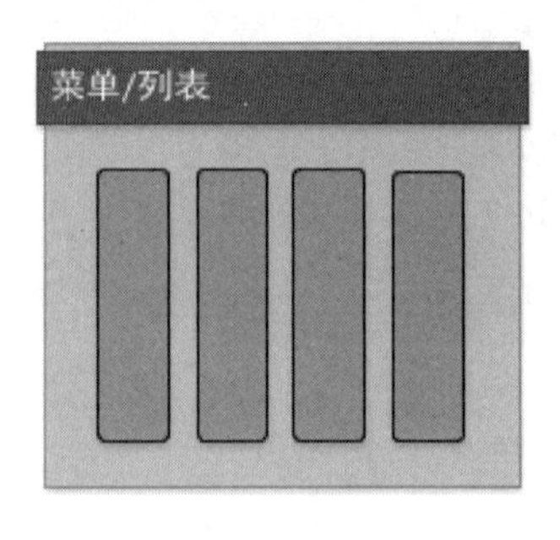

图 9-133

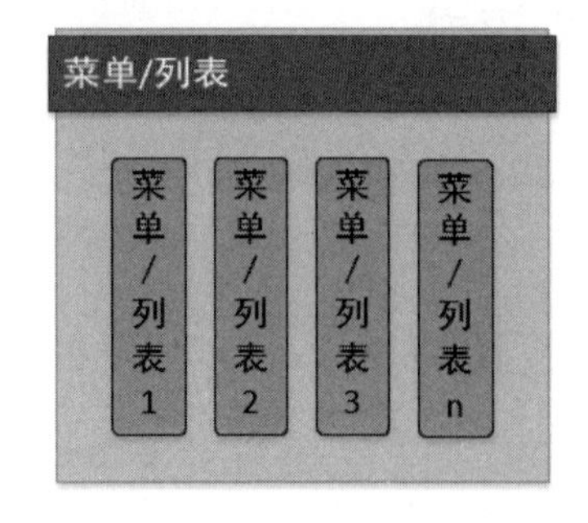

图 9-134

Step40 将“具有凸起效果的块”模具中的“框架”形状添加到绘图页中，调整大小和位置，如图 9-135 所示。

Step41 选中“框架”形状，设置填充颜色为“蓝色，着色 1，淡色 60%”，如图 9-136 所示。

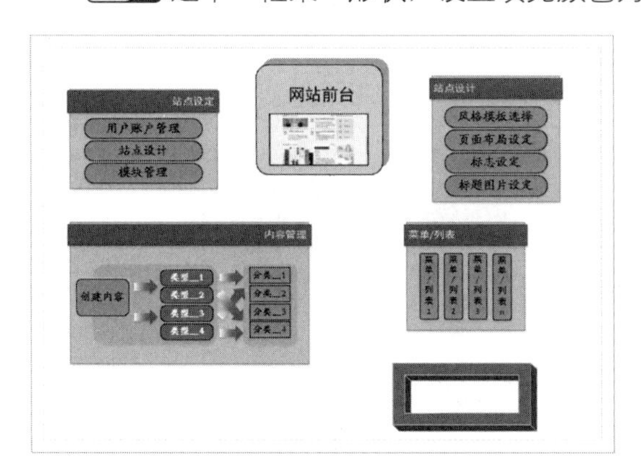

图 9-135

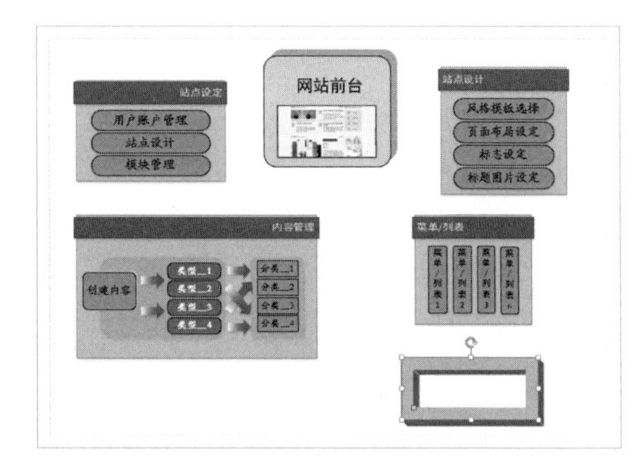

图 9-136

Step42 在“框架”形状中添加“矩形”形状，调整大小和位置，如图 9-137 所示。

Step43 设置矩形填充颜色为“蓝色，着色 5，淡色 60%”，线条为“黑色”，如图 9-138 所示。

图 9-137

图 9-138

Step44 设置“矩形”形状的阴影效果，如图 9-139 所示。

Step45 复制“矩形”形状，如图 9-140 所示。

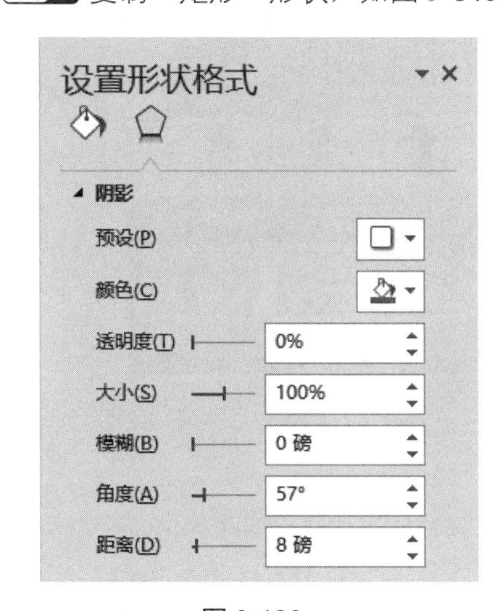

图 9-139

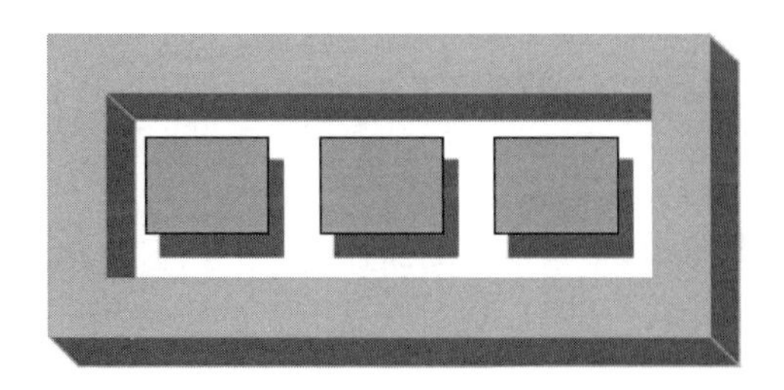

图 9-140

Step46 双击矩形，输入文本，如图 9-141 所示。

Step47 复制之前的“普通箭头”形状，如图 9-142 所示。

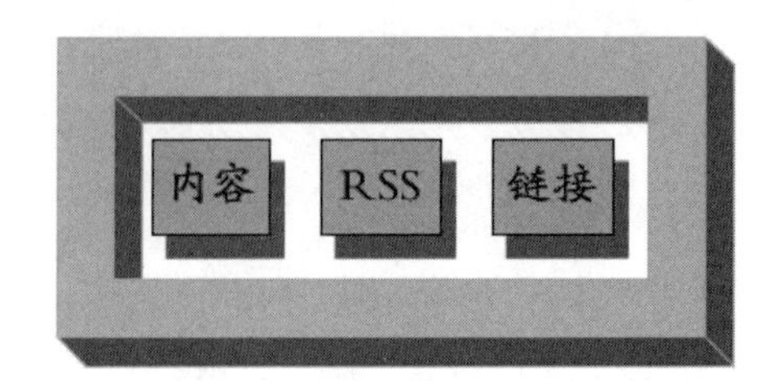

图 9-141

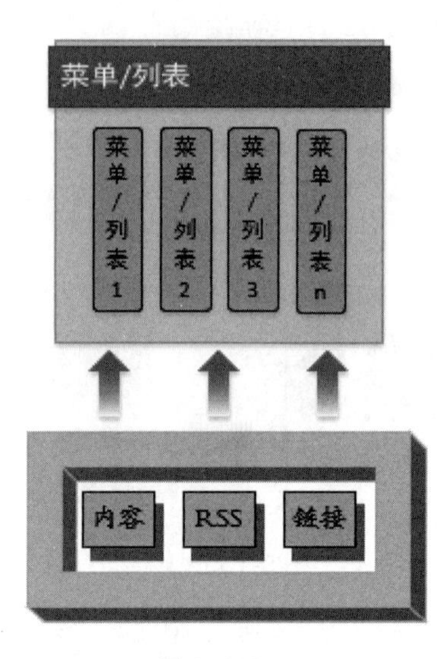

图 9-142

Step48 在“设置形状格式”窗格中修改渐变颜色，如图 9-143 所示。

Step49 效果如图 9-144 所示。

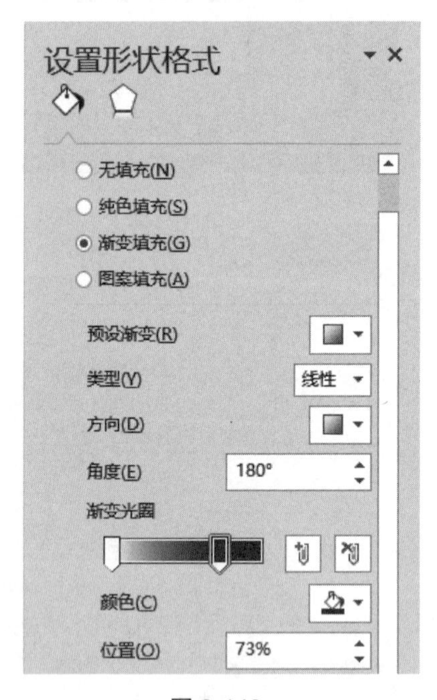

图 9-143

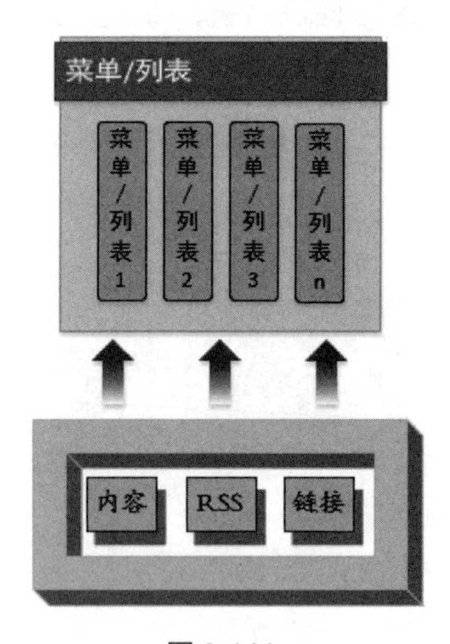

图 9-144

Step50 为其他容器之间添加箭头，如图 9-145 所示。

Step51 将“图案形状”模具中的“云朵”形状添加到绘图页中，如图 9-146 所示。

Step52 双击形状添加文本，设置字体为方正行楷简体，字号为 18pt，如图 9-147 所示。

Step53 执行“开始”→“工具”→“文本”命令，在绘图页中输入标题文本，如图 9-148 所示。

Step54 设置文本字体为华文琥珀，字号为 36pt，颜色为“橙色，着色 2”，如图 9-149 所示。

Step55 最终效果如图 9-150 所示。

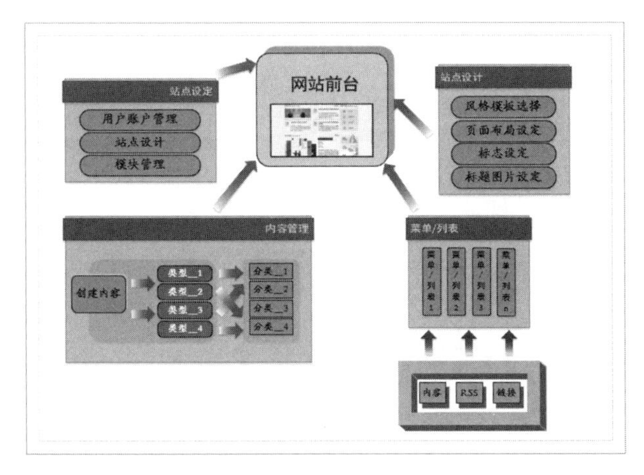

图 9-145

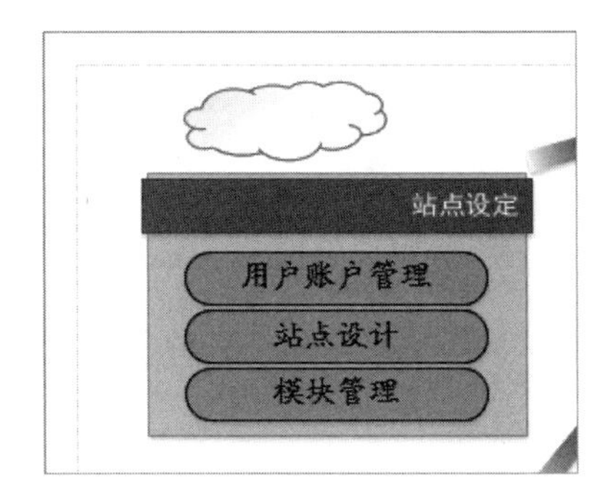

图 9-146

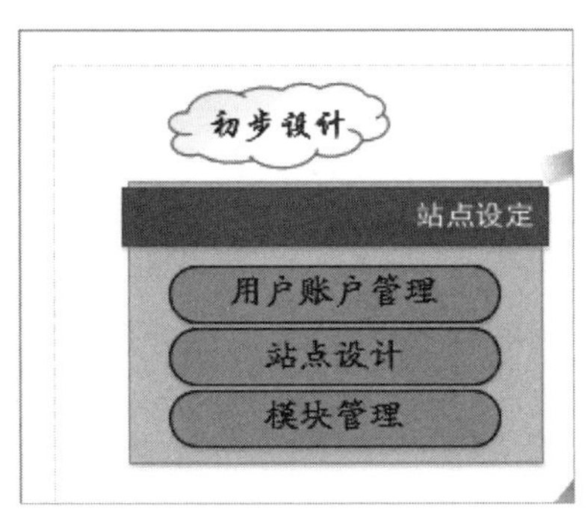

图 9-147

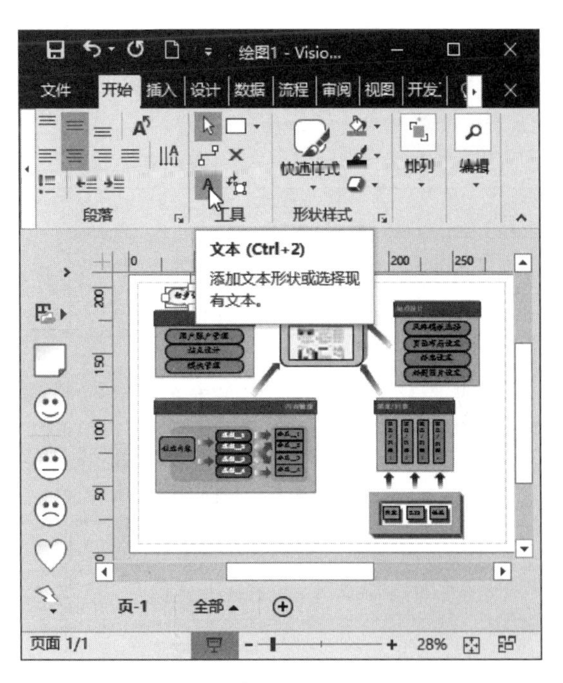

图 9-148

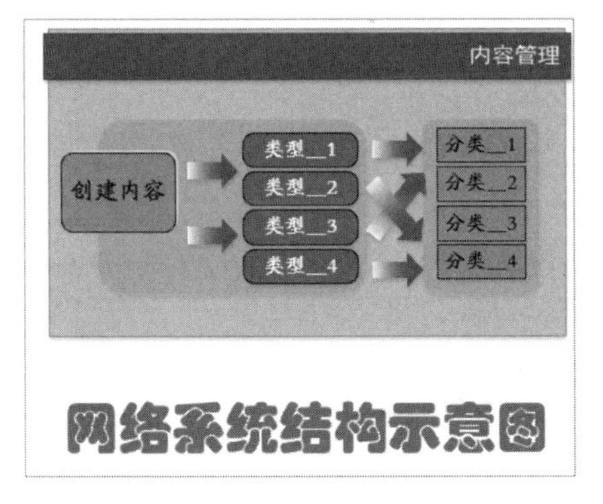

图 9-149

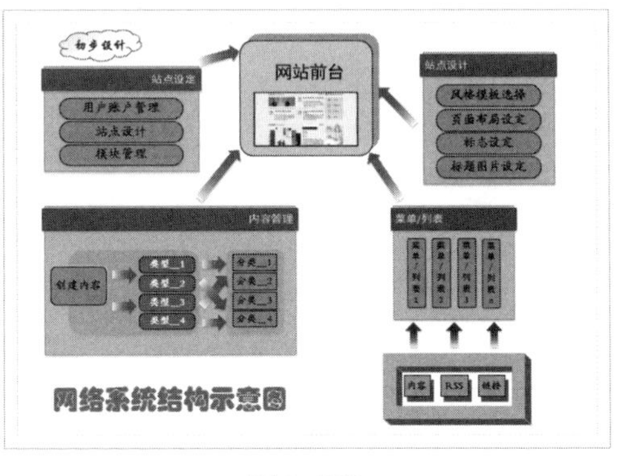

图 9-150

附录 A Visio 2016 命令与快捷键索引

表 A-1 “文件”菜单快捷键

文件命令	快捷键	文件命令	快捷键
新建文件	Ctrl+N	打开 ...	Ctrl+O
关闭	Ctrl+W	保存	Ctrl+S

表 A-2 “开始”菜单快捷键

开始命令	快捷键	开始命令	快捷键
撤销	Ctrl+Z	重做	Shift+Ctrl+Z
剪切	Ctrl+X 或 F2	复制	Ctrl+C 或 F3
粘贴	Ctrl+V 或 F4	选择性粘贴	Alt+Ctrl+V
删除	Delete	全选	Ctrl+A
查找	Ctrl+F	指针工具按钮	Ctrl+1
文本按钮	Ctrl+2	连接线按钮	Ctrl+3
铅笔工具	Ctrl+4	任意多边形工具	Ctrl+5
线条工具	Ctrl+6	弧形工具	Ctrl+7
矩形工具	Ctrl+8	椭圆工具	Ctrl+9
连接点按钮	Shift+Ctrl+1	文本块按钮	Shift+Ctrl+4

表 A-3 “审阅”菜单快捷键

审阅命令	快捷键
添加超链接	Ctrl+K

表 A-4　“视图”菜单快捷键

视图命令	快捷键	视图命令	快捷键
演示模式	F5	适应窗口大小	Shift+Ctrl+W
全部重排	Shift+F7	层叠窗口	Alt+F7
查看宏	Alt+F8		

表 A-5　“开发工具”菜单快捷键

开发工具命令	快捷键
Visual Basic	Alt+F11

附录 B
知识与能力总复习（卷 1）

（全卷：100 分　　答题时间：120 分钟）

得分	评卷人

一、选择题：（每题 2 分，共 20 小题，共计 40 分）

1. 对于 Microsoft Visio 2016，以下说法错误的是（　　）。

A. 可以用图形方式显示有意义的数据和信息来帮助用户了解情况

B. 可与他人通过 Web 浏览器共享交互式、可刷新的数据链接表

C. 可以用动画方式动态跟踪数据变化来帮助你了解数据变化趋势

D. 能够协助用户分析和传递数据信息

2. 带有如右图所示的形状模板，其类别属于（　　）。

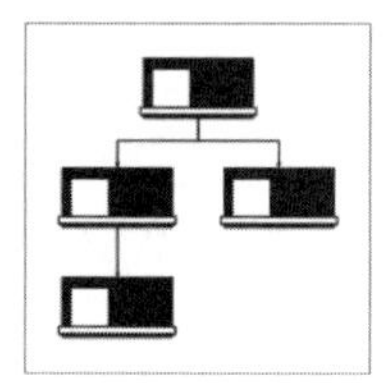

A. 商务

B. 地图和平面布置图

C. 工程

D. 流程图

3. 要将某个形状从绘图页中删除，正确的操作是（　　）。

A. 双击该形状　　　B. 单击并按 Delete 键

C. 单击该形状　　　D. 将形状拖出绘图页

4. 下面哪一种不是获得形状的方法（　　）。

A. 在“新建”页面中选择模板

B. 在“形状”窗口中选择模具中的形状

C. 在“更多形状”菜单下选择“新建模具”菜单项

D. 插入一张图片

5. 如右图所示，当单击一个形状时，形状四周出现小方块、上方出现圆环状图标，它们是（　　）。

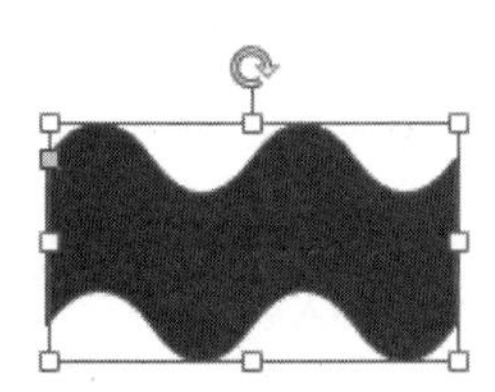

A. 自动连接点、控制手柄

B. 旋转手柄、自动连接点

C. 控制手柄、旋转手柄

D. 改变形状手柄、控制手柄

6. 如右图所示，带箭头的虚线矩形框是“组织结构”模板中的“小组框架”形状，其主要作用是（　　）。

小组名称

A. 突出显示小组间的关系　　B. 表示明确的隶属关系

C. 增加美感，引起关注　　D. 表示辅助的隶属结构

7. 关于连接线，以下不正确的说法是（　　）。

A. 使用“组织结构图”模板打开的绘图页，形状间有自动连线功能

B. 使用“组织结构图向导”打开的绘图页，形状间没有自动连线功能

C. 使用“基本流程图”模板打开的绘图页，形状间有自动连线功能

D. 使用“空白绘图”模板打开的绘图页，形状间有自动连线功能

8. 新学期开始了，王老师想用 Visio 软件帮学校创建一个工会组织结构管理图，以便教师能直观、清晰地了解学校工会的组织关系和职能，应选用（　　）模板比较合适。

A. 图表和图形　　B. 组织结构图　　C. 基本流程图　　D. 网络

9. 如果想将 Visio 图表保存为图片文件，以便日后作为网页素材使用，那么可以保存的图片格式扩展名为（　　）。

A. .jpg　　B. .vsx　　C. .htm　　D. .vsdx

10. 图表中各形状的颜色肯定不能由（　　）决定。

A.“设计”菜单下的“变体”组中的“颜色”选项

B.“设计”菜单下的“变体”组中的“效果”选项

C.“设计”菜单下的“主题”选项

D.“开始”菜单下的“字体颜色”选项

11. 带有如右图所示的形状模板，其类别属于（　　）。

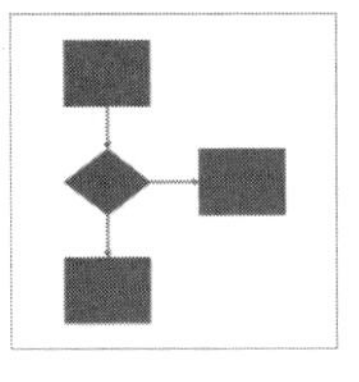

A. 框图

B. 地图和平面布置图

C. 工程

D. 流程图

12. 要将某个形状从“形状”窗格中放入绘图页，正确的操作是（　　）。

A. 双击该形状

B. 右击该形状

C. 单击该形状

D. 单击并拖曳该形状

13. 如右图所示，图片为 2008 北京奥运会赛艇比赛标志，想要利用 Visio 来绘制该标志，最合适的创建方式为（　　）。

A. 使用绘图工具绘制形状

B. 修改模板中已有形状

C. 添加模板中已有形状

D. 合并模板中现有形状

14. 如右图所示，将指针放在绘图页已有的形状上时，该形状四周显示的蓝色小箭头表示（　　）。

A. 改变形状手柄　　B. 旋转手柄

C. 自动连接箭头　　D. 控制手柄

15. 如果你想让任何没有安装 Visio 组件、只安装 Web 浏览器的用户观看并与人共享你的 Visio 图表与形状数据，你应该将图表另存为（　　）。

A. PDF 文件　　B. 网页文件

C. 标准图像文件　　D. AutoCAD 绘图文件

16. 要对形状中的文字进行旋转和移动，首先单击该形状，然后再（　　）。

A. 单击“文本”按钮　　B. 单击“文本块”按钮

C. 单击“连接点”按钮　　D. 旋转形状上的旋转手柄

17. 数学老师使用 Visio 对“一元二次方程”使用公式法解题的步骤和过程做图表化处理，以便能清晰、直观地传达信息，为此选用最适合的模板是（　　）。

A. 基本流程图　　B. 组织结构图

C. 图表和图形　　D. 网络

18. 如果想要将图片添加到组织结构图形状中，正确的操作方法是（　　）。

A. 执行“插入”→“插图”→“CAD 绘图”命令

B. 执行“插入”→“插图”→“图片”命令

C. 执行“插入”→“插图”→“图表”命令

D. 执行“插入”→“插图”→“联机图片”命令

19. 以下关于组织结构图的说法错误的是（　　）。

A. 可以方便地导入导出组织结构图中的数据

B. 组织结构图中的形状可以显示基本信息或详细信息

C. 可以将图片添加到组织结构图中

D. 复杂的组织结构图也可能是网状的，因此可以用“网络”模板中的形状代替

20. 连接形状的方法有多种，如果使用自动连接功能，则将鼠标指针移到形状上，形状四周出现蓝色箭头，将鼠标指针移到蓝色箭头上，会显示一个浮动工具栏，如右图所示，它包含模具的部分形状，以下说法不正确的是（　　）。

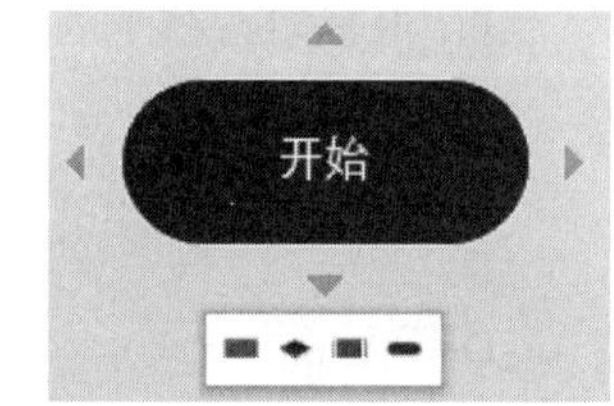

A. 在空白绘图页下，浮动工具栏上可能会有更多的形状供选择

B. 浮动工具栏最多只有 4 种形状可选用

C. 浮动工具栏最多只显示 4 种形状，但可以上下滚动以选取更多形状

D. 形状具有自我复制连接功能，因此还有第 5 种自身形状可供选择

得分	评卷人

二、填空题:（每空 1 分，共 6 小题，共计 10 分）

1. 创建自定义模板，关键要把握使用背景页来显示模板中通用页元素的方法，并养成创建和保存新模板的习惯。自定义模板的创建由以下 5 个步骤组成，其正确的操作顺序为________。

① 在“另存为”对话框中选择“模板”保存类型

② 单击“保存”按钮

③ 执行“文件”→“新建”→“空白绘图”命令

④ 将模具中的形状再拖到绘图页中，绘制图表

⑤ 向绘图页中添加模具

⑥ 执行“文件”→“另存为”命令

2. Visio 2016 可以导出的图像文件格式包括________、PNG、EMF 和________。

3. 使用向导创建一个学校行政部门组织结构图，其正确的操作步骤为________。

① 组织结构图创建完成

② 打开“组织结构图向导”对话框，选中“使用向导输入的信息”单选按钮，单击“下一页”按钮

③ 双击“组织结构图向导”模板

④ 选中“以符号分隔的文本”单选按钮，在“新文件名”文本框中输入名称，单击“下一页”按钮

⑤ 单击“完成”按钮，退出向导

⑥ 执行“文件”→“新建”→“商务”命令

4.________是一组模具和绘图页的设置信息，是一种专用类型的 Visio 绘图文件，是针对某种特定的绘图任务或样板而组织起来的一系列主控图形的集合，其扩展名为________。

5. 在“扫视和缩放”窗格中，用户可以拖动“扫视和缩放”区域的________或________，来调整“扫视和缩放”区域的大小。

6. 根据形状不同的行为方式，可以将形状分为________与________两种类型。

得分	评卷人

三、判断题：（每题 2 分，共 10 小题，共计 20 分）

1. Visio 2016 可以将图表导出为 AutoCAD 文件，其扩展名为 .dwg。（　　）

2. 双击绘图页中的形状，可以为其添加文本。（　　）

3. 使用“矩形”工具可以在绘图页中绘制矩形，按住 Ctrl 键单击并拖动鼠标左键即可绘制正方形。（　　）

4. 某些选项卡只在执行特定操作时才会被显示和隐藏，因此可以将它们称为“上下文选项卡”。例如选中一张图片，功能区会显示“图片工具 - 格式”选项卡；取消对图片的选择，该选项卡则会被隐藏。（　　）

5. 在启用 Visio 之后，系统会自动包含一个前景页，一个文件只能包含一个前景页。（　　）

6. 执行“开始”→“工具”→“连接线”命令，将光标置于需要进行连接的形状连接点上，当光标变为十字形连接线箭头时，向相应形状的连接点拖动鼠标可绘制一条连接线。（　　）

7. 在绘图页中选择要旋转的形状，执行“开始”→“排列”→“位置”→“旋转形状”→“垂直翻转”或“水平翻转”命令，即可完成旋转形状的操作。（　　）

8. 一般情况下，纯文本形状、标注或其他注解形状可以随意调整与移动，便于用户进行编辑，但是有时用户不希望所添加的文本或注释被编辑，此时需要利用 Visio 2016 提供的“隐藏”功能锁定文本。（　　）

9. Visio 2016 内置了 10 种图片亮度效果，选择图片后执行“格式”→“调整”→“亮度”命令，在其级联菜单中选择一种选项即可。（　　）

10. 当 Visio 中自带的样式无法满足绘图需要时，用户可通过执行“开发工具”→“显示 / 隐藏”→“绘图资源管理器”命令，打开“绘图资源管理器”窗格，在窗格中右击“样式”选项，在弹出的快捷菜单中选择“定义样式”菜单项，在弹出的“定义样式”对话框中重新设置线条、文本与填充格式。（　　）

得分	评卷人

四、简答题：（每题 10 分，共 3 小题，共计 30 分）

1. 分别简述 Visio 中模板与模具的概念。二者又存在怎样的关系？

2. 简述在 Visio 中如何设置纸张的尺寸和方向。

3. 如何对多个形状进行联合操作？

附录 C
知识与能力总复习（卷 2）

（全卷：100 分　　答题时间：120 分钟）

得分	评卷人

一、选择题：（每题 2 分，共 20 小题，共计 40 分）

1. 以下（　　）主题样式不属于“专业型”样式。

A. 线　　B. 积分　　C. 平行　　D. 序列

2. 下面（　　）样式不包括在 Visio 的“边框和标题”样式中。

A. 字母　　B. 和风　　C. 都市　　D. 简朴型

3. 选中绘图页中的形状后，形状四周会出现小方块，其颜色是（　　）。

A. 黄色的　　B. 白色的　　C. 绿色的　　D. 蓝色的

4. 不属于“常规”类别的模板是（　　）。

A. 具有透视效果的框图　　B. 基本框图

C. 甘特图　　D. 框图

5. 带有如右图所示的形状模板，其类别属于（　　）。

A. 商务　　B. 地图和平面布置图

C. 工程　　D. 日程安排

6. 在使用样式时，对“样式”对话框中各选项，描述错误的是________。

A.“纯文本”选项表示与“无”选项具有相同的格式

B.“正常”选项表示与“无”样式具有相同的格式

C.“参考线”选项表示所应用于参考线中的格式

D.“无”选项表示无线条、无填充且透明的格式

7. 在美化图片时，其自动平衡效果是自动调整图片亮度、对比度和________。

A. 更正　　B. 饱和度　　C. 色差　　D. 灰度系数

8. Visio 2016 中“开始”选项卡下“字体”组中的“居中”命令的快捷键为________。

A. Shift+Ctrl+L　　B. Shift+Ctrl+C

C. Shift+Ctrl+R　　D. Shift+Ctrl+J

9. 带有如右图所示的形状模板，其类别属于（　　）。

A. 商务　　B. 地图和平面布置图

C. 工程　　D. 日程安排

10. 在 Visio 中，形状手柄可分为选择手柄、（　　）、锁定手柄、（　　）、连接点、顶点等类型。

A. 控制手柄、旋转手柄　　B. 移动手柄、旋转手柄

C. 控制手柄、移动手柄　　D. 翻转手柄、控制手柄

11. 在 Visio 中，只有（　　）模具中的形状才具有消失点。

A. 具有凸起效果的块　　B. 具有透视效果的块

C. 方块　　D. 基本形状

12. 在组织结构图中，“间距”对话框中的“所选形状”选项表示（　　）。

A. 可以将间距设置应用到打开此对话框之前选定的形状中

B. 可以将间距设置应用到当前显示页面上的所有形状中

C. 可以将间距设置应用到组织结构图中所有绘图页上的全部形状中

D. 可以将间距设置应用到组织结构图中

13. 下列选项中，描述错误的是（　　）。

A. 可以实现单个日程表上的间隔与里程碑保持同步的状态

B. 可以实现不同页中多个日程表上的间隔与里程碑保持同步的状态

C. 可以实现同一页中多个日程表上的间隔与里程碑保持同步的状态

D. 可以实现同一页中两个日程表上的间隔与里程碑保持同步的状态

14. 在“网站图设置”对话框中，“布局”选项卡中的“连接数”的最大值为（　　）。

A. 1000　　B. 20　　C. 200　　D. 5000

15. 在“形状数据”对话框中，可以通过设置（　　）选项来更改墙壁底部的海拔高度。

A. 墙长　　B. 墙高　　C. 墙段　　D. 基本标高

16. 在共享绘图时，除了使用附件发送绘图、发送连接，以及以 PDF 格式发送绘图页之外，还可以以（　　）格式发送绘图。

A. 文本　　B. 图片　　C. XPS　　D. HTM

17. 插入容器后，可通过相关选项来调整容器的大小，下列表述错误的为________。

A.“无自动调整大小”选项表示容器只能以用户定义的尺寸进行显示

B.“根据需要展开”选项表示容器需要根据用户指定进行调整

C.“始终根据内容调整”选项表示容器的尺寸将根据内容的数量进行扩展或缩小

D.“根据内容调整”选项表示容器根据自身内容调整其大小

18. 对于表数据节中表数据类型的描述，错误的一项为________。

A. Shape transform 表示形状变换属性，包括宽度和高度等

B. User-defined cells 表示用户定义表，包括各种主题设置

C. Paragraph 表示字符格式

D. Shape layout 表示形状层属性设置

19. 下列说法中，对模具和模板描述错误的是________。

A. 模板是一组模具和绘图页的设置信息，是一种专用类型的 Visio 绘图文件

B. 模板是针对某种特定的绘图任务或样板而组织起来的一系列主控图形的集合，其扩展名

为 .VST

C. 模具是指与模板和相关联的图件或形状的集合，其扩展名为 .VSS

D. 每一个模具都由设置、模板、样式或特殊命令组成

20. Visio 2016 为用户提供了 25 种保存类型，其中表示可以将文档存储为网页格式的文件类型为________。

A. Web 页

B. 图形交换格式

C. 可缩放的向量图形

D. 可移植网络图形

得分	评卷人

二、填空题：（每空 2 分，共 12 小题，共计 24 分）

1. Visio 中的块图分为“块”“树”与________3 种类型。

2. 在 Visio 中，可以利用________与________两种方法来创建多页面流程图。

3. 在 Visio 中，日历按日期的长度可分为________、________、________和年 4 种类型。

4. Visio 为用户提供的网络图中包含高层网络设计、详细逻辑网络设计以及________、________4 类模板。

5. 用户可以通过拖动形状中的选择手柄来旋转形状，还可以使用________与________键将形状向左或向右旋转 90°。

得分	评卷人

三、判断题：（每题 1 分，共 10 小题，共计 10 分）

1. 扩展名 .vss 是 Visio2003/2007/2010 模具文件。（　　）

2. 在状态栏中，直接单击“全部”标签后面的“插入页”按钮⊕，或者右击“页 -1”标签，在弹出的快捷菜单中选择“插入”菜单项，可以插入一个绘图页。（　　）

3.“垂直分布形状”按钮表示将相邻两个形状的底部与顶端的间距保持一致。（　　）

4. 在弹出的“给形状编号”对话框的“常规”选项卡中，选中“以手动编号”单选按钮表示自动为页面上的形状编号，默认为从左到右，然后从上到下。（　　）

5. Visio 2016 为用户提供了图表功能，该功能是利用 Excel 提供的一些高级绘图功能。用户只能通过粘贴图表的方法为绘图页插入图表。（　　）

6. 新建主题颜色后，执行“设计”→“变体”→“颜色”→“自定义”命令，在列表中选择刚刚创建的主题，即可应用新建的主题颜色。（　　）

7. 在标题样式主要是设置容器标题的样式和显示位置，其标题样式并不是一成不变的，会根据容器样式改变而自动改变。选择容器，执行“格式”→“容器样式”→“容器样式”命令，在其级联菜单中选择一种样式即可。（　　）

8. 在绘图页中执行“数据”→“外部数据”→“全部刷新”→“刷新数据”命令，弹出“刷新数据”对话框，在该对话框中选择需要刷新的数据源，单击“刷新”按钮即可刷新数据。（　　）

9. 绘图区是在 Visio 中进行绘图的工作区域，该区域主要由绘图页和“形状”窗格两部分组成。（　　）

10. 用户还可以在“打印”界面设置打印的纸张类型，以及打印的颜色模式是“彩色”还是

“黑白”等。（　　）

得分	评卷人

四、简答题:（每题 10 分，共 3 小题，共计 30 分）

1. 简述为 Visio 中的图片添加渐变填充的方法。

2. 简述自定义线条图案样式的方法。

3. 简述创建与编辑批注的方法。

附录 D 知识与能力总复习（卷 3）

（全卷：100 分　　答题时间：120 分钟）

得分	评卷人

一、选择题：（每题 2 分，共 20 小题，共计 40 分）

1. 带有如右图所示的形状模板，其类别属于（　　）。

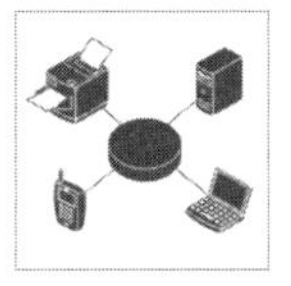

A. 商务　　B. 网络

C. 工程　　D. 流程图

2. 下列说法正确的是（　　）。

A. 块图中的“树”主要用来显示流程中的步骤

B. 条形图分为二维条形图与三维条形图

C. 可扩展形状是可以无限扩大的形状

D. 右击“饼图扇区”形状，在弹出的快捷菜单中选择“重置”命令，即可删除形状

3. 在组织结构图中，“选项”对话框的“字段”选项卡中的“块 2”选项表示（　　）。

A. 组织结构图形状上右下角的文本块

B. 组织结构图形状上左下角的文本块

C. 组织结构图形状上右上角的文本块

D. 组织结构图形状上左上角的文本块

4. 在“网站图设置”对话框中的“高级”选项卡下，表示搜索范围最广的选项为（　　）。

A. 分析搜索到的所有文件　　B. 分析指定区域中的文件

C. 分析指定目录中的文件　　D. 搜索 VBScript 和 JavaScript 中的链接

5. 在绘图页中，参考线的作用为（　　）。

A. 添加形状　　B. 粘连形状

C. 同时移动多个形状　　D. 复制形状

6. 下列各项描述中，符合任务窗格内容的一项为（　　）。

A. 用来显示系统所需隐藏的人物命令，该窗格一般处于隐藏位置，主要用于专业化设置，

例如，设置形状的大小和位置、形状数据、平铺和扫视等

B. 主要显示了处于活动状态的绘图元素，用户可通过执行“视图”选项卡中的各种命令，来显示“绘图”窗格、“绘图自由管理器”窗格、“大小和位置”窗格、“形状数据”窗格等

C. 是一个包含一组独立命令的自定义工具栏

D. 是一组用来显示各项命令的版块，主要用于专业化图形的设计

7. 在 Visio 2016 中，用户可以使用（　　）组合键放大绘图页。

A. Alt+F6　　B. Shift+Alt+F6

C. Shift+Ctrl+W　　D. Shift+Ctrl

8. 执行“开始”→“工具”→“绘图工具”→“矩形”与“椭圆”命令绘制形状时，按住（　　）键即可绘制正方形与正圆。

A. Alt　　B. Shift　　C. Ctrl　　D. Enter

9. 在“文本”对话框下的“文本框”选项卡中，“竖排文字”选项是用来调整（　　）。

A. 文字颜色　　B. 文字透明度　　C. 文字间距　　D. 文字方向

10. 选择图片，此时图片四周将会出现（　　）个控制点，将鼠标置于控制点上，当光标变成双向箭头形状时，拖动鼠标即可放大或缩小图片。

A. 8　　B. 6　　C. 4　　D. 12

11. 在自定义主题时，右击自定义主题，在弹出的快捷菜单中选择（　）菜单项，可以编辑主题。

A. “删除”　　B. “添加”　　C. “隐藏”　　D. “编辑”

12. 在创建超链接时，“超链接”对话框中的“子地址”表示（　　）。

A. 用于输入网站的链接地址

B. 用于输入本地链接地址

C. 用于链接到另一个 Visio 绘图中的网站锚点、页面或形状

D. 用于链接到另一个 Visio 绘图中的形状或页面

13.（　　）是结合和数据显示信息而创建的一种特殊标记，当设置列数据的显示类型为数据缆、图表及或按值显示颜色时，便可以使用它。

A. 图例　　B. 数据表　　C. 数据节　　D. 图形增强样式

14. 在跨职能流程图中，执行（　　）命令可以更改泳道标签的方向。

A. 水平显示所有带区标签　　B. 水平显示所有带区标签

C. “排列”→“泳道方向”　　D. “位置”→“顺序”

15. “缩放”对话框中不包括以下哪个单选按钮（　　）。

A. 100%（实际尺寸）　　B. 150%

C. 65%　　D. 页宽

16. 当用户在“文本”对话框下的“段落”选项卡中，执行（　　）选项时，可在文字中间添加线条。

A. 下画线　　B. 删除线　　C. 样式　　D. 大小写

17、在美化图片时，其自动平衡效果是自动调整图片亮度、对比度和（　　）。

A. 更正　　B. 饱和度　　C. 色差　　D. 灰度系数

18. Visio 2016 中的主题不仅可以应用到当前绘图页中，而且还可以应用到（　　）中。

A. 模板　　B. 其他文档　　C. 所有绘图页　　D. 其他 Office 组件

19. 文本对象是 Visio 中的一种嵌入对象，是指插入到绘图页中的文档或其他文件，包括文

本符号、公式、（　　）以及 Excel 图表等其他对象。

A. 形状　　B. 对象　　C. 屏幕提示　　D. 链接

20. 用户可通过右击形状，在弹出的快捷菜单中选择（　　）菜单项来调整“机架”类形状的高度与宽度。

A. 属性　　B. 形状　　C. 格式　　D. 粘贴

得分	评卷人

二、填空题:（每空 2 分，共 12 小题，共计 24 分）

1. Microsoft Office Visio 2016 可以帮助用户轻松地可视化、分析与交流复杂的信息。一般情况下，主要包含标准版、________、________版本。

2. 用户也可以通过单击“快速访问工具栏”中的________按钮，或使用________快捷键的方法来新建一个空白文档。

3. 二维形状具有________维度，选择该形状时没有________。

4. 在绘图页中________需要添加文本的形状，系统会自动进入文字编辑状态（此时绘图页面的显示比例为 100%），在显示的文本框中直接输入相应的文字，按________键或单击其他区域即可完成文本的输入。

5. 在 Visio 2016 中，用户可以像设置形状那样设置图片的阴影、________、发光、柔化边缘、________等显示效果。

得分	评卷人

三、判断题:（每题 1 分，共 14 小题，共计 14 分）

1. 扩展名 .vsdm 表示 Visio 启用宏的模板文件。（　　）

2. 执行“视图”→“显示”→“任务窗格”→“平铺和缩放”命令，弹出“扫视和缩放”窗格。在该窗格中，用户可以根据工作需要查看全部绘图或部分绘图。（　　）

3. 选择需要调整层次的形状，执行“开始”→“排列”→“置于顶层”命令，即可将形状放在最底层。（　　）

4. 在 Visio 2016 中，用户可以设置文本的效果，即设置文本的位置、颜色、透明度等内容。在“文本”对话框下的“字体”选项卡中，设置“常规”组中的各选项即可。（　　）

5. 在 Visio 2016 中，系统将“联机图片”功能代替了“剪贴画”功能。通过“联机图片”功能即可以在网络中搜索图片。（　　）

6. 如果要自定义连接线，执行“设计”→“变体”→“其他”→“装饰”命令，在其级联菜单中选择相应的选项即可。（　　）

7. 首先在绘图页中插入一个容器对象，然后选择该容器对象，执行“插入”→“图部件”→“容器”命令，在级联菜单中选择一种容器风格，即可创建嵌套容器。（　　）

8. Visio 2016 不可以导入外部数据。（　　）

9. 在 Visio 2016 的快速访问工具栏中，默认只显示“保存”“撤销”和“恢复（重复）”3 个命令。（　　）

10. 用户只能通过单击并拖动页标签到新位置的方法来排序绘图页。（　　）

得分	评卷人

四、简答题：（每题 8 分，共 2 小题，共计 16 分）

1. 如何创建预定义数据报告？

2. 如何锁定容器？

3. 如何在绘图页中插入图片？